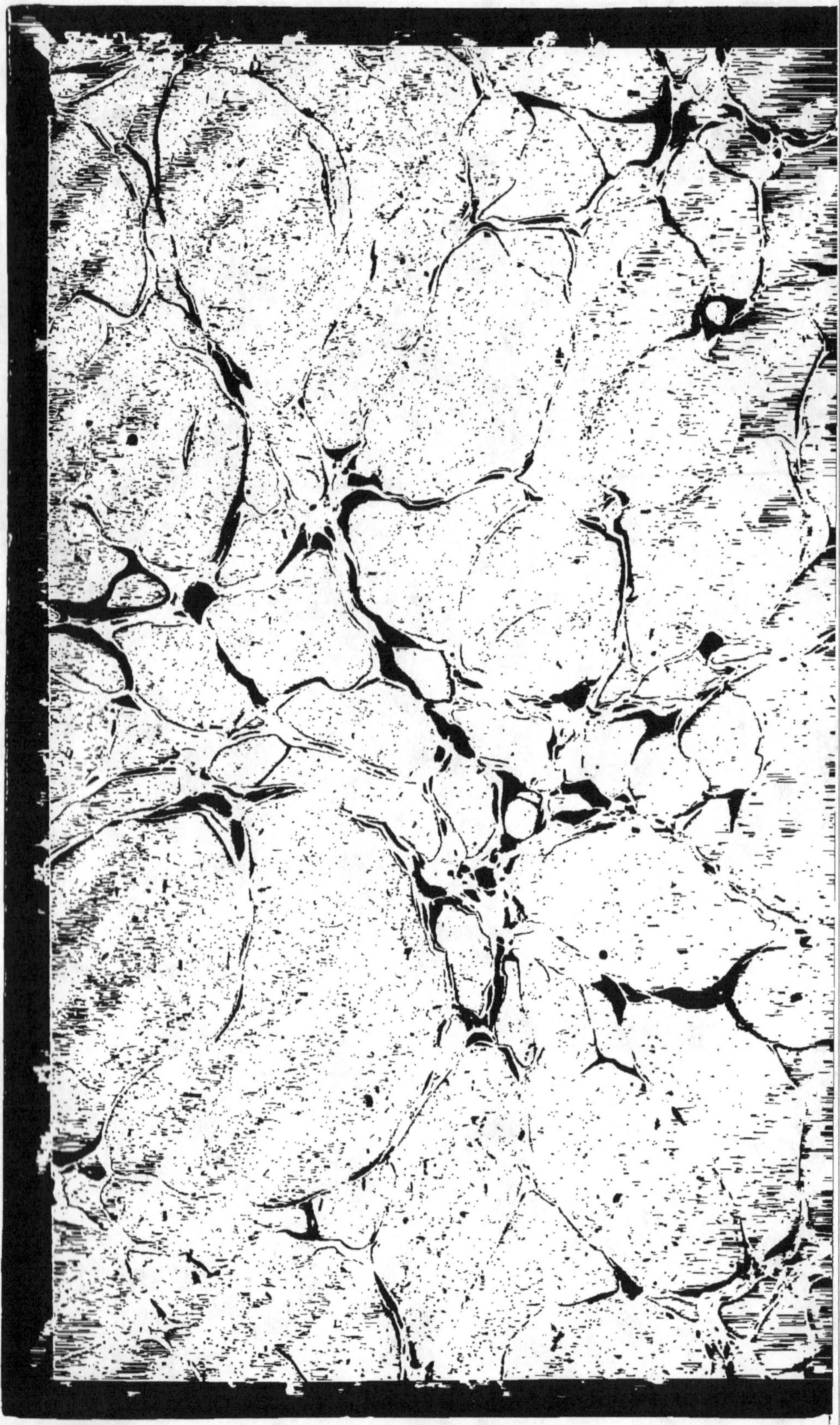

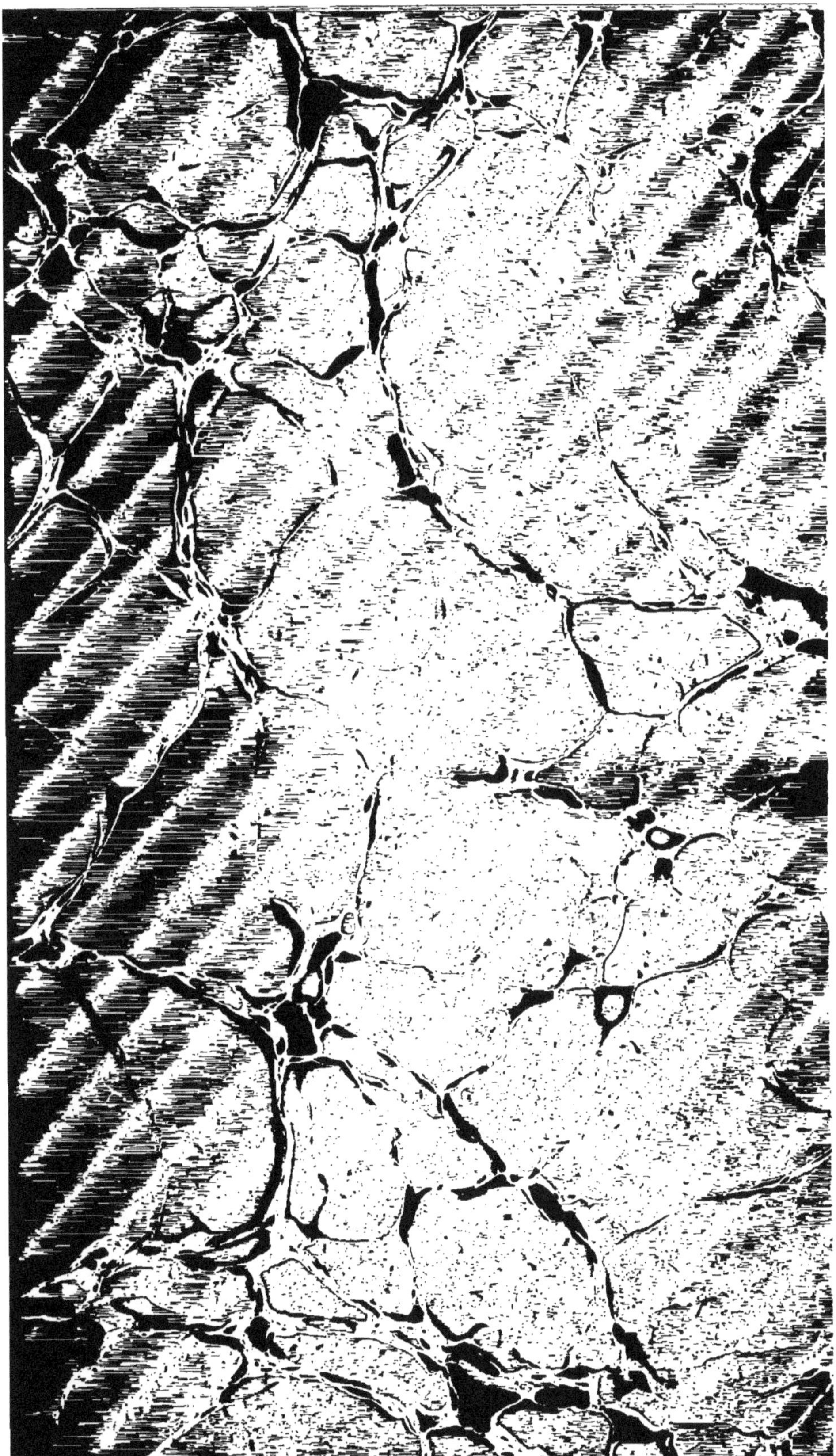

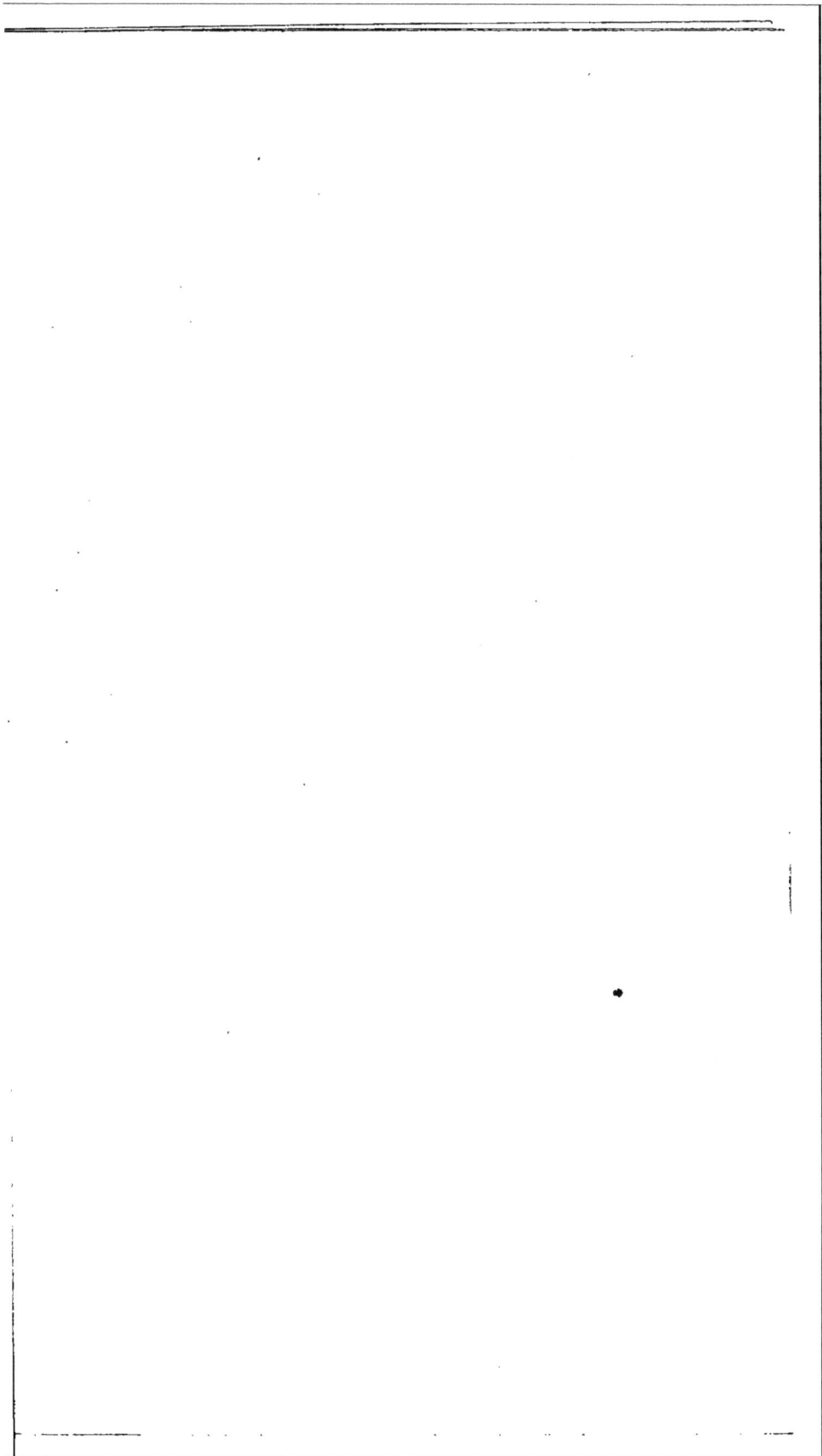

Paris. — Typographie HENNUYER et FILS, rue du Boulevard, 7.

PUBLICATIONS INDUSTRIELLES-AGRICOLES DE E. LACROIX

L'AGRICULTURE

en 1863

EXPOSITIONS ET CONCOURS

A TRAVERS CHAMPS

PAR

EUGÈNE GAYOT

DEUXIÈME ANNÉE.

PARIS
LIBRAIRIE SCIENTIFIQUE, INDUSTRIELLE ET AGRICOLE
Eugène LACROIX, Éditeur
LIBRAIRE DE LA SOCIÉTÉ DES INGÉNIEURS CIVILS
15, QUAI MALAQUAIS, 15

1864

JANVIER.

Les jours croissent de 23 m. le matin et de 43 m. le soir.

1	V.	CIRCONCIS. s. Fulgence.
2	S.	s. Basile.
3	D.	ste Geneviève.
4	L.	s. Tite.
5	M.	ste Émilienne.
6	M.	ÉPIPHANIE. s. Gaspard.
7	J.	ste Mélanie.
8	V.	ste Gudule.
9	S.	ste Marcienne.
10	D.	s. Gonzalès.
11	L.	ste Hortense.
12	M	ste Césarine.
13	M.	ste Véronique.
14	J.	s. Félix.
15	V.	ste Faustine.
16	S.	s. Guill. (Wilhelmine).
17	D.	stes Yolaine, Léonide.
18	L.	ste Floride.
19	M.	ste Germaine.
20	M.	s. Sébastien.
21	J.	ste Agnès.
22	V.	s. Vincent.
23	S.	ste Émérence.
24	D.	*Septuagés.* s. Timothée.
25	L.	s. Prix.
26	M.	ste Paule.
27	M.	ste Angèle, s. Julien.
28	J.	ste Herminie. s. Charl.
29	V.	s. François de Sales.
30	S.	ste Bathilde.
31	D.	*Sexagés.* ste Marcelle.

D. Q. le 2. — N. L. le 9. — P. Q. le 15. — P. L. le 23.

FÉVRIER.

Les jours croissent de 47 m. le matin et de 45 m. le soir.

1	L.	s. Sévère. s. Ignace.
2	M.	PURIFICATION.
3	M.	s. Blaise.
4	J.	ste Jeanne.
5	V.	ste Agathe.
6	S.	s. Gaston.
7	D.	*Quinquag.* ste Dorothée
8	L.	s. Jean de Matha.
9	M.	ste Apolline. *Mardi gr.*
10	M.	CENDRES. ste Scolastique
11	J.	s. Adolphe.
12	V.	ste Eulalie.
13	S.	ste Ermenilde.
14	D.	*Quadragés.* s. Valentin.
15	L.	ste Géorgie. s. Faustin.
16	M.	ste Julienne.
17	M.	ste Marianne. *Q. T.*
18	J.	s. Siméon.
19	V.	s. Boniface *Q. T.*
20	S.	s. Eucher. *Q. T.*
21	D.	*Reminiscere.* ste Vitaline
22	L.	ste Isabelle.
23	M.	s. Mérault.
24	M.	s. Mathias.
25	J.	s. Alexis.
26	V.	s. Nestor.
27	S.	ste Honorine.
28	D.	*Oculi.* s. Romain.
29	L.	s. Arille.

D. Q. le 1er. — N. L. le 7. — P. Q. le 14. — P. L. le 22.

MARS.

Les jours croiss. de 1 h. 3 m. le matin et de 47 m. le soir.

1	M.	ste Antonine, s. Aubin.
2	M	s. Simplice.
3	J.	ste Camille.
4	V.	s. Casimir.
5	S.	s. Adrien.
6	D.	*Lætare.* ste Colette.
7	L.	ste Perpétue.
8	M.	s. Jean de Dieu.
9	M.	ste Françoise.
10	J.	s. Doctrové.
11	V.	s. Léon.
12	S.	s. Pol.
13	D.	PASSION. s. Salomon.
14	L.	ste Mathilde.
15	M.	s. Zacharie.
16	M.	ste Memmie.
17	J.	ste Gertrude.
18	V.	s. Alexandre.
19	S.	s. Joseph.
20	D.	RAMEAUX. *Printemps.*
21	L.	s. Benoît.
22	M	ste Léa.
23	M.	s. Victorien.
24	J.	s. Gabriel (Gabrielle).
25	V.	*Vendredi s.* ste Théole.
26	S.	s. Emmanuel.
27	D.	PAQUES. ste Lydie.
28	L.	s. Gontran.
29	M.	ste Eustasie.
30	M.	s. Amédée.
31	J.	ste Cornélie, ste Balbine

D. Q. le 1er. — N. L. le 8. — P. Q. le 15. — P. L. le 23. — D. Q. le 30.

AVRIL.

Les jours croissent de 58 m. le matin et de 44 m. le soir.

1	V.	s. Hugues.
2	S.	s. François de Paule.
3	D.	*Quasim*. ste Hermance.
4	L.	ANNONC. s. Ambroise.
5	M.	ste Irène.
6	M.	s. Célestin.
7	J.	s. Clotaire.
8	V.	s. Edige.
9	S.	s. Christian.
10	D.	s. Fulbert.
11	L.	s. Léon le Grand.
12	M.	s. Jules.
13	M.	ste Ide (Ida).
14	J.	s. Tiburce.
15	V.	s. Maxime.
16	S.	s. Paterne.
17	D.	s. Rodolphe.
18	L.	s. Parfait.
19	M.	s. Bernard.
20	M.	ste Emma.
21	J.	s. Anselme.
22	V.	ste Opportune.
23	S.	s. Georges (Georgette).
24	D.	ste Beuve.
25	L.	s. Marc.
26	M.	ste Espérance.
27	M	ste Zite.
28	J.	s. Prudence.
29	V.	ste Antonie (Antoinette)
30	S.	s. Eutrope.

N. L. le 6. — P. Q. le 14. — P. L. le 22. — D. Q. le 29.

MAI.

Les jours croissent de 30 m. le matin et de 44 m. le soir.

1	D.	stes Florine, Philippine
2	L.	ste Zoé. *Rogations*.
3	M.	Inv. de la s. Croix. *Id.*
4	M.	ste Monique. *Id.*
5	J.	ASCENSION. C. de s. A.
6	V.	ste Judith.
7	S.	ste Euphrosine.
8	D.	ste Aglaé.
9	L.	s. Désiré.
10	M.	ste Solange.
11	M.	ste Palmyre.
12	J.	ste Flavie.
13	V.	ste Glycère.
14	S.	ste Félice.
15	D.	PENTECOTE. ste Denise
16	L.	s. Honoré.
17	M.	ste Giselle.
18	M.	ste Claude, *Q. T.*
19	J.	s. Yves.
20	V.	s. Bernardin. *Q. T.*
21	S.	ste Virginie. *Q. T.*
22	D.	TRINITÉ. ste Julie.
23	L.	s. Didier.
24	M.	ste Afre. s. Donatien.
25	M.	ste Madeleine.
26	J.	FÊTE-DIEU. s. Philippe
27	V.	s. Olivier.
28	S.	s. Germain.
29	D.	ste Théodosie.
30	L.	ste Emmélie.
31	M.	stes Perrine, Pétronille.

N. L. le 6. — P. Q. le 13. — P. L. le 21. — D. Q. le 28.

JUIN.

Les jours crois. jusqu'au 23 de 6 m. le m. et de 14 m. le s.

1	M.	s. Pamphile.
2	J.	stes Emilie, Blandine.
3	V.	ste Clotilde.
4	S.	s. Quirin. s. Optat.
5	D.	s. Boniface.
6	L.	ste Pauline.
7	M.	s. Jérémie.
8	M.	s. Médard.
9	J.	ste Pélagie.
10	V.	ste Diane.
11	S.	s. Barnabé.
12	D.	ste Olympe.
13	L.	ste Aquiline.
14	M.	ste Digne.
15	M.	ste Léonide.
16	J.	s Fargeau.
17	V.	ste Isaure.
18	S.	ste Marine.
19	D.	ste Aline.
20	L.	stes Florence, Bénigne.
21	M.	s. L de Gonzague. *Été.*
22	M.	s. Paulin.
23	J.	s Jacob.
24	V.	ste Simplicie, s. J.-B.
25	S.	s. Prosper, s. Maxime.
26	D.	s. Salvien.
27	L.	ste Adèle.
28	M.	s. Irénée.
29	M.	ss. Pierre, Paul, ste Alix
30	J.	ste Lucine.

N. L. le 4. — P. Q. le 12. — P. L. le 19. — D. Q. le 26.

JUILLET.

Les jours décroissent de 32 m. le mat. et de 27 m. le soir.

1	V.	s. Martial.
2	S.	Visit. de la Ste Vierge.
3	D.	s. Anatole.
4	L.	ste Berthe.
5	M.	ste Philomène.
6	M.	ste Dominique.
7	J.	ste Aubierge.
8	V.	ste Elisabeth.
9	S.	ste Anatolie.
10	D.	ste Félicité, ste Amélie.
11	L.	s. Benoit.
12	M.	s. Gualbert.
13	M.	ste Maure.
14	J.	s. Bonaventure.
15	V.	s. Henri (Henriette).
16	S.	s. Vitalien.
17	D.	ste Marceline.
18	L.	s. Frédéric.
19	M.	ste Sara.
20	M.	ste Marguerite.
21	J.	s. Victor.
22	V.	ste Magdelaine.
23	S.	ste Primice.
24	D.	ste Christine, ste Miette
25	L.	ste Valentine.
26	M.	stes Anne, Anaïs, Anna.
27	M.	ste Nathalie.
28	J.	s. Samson.
29	V.	ste Marthe, ste Béatrix.
30	S.	ste Maxime.
31	D.	s. Germain d'Auxerre.

N. L. le 4. — P. Q. le 12. — P. L. le 19. — D. Q. le 25.

AOUT.

Les jours décroissent de 43 m. le mat. et de 54 m. le soir.

1	L.	ste Sophie.
2	M.	s. Alphonse.
3	M.	s. Etienne.
4	J.	s. Dominique.
5	V.	s. Abel.
6	S.	Transfigurat. de N. S.
7	D.	s. Albert.
8	L.	ste Agape.
9	M.	s. Domitien.
10	M.	ste Astérie.
11	J.	ste Suzanne.
12	V.	ste Claire.
13	S.	ste Radegonde.
14	D.	ste Athanasie.
15	L.	ASSOMPTION. ste Marie
16	M.	ste Sereine.
17	M.	s. Mammès.
18	J.	ste Hélène, ste Laure.
19	V.	s. Marien.
20	S.	s. Philibert (Philiberte)
21	D.	s. Privat.
22	L.	s. Symphorien.
23	M.	s. Sidoine (Sidonie).
24	M.	s. Barthélemy.
25	J.	s. Louis (Héloïse, Lise).
26	V.	s. Zéphirin (Zéphirine).
27	S.	ste Euthalie.
28	D.	s. Augustin.
29	L.	ste Sabine.
30	M.	s. Fiacre, ste Rose.
31	M	s. Raymond.

N. L. le 2. — P. Q. le 10. — P. L. le 17. — D. Q. le 24.

SEPTEMBRE.

Les jours décroissent de 43 m. le mat. et de 1 h. 2 m. le s.

1	J.	ste Vérène.
2	V.	ste Colliste.
3	S.	ste Phœbé.
4	D.	ste Rosalie.
5	L.	s. Bertin.
6	M.	ste Edithe.
7	M.	ste Reine.
8	J.	NATIVITÉ DE NOTRE-DAME
9	V.	s. Hyacinthe.
10	S.	ste Pulchérie.
11	D.	ste Spérande.
12	L.	ste Bonne.
13	M.	s. Aimé.
14	M.	ste Rosule.
15	J.	s. Lubin.
16	V.	ste Euphémie, ste Lucie.
17	S.	ste Hildegarde.
18	D.	ste Stéphanie.
19	L.	ste Constance.
20	M.	ste Candide.
21	M.	ste Iphigénie. *Q. T.*
22	J.	ste Aimée. *Automne.*
23	V.	ste Thècle. *Q T.*
24	S.	ste Ame *Q. T.*
25	D.	s. Firmin.
26	L.	s. Amand, ste Justine.
27	M.	ss. Côme, Damien.
28	M.	s. Céran.
29	J.	s. Michel.
30	V.	s. Jérôme.

N. L. le 1er. — P. Q. le 9. — P. L. le 15. — D. Q. le 22. — N. L. le 30.

OCTOBRE.

Les jours décroissent de 47 m. le mat et de 59 m. le soir.

1	S.	s. Remi.
2	D.	s. Léger.
3	L.	ste Romaine.
4	M.	ste Aure.
5	M.	ste Flavie.
6	J.	s Bruno.
7	V.	ste Justine.
8	S.	stes Brigitte, Laurence.
9	D.	s Denis.
10	L.	s Paulin.
11	M.	ste Placidie.
12	M.	s. Wilfrid.
13	J.	ss Théophile, Edouard.
14	V.	ste Fortunée.
15	S.	ste Thérèse.
16	D.	s. Bertrand.
17	L.	stes Hedwige, Artémise
18	M.	s. Luc.
19	M.	s. Savinien.
20	J.	ste Cléopâtre.
21	V.	ste Ursule, ste Céline.
22	S.	ste Alodie, ste Salomée.
23	D	s Gratien.
24	L.	s. Magloire.
25	M.	s. Crépin.
26	M.	s Evariste.
27	J.	ste Sabine.
28	V.	s. Simon.
29	S.	ste Eusébie.
30	D.	ste Zénobie.
31	L.	s. Quentin.

P. Q. le 8. — P. L. le 15. — D. Q. le 22. — N. L. le 30.

NOVEMBRE.

Les jours décroissent de 45 m. le mat. et de 35 m. le soir.

1	M.	TOUSSAINT. ste Cyrène.
2	M.	*Trépassés*. s. Tobie.
3	J.	ste Sylvie.
4	V.	s. Charles, ste Modeste.
5	S	ste Berthille.
6	D.	s. Léonard.
7	L.	ste Amaranthe.
8	M.	s. Godefroy.
9	M	ste Eustolie.
10	J.	ste Nymphe.
11	V.	s. Martin.
12	S	ste Estelle.
13	D.	s. Brice.
14	L.	ste Balsamie.
15	M.	s. Eugène (Eugénie).
16	M.	s. Edme (Edmée).
17	J.	s. Aignan.
18	V.	ste Aude.
19	S.	ste Elisabeth.
20	D.	s. Edmond.
21	L.	Présentation de N. D.
22	M.	ste Cécile.
23	M.	s. Clément (Clémence).
24	J.	ste Flore (Florentine).
25	V.	ste Catherine
26	S.	ste Victorine.
27	D.	AVENT. ste Ode (Odette)
28	L.	s. Sosthène.
29	M.	s. Saturnin.
30	M.	ste Andrée.

P. Q. le 7. — P. L. le 13. — D. Q. le 21. — N. L. le 28.

DÉCEMBRE.

Les jours décroissent de 13 m. le matin et de 4 m. le soir.

1	J.	s. Eloi.
2	V.	ste Aurélie.
3	S.	ste Atala.
4	D.	ste Barbe.
5	L.	s. Sabas.
6	M.	ste Léonce. s. Nicolas.
7	M.	ste Fare.
8	J.	CONCEPTION DE N. D.
9	V.	ste Léocadie.
10	S.	ste Valère (Valérie).
11	D	s. Daniel.
12	L.	s. Maxence.
13	M.	ste Luce, ste Odile.
14	M.	s. Arsène. *Q. T.*
15	J.	ste Albine.
16	V.	ste Adélaïde. *Q. T.*
17	S.	ste Olympiade. *Q. T.*
18	D.	s. Gatien.
19	L.	s. Meuris.
20	M.	s. Philogone.
21	M.	s. Thomas. *Hiver*.
22	J.	s. Israël.
23	V.	ste Victoire.
24	S.	stes Delphine, Almire.
25	D	NOEL. ste Anastasie.
26	L.	s. Etienne.
27	M.	s. Alain.
28	M.	ste Théophile.
29	J.	ste Eléonore.
30	V.	ste Colombe.
31	S.	s. Sylvestre.

P. Q. le 6. — P. L. le 13. — D. Q. le 21. — N. L. le 28.

L'AGRICULTURE

EN 1863

(2e ANNÉE.)

EXPOSITIONS ET CONCOURS.

La première exposition nationale. — Les petits et les grands. — Que nul ne mente à son enseigne. — Gloire et profit. — Les écarts du génie. — Les exhibitions de parade. — Le tour de main. — Les monstruosités végétales. — Les échassiers de la basse-cour. — Les produits d'apparat et de serre chaude. — Le côté défectueux. — Enthousiasme et sang-froid. — Plus d'utilité que de plaisir. — Les leçons de l'expérience. — Un nouveau palais. — Un essai de classification des produits agricoles. — Un avenir prochain.

L'idée première et la première réalisation des expositions nationales appartiennent à la France. C'est en 1798, il y a de cela soixante-cinq ans, qu'elle jeta, à Paris, cœur et tête du pays, les bases de l'institution, absolument inconnue jusque-là. L'innovation réussit ; successivement adoptée ici et là, elle s'est fortifiée en faisant le tour du monde.

Il n'y a pas de spectacle plus grand, plus noble, plus excitant, plus imposant, qui parle plus clairement à l'esprit, plus sérieusement à l'intérêt que celui d'une exposition générale bien organisée et bien entendue.

Il y a loin d'un petit concours local à ces vastes exhibitions qui s'ouvrent à tout et à tous, loin aussi des petites réunions accidentelles aux expositions universelles et permanentes ; mais tous ont leur utilité particulière, et l'idéal, pour une grande nation, c'est de les avoir tous.

Cependant que chacun, raisonnant sa véritable importance, demeure fidèle à lui-même, que nul ne mente à son enseigne ; si grandes qu'elles soient, les valeurs détournées n'ont plus ni signification ni force. En tout, sous peine de nullité, chaque chose doit rester à sa place. Nous blâmons les concours régionaux qui ne savent pas se restreindre, et qui se font presque universels ; nous n'aimons pas que les concours préparés ou provoqués par les comices cherchent à rivaliser avec les expositions générales. Au-dessous de celles-ci, nous préférerions de beaucoup les concours simplifiés, spécialisés. La mode avait adopté les autres ; la mode en passera, et l'institution y gagnera.

Expositions et concours n'ont guère été jusqu'ici que des revues plus ou moins complètes, brillantes ou manquées, où sont venus défiler et parader certains produits, ou même tous les produits du globe, dans un but de prééminence plus que de profit. Ainsi qu'on l'a déjà fait remarquer, s'adressant surtout à la curiosité et à la vanité, elles étalent « trop souvent des œuvres préparées pour l'effet théâtral, et dans lesquelles, par conséquent, la solidité, la commodité et l'utilité réelle sont sacrifiées à l'éclat, à la couleur, à la forme ; des tours de force insensés, inutiles ou frivoles, où s'allient les plus riches métaux, où le talent, le génie même, s'égarent en de fastueux caprices.

« Au milieu de ce déploiement éblouissant de hors-d'œuvre, autant que de chefs-d'œuvre industriels et artistiques, l'agriculture, cette industrie pivotale, n'occupe qu'une place fort secondaire.

« Quoique les œuvres agricoles, produites avec l'aide de la nature, aient par elles-mêmes une destination utile et une forme modeste, peu propres à ces exhibitions de parade, cependant le cultivateur exposant, cédant à l'entraînement général, cherche aussi ce qu'on appelle dans le commerce le *truc*, le *tour de main*, le *trompe-l'œil*.

« En vue du concours, l'agriculteur, l'horticulteur, créent à coups d'engrais, d'abris et d'autres soins artificiels, des monstruosités végétales.

« L'éleveur de gallinacées, sans souci des qualités de pondeuses et de couveuses, de la rusticité, de la finesse et de l'abondance de la chair, multiplie les races au plumage élégant, les *cochinchine*, les *brahmapouttra*, ces grands échassiers de la basse-cour.

« Le nourrisseur compose au bétail de boucherie des muscles graisseux et lymphatiques, un embonpoint difforme, etc., etc.

« Maintenant, à quel prix de revient s'élèvent tous ces produits d'apparat et de serre chaude des industriels et des agriculteurs? Nul ne le sait.

« Mais les primes, mais la médaille récompensent ces œuvres artificielles, qui entraînent l'agriculture et l'industrie dans une fausse voie..... »

Nous avons depuis longtemps fait aux expositions et aux concours, d'une manière plus spéciale que ceci, les nombreux reproches que leur organisation actuelle commence à leur attirer de toutes parts. Ce n'est pas pour leur nuire ou pour les discréditer que nos observations critiques se sont attachées à eux, mais pour provoquer toutes les améliorations dont ils sont susceptibles et accroître leur utilité effective.

Nous voulons surtout qu'ils deviennent un enseignement sérieux pour tous, producteurs et consommateurs. Leur côté défectueux n'est pas apparu tout d'abord à tous les yeux; peu l'ont vu, au contraire, tant que l'institution, plus ou moins éloignée dans ses manifestations ou dans ses retours, n'a été, pour ainsi parler, qu'une nouveauté, tant qu'elle a ébloui plus qu'éclairé. Aujourd'hui on est plus familiarisé avec ce genre de spectacle, on le regarde avec moins de surprise, avec plus de calme; on y cherche ce qui intéresse le plus; on examine de près, on raisonne, on discute, et l'on n'admire qu'à bon escient; on ne s'arrête plus seulement à la forme, aux apparences; on juge au fond.

Cela fait que les expositions et les concours ne sauraient plus n'être que des solennités, que de simples occasions de mettre les populations en mouvement; il faut qu'ils se complètent et que nul ne les visite sans en tirer un avantage quelconque, plus qu'un plaisir, plus qu'une satisfaction passagère.

En les multipliant, on a montré par où ils pèchent; que l'expérience ne soit pas perdue. Aussi bien profite-t-elle déjà, car voici qu'on annonce, pour une époque assez rapprochée, l'ouverture d'une exposition universelle permanente. Elle aura pour demeure un édifice somptueux, un palais qui « s'élève dans l'enceinte du nouveau Paris, à Auteuil, en avant du bois de Boulogne, cette promenade favorite des Parisiens » et de tous.

« Le corps de ce palais est un parallélogramme de 500 mètres de longueur dans le sens de la façade principale, sur 110 mètres de largeur. Cette façade se développe, du côté de Paris, le long d'un large boulevard récemment ouvert par la ville sur 10,000 mètres de terrain que la compagnie lui a concédés. La porte centrale, pareille à celle d'un arc de triomphe, débouche dans un transsept au centre duquel s'élèvera un dôme de 105 mètres de hauteur sur 120 mètres de circonférence à la base. Le soubassement, les portes extérieures, les fenêtres, mesurant chacune 7 mètres sur 12, et les quatre pavillons d'angle, seront seuls construits en pierre. Le reste de l'édifice sera composé de fer, de fonte, de briques creuses et de verre.

« L'étage occupera les deux tiers de la surface du palais. Il formera d'élégantes galeries d'exposition qui plongeront dans trois grandes nefs. Des annexes s'étendront de chaque côté de l'édifice, » qui occupera une surface de 116,000 mètres.

Et l'agriculture y aura, dit-on, une place proportionnée à son importance, si l'on s'en rapporte au tableau suivant, publié par le *Journal d'agriculture*, 5 septembre 1863, sous la signature de M. Wladimir Gagneur.

Aperçu d'une classification agricole méthodique.

Produits alimentaires.	Végétaux.	Céréales	Froment, seigle, riz, maïs, etc., farines, pâtes, pains, alcools.
		Fruits, baies	A pepins, à noyaux, secs, vins, alcools, boissons, confiserie.
		Végétaux herbacés	Choux, salades, etc., aromatiques, conserves, etc.
		Farineux, tubercules, racines	Pommes de terre, betteraves, topinambours, etc.
		Epices, écorces	Poivre, cannelle, vanille, etc., liqueurs, alcools.
		Plantes saccharifères	Canne à sucre, betteraves, sorgho, etc , sucres, alcools, etc.
		— et fruits oleagineux	Olives, noix, etc., conserves, huiles comestibles.
		— médicinales	Gomme, parfums, herboristerie.
		— et graines fourragères	Des prairies permanentes et temporaires.
	Animaux.	Bestiaux	Spécimens de races améliorées ou créées, indigènes, acclimatées.
		Viandes	Conservation (procédés, etc.), salées, fumées, etc.
		Volailles	Indigènes, importées.
		Gibier	Pâtes, terrines, etc.
		Lait	Conserves.
		Beurre	Frais, demi-salé, salé.
		Fromage	Procédés de préparation et conservation.
		OEufs	Procédés de conservation.
		Miel	Preparations et procedes de conservation.
		Poissons	Des étangs et rivières, pisciculture.
Produits industriels.	Végétaux.	Tabac et autres narcotiques	Sous tous leurs aspects industriels, nicotine, opium, etc.
		Plantes textiles	Chanvre, lin, coton, fil, etc., spécimens d'emplois.
		Pailles, joncs, osiers	Preparés, en bottes, tresses et nattes, chapeaux, paniers, etc.
		Tiges, feuilles filamenteuses	Préparées, tissées, tressées, etc., chapeaux, paniers, etc.
		Caoutchouc et gutta-percha	Préparés, vulcanisés, etc., tissus, chaussures, conduits, etc.
		Bois de teinture	Extraits solides et liquides.
		Arbres et arbustes d'ornement	Indigenes, acclimatés.
		Fleurs	Id. Id.
		Bois à ouvrer, résineux	Construction, ébénisterie, charronnage, etc., goudron, résine, gomme.
		— à brûler	Chauffage, charbon, cendres, potasse.
		Plantes oléagineuses colorantes	Garance, indigo, pastel, colza, etc.
		Ecorces, etc.	Liége, tan, cendres, etc.
		Plantes à chardons, à papier, etc.	
	Animaux.	Peaux et cuirs	Préparés, tannés, maroquinés, etc.
		Laines et duvets	Preparés, filés, et tissus de toutes sortes.
		Poils et crins	Id. Id. Id.
		Soie	Grege, ouvrée, cordonnets, tissus de toutes sortes.
		Plumes	Préparées pour toutes les industries, modes, couchers, équipements.
		Cornes, os, sabots, pieds	Préparations et transformation, tabletterie, huiles, engrais, etc.
		Animaux de trait	Spécimens de races améliorées, acclimatées, etc.
		Engrais et matières à produits chimiques	Naturels et artificiels, simples et composés, etc.
		Cire, suifs, graisses, etc.	Dans tous leurs emplois industriels.

DANS L'ANNEXE : OUTILS, INSTRUMENTS ET MACHINES AGRICOLES.

C'est parce qu'elle sera permanente que l'exposition universelle se perfectionnera. L'ordre et la méthode que le temps aura sanctionnés ici s'introduiront forcément dans les concours à courte durée, grands ou petits. On cessera de généraliser ceux-ci, on les spécialisera, au contraire, dès qu'il y aura une exposition permanente et universelle dans toute l'acception du mot.

Les concours spécialisés ne seront ni les moins visités, ni les moins réussis.

Il y a eu en 1863, en Danemark, à Odensée, et en Allemagne, à Hambourg, des expositions internationales agricoles auxquelles nous n'avons pris qu'une très-faible part : nous n'aimons pas beaucoup à nous déranger, c'est une justice à nous rendre. Cependant, la locomotion a ses avantages, et, pour le prouver en l'espèce, nous allons extraire tout au long, du *Journal d'agriculture partique*, un excellent compte rendu, par M. Koltz, de l'exposition internationale de Hambourg. Il offre plus d'un enseignement qui ne sera certainement pas perdu pour l'avenir. C'est le motif qui nous engage à reproduire ce remarquable travail, dans lequel on trouverait le modèle de judicieuses appellations pour les catégories de prix établies en nos propres programmes.

De l'exposition d'Odensée nous ne dirons rien ; nous ferons de même en ce qui touche le concours annuel de la Société royale d'agriculture d'Angleterre, tenu cette année à Worcester, et nous passerons, sans autre préambule, à la revue rapide des nombreux concours agricoles français, qui ont, pour le pays, un intérêt immédiat et prochain.

I

EXPOSITION INTERNATIONALE AGRICOLE DE HAMBOURG.

Un œuf qui devient un bœuf. — Initiative privée. — Un lieu bien choisi. — Mesures judicieuses et réussies. — Statistique. — Les primes offertes. — Une grande foire. — L'espèce chevaline. — Les bêtes bovines. — Le bouquet de l'exposition. — Perplexité des éducateurs de moutons. — Les porcs. — Les volailles. — Les machines et les instruments de l'agriculture. — Les produits.

L'exposition internationale agricole qui vient d'avoir lieu à Hambourg ne devait, dans le principe, être qu'un concours d'animaux de boucherie donné par la Société agricole allemande. Cette jeune association était, par suite, loin de s'attendre à lui voir prendre une extension au-dessus des ressources de son budget, qu'elle ne doit qu'à l'initiative privée. Car, ainsi que cela a eu lieu pour les expositions universelles de Londres de 1851 et de 1862, le concours international de Hambourg est une entreprise particulière, protégée par le gouvernement, il est vrai, mais ne recevant de ce dernier qu'une subvention de 46,500 francs. Tous les autres frais du concours ont été garantis par soixante sommités financières de la localité.

L'exposition de Hambourg s'est tenue aux portes de la ville, sur le Heiligengeistfeld, que le Sénat s'était empressé de mettre gratuitement à la disposition du comité pour tout le temps du concours. Placé, pour ainsi dire, à distance égale d'Altona et de Hambourg, le Heiligengeistfeld, entouré de belles allées ombreuses et recouvert d'un beau gazon, a une superficie de 100 hectares et n'est éloigné que de 2 à 3 kilomètres des parties les plus retirées de ces deux villes. Aussi, la promenade favorite des Hambourgeois s'était-elle couverte, sur une étendue de 50 hectares, de constructions simples, mais parfaitement distribuées.

Un autre avantage que présente Hambourg, cette ville essentiellement commerçante, pour la tenue d'une exposition, et que l'on ne rencontre pas facilement sur le continent européen, est sa position au centre des pays les plus renommés pour leur agriculture ou essentiellement agricoles, tels que l'Angleterre, la France, les Pays-Bas, la Belgique, le Danemark, le Hanovre, la Suède, la Russie.

Le comité organisateur, n'ignorant pas que les frais considérables occasionnés par les transports d'animaux, de machines, etc., portent souvent obstacle à la fréquentation des expositions, a fait tout ce qu'il dépendait de lui pour obtenir des réductions de tarif pour les transports par chemin de fer. A l'exception de la Bavière, tous les Etats allemands ont souscrit au retour gratuit des objets envoyés à l'exposition. Sur tous les chemins de fer de l'Autriche, les animaux, machines, produits, qui y ont pris part, n'ont été soumis qu'au droit uniforme de 3 centimes par mille et par 50 kilomètres.

Toutes ces mesures, favorables à la visite de l'exposition internationale de Hambourg, ont influé d'une manière heureuse sur sa fréquentation, que beaucoup de gouvernements ont encouragée d'ailleurs d'une manière directe. C'est ainsi que les Etats-Unis, la Suède ont assumé les frais de transport de leurs exposants; un comité hollandais a acheté pour 21,000 francs d'animaux, dans le but de les exposer. L'Autriche a exempté de droits d'entrée toute machine, tout reproducteur propre à améliorer les races, achetés à l'exposition. Enfin le Hanovre, la Hesse, l'Autriche, la Prusse, la Saxe, la Suède, les Etats-Unis, le Luxembourg et l'Oldenbourg s'y sont fait représenter par des commissaires.

En résumé, l'exposition internationale de Hambourg comptait 3,876 animaux, 2,941 machines et 527 lots de produits agricoles pour trente-quatre pays. Comparés à ceux des concours universels de Paris, ces chiffres se décomposent comme il suit :

	Paris 1856	Paris 1860	Hambourg 1863
Race chevaline.	»	788	524
— bovine.	1,266	1,490	965
— ovine.	691	546	1,766
— porcine.	160	323	293
Volailles (lots). . . .	473	922	328
Machines.	2,108	4,000	2,941
Produits (lots).	»	3,600	527

Les sommes allouées en primes pour les animaux domestiques s'élevaient ensemble à 92,906 francs en argent. Quant aux machines et aux produits agricoles, les prix consistaient en médailles d'argent et de bronze. La valeur de ces prix, comme tous les frais de l'exposition, devant être couverte par les 46,500 francs alloués par l'Etat, ainsi que par les ressources de particuliers, les visiteurs des concours français se trouvaient partout en contact avec les moyens employés pour assurer la réussite d'une opération financière dont le concours international de Hambourg était le motif. L'exposition elle-même avait, pour beaucoup, pris les allures du milieu dans lequel elle se trouvait, et ressemblait à une grande foire, où la vivacité des transactions, l'âpreté de l'offre et de la demande, rappelaient à chaque pas que l'agriculture était l'hôte d'une des plus puissantes métropoles commerciales.

Si de ces considérations générales nous passons au concours lui-même, nous nous trouvons d'abord en présence de la race chevaline, représentée à l'exposition par 524 sujets, appartenant en grande majorité au Hanovre (217), à l'Angleterre (67), à Hambourg (46), au Danemark (42), à la Prusse (36) et au Mecklembourg (32), soit 460 chevaux pour les six pays les plus rapprochés de Hambourg et ayant en partie la plus grande population hippique du nord de l'Europe. Les 44 chevaux restant se répartissaient entre dix nations, parmi lesquelles la France comptait 6 chevaux exposés par un Français et 2 présentés par des Allemands.

Tous ces chevaux étaient répartis en huit grandes classes, divisées elles-mêmes en trente-six divisions, suivant la race, l'aptitude et le sexe. A leur tête se plaçaient tout naturellement les chevaux de sang. L'influence de l'Angleterre sur la production du cheval de race ne peut être contestée, et jusqu'ici cette nation a su se maintenir au premier rang sous ce rapport. Un fait qui mérite toutefois d'être remarqué, c'est qu'à Hambourg, les pur sang élevés en Allemagne ont obtenu la préférence dans les concours.

Venaient ensuite les races orientales, représentées par 13 chevaux entiers, dont 4 du haras particulier du roi de Wurtemberg. Ces derniers, exposés hors concours, et qui proviennent de race arabe pure, modifiée depuis plus de cinquante ans par le climat et le régime, ont surtout appelé l'attention par leur aptitude à améliorer les races. Le premier prix de cette catégorie a été accordé à l'étalon arabe *Faradis,* âgé de vingt-neuf ans, à M. le comte Schlieffen, de Mecklembourg. Les autres chevaux légers présentés appartenaient à différentes races plus ou moins tracées et remarquables sous l'un ou l'autre rapport. Parmi ces derniers se trouvait, sous le n° 77, l'étalon anglo-normand *Duc*, âgé de quatre ans, exposé par M. Guinet, de Lyon, auquel le jury a accordé une mention honorable.

Quant aux chevaux de trait, ils n'étaient pas nombreux et étaient pris dans les races de Suffolk, danoise, hanovrienne, percheronne, etc. Il y avait beaucoup de bêtes de prix ayant du fond et une excellente saboture. Deux chevaux seuls représentaient les animaux de gros trait ; ils étaient de la race de Pinzgau. Dans cette catégorie, M. Guinet, de Lyon, a obtenu le deuxième prix et une mention honorable pour deux étalons du Perche.

En résumé, le concours hippique était remarquable par l'ensemble des chevaux de races nobles, et pouvait sous ce rapport soutenir la comparaison avec celui de Paris. Quant aux chevaux de trait pour l'agriculture, leur nombre ne répondait pas à l'importance du concours et ne pouvait représenter la population chevaline de leurs pays de production. A ce point de vue la dernière exposition universelle de Paris était bien plus complète et surtout plus instructive.

Il en est de même des bêtes bovines, si nous en exceptons une seule catégorie, celle de la race des Marches. La position géographique de Hambourg se prêtait surtout à la concurrence de cette race, que l'on rencontre sur tout le littoral de la mer du Nord et dans la plaine de l'Elbe, et dont nous connaissons plus particulièrement le type hollandais. Les autres types, connus sous le nom de race frisonne, oldenbourgeoise, d'Angel, et qui trouvent la réunion de toutes leurs qualités dans la race breitenbourgeoise du Schleswig-Holstein, se distinguent le plus souvent du type que nous avons pris comme point de comparaison par le pelage; elles sont toutes bonnes laitières et vivent jour et nuit au pâturage. En les examinant de plus près et en les poursuivant dans toutes les formes sous lesquelles elles se présentent, on acquerra la conviction que cette opinion que la race de Durham a été créée avec du sang hollandais a beaucoup de vraisemblance. Les pays suivants avaient exposé des spécimens de cette race : Hanovre, 233; Danemark, 175; Hambourg, 85; Prusse, 74; Pays-Bas, 50. Les animaux de ce dernier pays avaient été choisis par une commission et envoyés à frais communs à Hambourg. Aussi ce lot, qu'on avait eu le tort de diviser, ne renfermait-il que des sujets de choix.

Si les races bovines de la plaine étaient bien représentées, celles des montagnes ne l'étaient presque pas. C'est ainsi que l'on ne comptait que 69 bêtes à cornes des races suisses, et 32 du Voigtland, de l'Egerland, de la Franconie, de la Styrie, etc.

La Grande-Bretagne avait, par contre, fourni un contingent remarquable pour ceux qui n'avaient pas vu l'exposition de Paris. On ne comptait guère moins de 90 courtes-cornes, 24 ayrs et 13 angus. Les sujets de cette dernière race sans cornes ont eu les honneurs de l'exposition bovine anglaise, attendu que les autres races britanniques ne présentaient rien qui surpassât les animaux de la race charollaise exposés par M. Olde, le plus riche marchand de bestiaux de Hambourg. Ce lot se composait de 2 taureaux de trois ans, de 2 vaches de cinq ans, et de 2 génisses de dix-huit mois. Le succès obtenu par ces bêtes doit faire regretter l'absence de l'un de nos grands éleveurs de cette race; sa réputation aurait alors été irrévocablement faite.

Au surplus, les races bovines françaises brillaient par leur absence. Une seule vache bretonne avait été exposée par un éleveur du Morbihan. Trois autres bêtes de cette race avaient été présentées par des Allemands, ainsi que 3 taureaux, 2 vaches et 2 génisses de race normande.

Le premier prix pour les animaux normands a été accordé au taureau qui avait remporté celui du concours de Chartres de 1863. Le premier prix des vaches a été donné au premier prix du concours de Laval de 1862, tandis que le deuxième prix est la troisième prime du concours de Caen en 1860. Par suite du manque de concurrence, dix prix accordés aux races bovines françaises n'ont pu être décernés.

Nous arrivons maintenant au bouquet de l'exposition, à la race ovine. Jusqu'ici aucun concours n'avait présenté un aussi grand nombre de sujets remarquables sous tous les rapports, et aucun n'a non plus donné lieu à autant de transactions. Dans le nombre des animaux exposés, la Prusse avait envoyé 526 têtes; l'Angleterre, 400; l'Autriche, 156; le Hanovre, 145; le Danemark, 120; Hambourg, 106; le Mecklembourg, 66; la France, 65; la Saxe, 60. Les exposants français étaient :

1re CLASSE. — *Moutons élevés en vue de la finesse de la laine.*

MM. G. Garnot, à Genouilly (Seine-et-Marne); — E. Hutin, à Lesard-Montroy (Aisne); — R. Bailleau, à Illiers (Eure-et-Loir).

2e CLASSE. — *Moutons élevés pour la quantité de leur laine.*

MM. A. Gatineau, à Beaufrançais (Eure-et-Loir); — G. Garnot; — E. Huttin; — R. Bailleau.

3e CLASSE. *Moutons élevés en vue de la conformation et de la facilité de l'alimentation.*

MM. G. Garnot; — R. Bailleau; — E. Hutin; — Ch. Lefebvre, à Saint-Escobille (Seine-et-Oise); — Gatineau.

4e CLASSE. — *Moutons élevés en vue de la qualité et de la quantité de la viande ainsi que de la conformation.*

Bergerie impériale de Rambouillet (hors concours).

Les éleveurs de la race ovine sont, en général, dans une grande perplexité, en ce sens qu'il s'agit, pour beaucoup d'entre eux, de deviner l'avenir réservé à la production de la laine, surtout de ces laines fines, connues sous le nom de belles électorales, et qui font la gloire de plusieurs bergeries d'Allemagne. L'industrie ne les recherchant aujourd'hui déjà plus avec le même empressement, et employant de préférence les laines de l'Australie, beaucoup d'éleveurs se sont demandé s'il n'était pas temps de négliger un peu plus la laine, pour la production de la viande, enfin d'être moins exclusif dans la spécialisation. D'autres ont de plus cherché à produire des laines moyennes, propres à la carde et au peigne, dont la consommation va en augmentant. Ces diverses tendances se sont fait jour à l'exposition, et se sont trouvées représentées à différents degrés, à partir du mérinos, placé en tête du catalogue, jusqu'aux moutons de boucherie exposés par l'Angleterre. Le programme du concours a voulu tenir compte de cette tendance transitoire en allouant 1,125 francs de primes aux moutons dont les éleveurs ne font pas spécialité soit de la production de la laine, soit de sa finesse, soit de la viande, mais qui cherchent à réunir ces trois avantages. Les nombreux croisements leicester-mérinos, leicester-mauchamps, southdown-negretti, etc., exposés, portaient d'ailleurs témoignage des efforts tentés dans ce sens.

Après l'exposition des bêtes ovines, celle des porcs renfermait le plus d'animaux parfaits. L'Angleterre y était représentée par 89 sujets ; la Prusse, par 59 ; Hambourg, par 57 ; le Hanovre, par 35 ; le Danemark, par 14, etc. Les grandes et moyennes races y étaient en majorité et paraissaient vouloir faire oublier les petites, qui ont pendant longtemps joui, et avec raison, croyons-nous, d'une faveur méritée. Les races les mieux représentées étaient les yorkshire et les berkshire de Windsor. Parmi les premiers, les porcs de M. G. Hickmann, de Hull, fixaient l'attention par leur taille et leur poids extraordinaire. Un verrat, nommé *Garibaldi*, âgé de quatre ans, pesait plus de 750 kilogrammes, et un autre, plus jeune de deux ans, 225 kilogrammes. Ils étaient nourris à l'exposition avec des betteraves, du pain de seigle et de cacao dégraissé. Parmi les porcs élevés sur le continent, nous citerons ceux de M. de Nathusius, de Hundisburg, comme ne le cédant en rien aux anglais.

Cette circonstance qu'on ne s'en est tenu qu'aux déclarations des exposants pour indiquer la race des animaux présentés, n'a, dans aucune classe de l'exposition, donné lieu à autant de différences visibles que dans celle des porcs. En laissant subsister ces différences, on a fait manquer pour beaucoup le principal but des exhibitions, savoir l'étude comparative, déjà si compliquée, des races et *des familles perfectionnées*.

Aucune race française n'était représentée à l'exposition porcine. Il se trouvait, par contre, parmi les volailles, quelques exemplaires de poules de Crèvecœur, du Mans et de La Flèche. Cinq canards de Rouen faisaient à peu près tout le mérite de la section de ces palmipèdes. En résumé, si on en excepte le lot du recteur de Bockelmann de Melte, qui se composait de 46 couples de diverses races de gallinacées, cette partie de l'exposition ne présentait rien d'extraordinaire ou qui approchât même du concours parisien de 1860.

Passons maintenant à la seconde grande division du concours, aux machines et instruments agricoles. La plupart des grandes maisons anglaises et allemandes y étaient représentées soit directement, soit par des agents. L'Angleterre y comptait 73 exposants; Hambourg, 61; la Prusse, 52 ; le Hanovre, 46 ; la France, aucun. Malgré leur grand nombre, les machines ne présentaient pas de grandes nouveautés ; mais on remarquait quelques perfectionnements apportés aux engins existants. Parmi ces derniers nous citerons la grande machine à battre de Clayton-Schuttleworth, où l'élévateur à godets a été remplacé par un élévateur à air, et où l'on a réalisé la suppression de plusieurs frottements. MM. Pintus et Ce, de Berlin, ont rendu leur machine à battre propre au battage du colza, en changeant le batteur, qui, dans ce dernier cas, n'a que quatre ailes et est muni de crochets. Le rouleau Cambridge est l'ancien squelette de Dombasle combiné avec le brise-mottes Croskill. Le petit manége portatif de Bentall a eu, aussi bien que le rouleau ci-dessus, un grand succès parmi les machines américaines. Il y avait beaucoup d'instruments pour la petite culture, et des machines dont les exposants paraissaient eux-mêmes ignorer l'usage.

En résumé, l'exposition des machines et instruments ordinaires donnait l'occasion de se rendre compte des progrès immenses réalisés pendant la dernière année dans la mécanique agricole. De plus, en plaçant les constructions originales en présence des nombreuses imitations ou prétendus perfectionnements exposés par des ateliers de second ordre, elle a fait connaître à tous le motif des jugements différents portés sur des engins ayant le même nom, mais péchant par l'imitation, dans les détails surtout. Pour ce qui est des grandes machines, la section des moteurs à vapeur était riche surtout en constructions diverses ; on a pu y constater que les constructeurs anglais avaient des concurrents sérieux en Allemagne. Outre les machines fixes ou locomobiles pour le service de la ferme, on comptait sept locomobiles à traction qui circulaient sur le champ de l'exposition.

Les essais nombreux auxquels ils ont été soumis à Hambourg paraissent assurer un bel avenir à ces *traction-engines*, surtout lorsque, comme cela a été le cas dans l'espèce, on les fait servir au labourage à vapeur. En effet, lors du concours qui a eu lieu à Hambourg, la locomobile à traction de Richardson et Darley a fait marcher les appareils Fowler, concurremment avec le matériel complet de ce dernier, représenté également par Ransomes et Sims.

Après des essais répétés pendant deux jours, le premier prix a été partagé entre les trois constructeurs ci-dessus, tandis que Howard n'a obtenu que le second prix.

Il y a également eu pendant l'exposition un concours de moissonneuses, sur lequel nous ne pouvons rien dire, attendu qu'il coïncidait avec le concours de labourage à vapeur, auquel nous avons donné la préférence.

Parmi les fabriques de meules de moulins, objets qui avaient été classés avec les machines agricoles, nous avons à signaler les maisons françaises suivantes :

MM. Arnoult, à Amiens (Somme) ; Aubry-Noël, à Brains (Vosges) ; Rogers fils et Ce, à la Ferté-sous-Jouarre ; Fortin à Etréchy (Seine-et-Oise) ; Besnard, à

Epernon (Eure-et-Loire) ; Bailly et Ce, à la Ferté-sous-Jouarre ; Lanet père et fils, à Cette (Hérault).

La dernière classe du concours comprenait les produits agricoles. Plusieurs pays, entre autres le grand-duché de Bade, la Hongrie, la Bohême, ayant fait des expositions collectives, il était possible de se faire une idée de la production d'une contrée, et c'est probablement pour faciliter cette étude qu'à Hambourg les produits étaient classés par pays. L'Amérique avait exposé un fromage de 475 kilogrammes, format de meule à moulin; des farines de maïs, des huiles, etc. La Prusse représentait le plus complétement la sériciculture : l'exposition de cocons de M. Tœpffer, de Stettin, aurait mérité d'être signalée, même à une exposition française.

Le grand-duché de Bade, la Hesse, la Hongrie, se distinguaient par leur exposition de vins. Quant à la France, elle était représentée par douze exposants, dont dix montraient des vins, un des truffes, des câpres et des olives, et le dernier des conserves et des chocolats. Ce relevé dira mieux que tout commentaire jusqu'à quel point l'exposition pouvait donner une idée de la production française. Au surplus, la France n'a pas seule fait exception, attendu que la section des produits était la plus faiblement représentée à Hambourg.

KOLTZ.

II

LES CONCOURS D'ANIMAUX DE BOUCHERIE.

Les sollicitations stériles. — Le résultat cherché. — Concours locaux. — Les exhibitions officielles. — La vache enragée. — Les veaux. — Les moutons. — Les porcs. — Les jeunes. — La précocité. — Les métis — Une objection. — Un proverbe. — Utilité et résultats des concours. — Toujours les programmes. — Centre-Bretagne. — Les concours de Dunkerque. — Les réunions de la Société d'agriculture des Deux-Sèvres. — Création du comice de Bourg. — Concours fondé par l'édilité de Périgueux. — Une excursion dans la ville des papes. — Une fondation du comité agricole de Bellac. — Dernière observation.

Nous ne reviendrons pas sur les considérations générales que nous avons attachées à ces concours dans L'AGRICULTURE EN 1862 ; ces considérations restent entières, les faits particuliers aux réunions de 1863 leur donnent seulement une consécration nouvelle.

Plus de soixante départements demeurent absolument indifférents aux riches sollicitations des programmes, et, parmi ceux qui envoient des bêtes grasses aux six chefs-lieux officiels, aucun n'y est représenté d'une façon notable. La statistique des concurrents ne fournit pour chacun que des chiffres tout à fait insignifiants. Ils n'en sont que plus significatifs. Ils disent que l'institution, bien qu'elle fonctionne déjà depuis vingt ans, ne saisit pas les masses ; que, loin de s'étendre et d'accomplir son œuvre, elle reste la spécialité, la chose de quelques-uns dans chacune des catégories ouvertes à l'émulation de tous.

En créant les concours d'animaux gras, on se proposait ces deux résultats : faire connaître la supériorité économique des races précoces et pousser à leur adoption générale ; — faire que, par une imitation éclairée, l'éleveur des races au développement lent et tardif, plus ossues que charnues, entreprît de les rapprocher graduellement de la perfection des premières, afin d'arriver, par cette autre voie, à l'augmentation notable du rendement en viande et tout à la fois à l'abaissement de son prix.

Une institution qui se proposait un pareil résultat méritait d'être assise sur les plus larges bases. On s'est borné à lui donner six chefs-lieux. On n'a rien fait pour multiplier ceux-ci ; en les raccordant à de grands centres de consommation, on en a privé les centres d'élevage et d'engraissement ; on leur a assigné une seule et même date, sans se rappeler que chaque région engraisse ses bestiaux à des époques différentes, et que l'approvisionnement des villes se renouvelle incessamment. Il n'en est pas de l'élevage comme des semailles ; de la maturité des bêtes à l'engrais comme de la maturité des moissons. En tenant le même jour tous les concours d'animaux de boucherie, on n'a pu les peupler que de rares exceptions ; on n'y a pas convié les masses. Or ce sont les masses qui produisent, qui élèvent, qui engraissent, qui approvisionnent les marchés, tous les marchés. C'est donc sur les masses qu'il importe d'agir, afin de les amener insensiblement au résultat cherché, — la substitution d'animaux précoces aux bêtes tardives, d'animaux charnus aux bêtes ossues, lesquelles sont en si grand nombre aux mains de tous qu'elles constituent à peu près toute notre population animale.

Au début, l'institution a été judicieusement contenue

dans les limites d'une simple expérience, mais il y a déjà dix ans qu'elle devrait être sortie du cercle étroit où elle est encore enfermée. Elle n'a plus rien à apprendre aux expérimentateurs officiels ; elle leur a donné toutes les solutions attendues, il ne reste plus qu'à vulgariser son enseignement. Elle a porté la lumière sur toutes les obscurités du passé ; il est temps qu'on la fasse fonctionner à grands résultats.

Que ceci devienne l'œuvre des localités et que chacune d'elles organise ses concours à son point de vue particulier ; qu'elle les spécialise suivant les cas, et qu'elle les tienne aux époques indiquées par les habitudes imposées aux engraisseurs par la force des choses.

Ces idées commencent à poindre à la pratique.

1862 a vu naître deux réunions importantes, dont le plein succès est une brillante promesse pour l'avenir.

1863 en a inaugnré d'autres qui ouvrent certainement une ère nouvelle.

Ces exemples seront imités, et les petits concours locaux, on en sera bientôt convaincu, deviendront, par leur extension prochaine, par les bonnes pratiques démontrées et vulgarisées, les grands concours en l'espèce. Nous ne voulons pas qu'on les confonde avec des réunions accidentelles qui se tiennent — une fois par hasard — à l'occasion d'une solennité qui ne doit pas se renouveler. Celles-ci n'ont aucun intérêt ; nul ne s'y est préparé ; ceux qu'on y a vus ont emporté des prix pour l'obtention desquels ils n'ont rien tenté. Les nouveaux concours ont une portée plus haute, un but mieux défini : ils donnent une direction sérieuse à l'élevage, à l'engraissement, aux spéculations réfléchies non de quelques-uns, mais de tous ; ils ne s'attachent pas aux produits isolés d'une race mise en vogue, mais à l'ensemble des produits de l'espèce dans une région plus ou moins circonscrite.

Nous reviendrons bientôt sur ces petits concours dus à l'initiative des particuliers ; il faut d'abord en finir avec les exhibitions officielles.

A. Ces dernières ont eu lieu à Bordeaux, à Nantes, à Nîmes, à Lyon, à Saint-Quentin et à Poissy.

Elles ont offert aux trois espèces bovine, ovine et porcine, des primes s'élevant ensemble à 127,750 francs, non comprise la valeur des nombreuses médailles d'or, d'argent et de bronze, qui accompagnent chaque prix décerné.

Les animaux envoyés se sont répartis de la manière suivante entre les six chefs-lieux :

	Bœufs. Têtes.	Vaches. Têtes.	Veaux. Têtes.	Moutons. Têtes.	Porcs. Têtes.
Bordeaux.	72	9	»	170	29
Nantes.	80	13	»	140	29
Nîmes.	40	15	»	180	9
Lyon.	103	9	»	30	42
Saint-Quentin. . . .	78	36	7	160	13
Poissy.	329	64	25	450	130
Totaux.	702	146	32	1,130	252

Sauf quelques réserves, autant que possible atténuées, les comptes rendus déclarent que les réunions de 1863 témoignent, sur celles qui les ont précédées, d'un progrès très-marqué. Nous voulons bien, mais ces chiffres que nous venons de copier montrent, d'un côté, de très-gros encouragements, et, de l'autre, assez peu d'empressement.

Les races représentées conservent toutes le rang que leur ont assigné les premiers concours. La hausse et la baisse constatées tantôt sur un point, tantôt sur un autre, est affaire accidentelle plus qu'une tendance sérieuse, plus qu'un fait significatif.

Ainsi, à Bordeaux, les races bovines garonnaise et bazadaise « ont soutenu leur vieille et légitime réputation, » tandis que les familles landaise et limousine n'y ont pas montré la supériorité des deux années antérieures. A Nantes, les sujets hors ligne manquaient, et par cela seulement le concours laissait à désirer, bien que l'ensemble fût admirable. A Nîmes, où le nombre a faibli, ainsi qu'à Bordeaux et à Lyon, le progrès est lent, très-lent; mais enfin, à Lyon, la race charollaise a paru splendide, tandis qu'elle était un peu effacée à Poissy, mais plusieurs groupes n'en paraissaient que plus médiocres, et, entre autres, ceux formés par les bœufs bressans et francs-comtois : par les comtois qui ont été, au contraire, le côté brillant du concours de Saint-Quentin. A Poissy, cela va de soi, les honneurs de la saison ont été pour la race durham et ses dérivés.

La classe spécialement ouverte aux vaches a eu sa part de succès, non à Bordeaux toutefois, où les promesses de l'an passé ne se sont pas réalisées, mais à Nantes, où elle a été en léger progrès; mais à Nîmes, où la réunion a été fort belle; mais à Lyon, où les quelques bêtes présentées ont conquis un rang distingué; mais à Saint-Quentin, où la race flamande s'est montrée sous son plus brillant aspect; mais à Poissy surtout, où le groupe des femelles a fait l'objet d'une admiration bien justifiée. La viande de vache est partout réhabilitée aujourd'hui; le préjugé qui l'a si longtemps dépréciée n'a plus cours. Bien engraissée, bien tuée et bien préparée, la viande de vache est l'égale de celle du bœuf de bonne qualité. Attaquée de front, la vieille croyance qui lui nuisait tant dans l'esprit prévenu du consommateur est tombée au contact de la lumière. Quelques-uns pourront encore manger « de la vache enragée, » mais le grand nombre, parmi ceux qui, le sachant, consommeront de la viande de vache grasse, conviendra en toute franchise qu'elle est bonne, très-bonne, et n'en demandera pas d'autres.

Le concours des veaux ne progresse point; il est sans influence sur leur production, comme sur leur engraissement. Il n'en serait pas de même si on le portait dans les localités où cette industrie a pris le plus d'extension.

Ce qui a le mieux servi le concours des vaches grasses, c'est l'intérêt qu'ont trouvé les engraisseurs de vaches à détruire la prévention des consommateurs contre la viande des femelles de cette espèce, prévention qui se traduisait à la vente sur pied par un prix inférieur des bêtes les mieux préparées pour la boucherie.

Les prix obtenus dans les concours par les animaux de race durham et par leurs métis devaient faire la fortune des éleveurs de Durham, qui visent bien plus à la vente fructueuse des reproducteurs qu'à l'engraissement; de là vient que les durham viennent en force partout où il y a des primes à gagner, des prix à disputer.

Il n'en est plus ainsi ni de l'engraissement des veaux, ni même de la préparation pour la boucherie des races usuelles. Les veaux se vendent bien, l'engaisseur n'en a jamais assez; les animaux de races indigènes ne parviennent pas, sans frais excessifs, à un état d'embonpoint digne d'un concours, d'une réunion d'apparat, à laquelle doivent surtout figurer les phénomènes. Le compte rendu du concours de Lyon relève particulièrement ce fait. En se livrant au dénombrement des races primées, il arrive à cette conclusion : « ou bien nos races indigènes n'osent pas lutter contre les animaux améliorés par croisement, ou elles ne peuvent généralement le faire avec avantage. »

Cela étant, les concours n'atteignent pas les masses, ils ne s'emparent que de quelques individualités et ne rendent pas tous les services qu'on a droit d'en attendre. Nous dénonçons depuis longtemps ce résultat incomplet, en appelant de tous nos vœux l'utile réforme qui remédierait si facilement au mal. Elle est dans la mobilité des concours, qui les installerait à tour de rôle dans tous les centres d'engraissement du bétail, non tous à la fois, le même jour, mais aux époques concordantes avec les habitudes d'engraissement et les exigences permanentes de la consommation.

Bordeaux se tient pour satisfait des spécimens d'animaux de l'espèce ovine que lui a montrés son concours de 1863; il constate néanmoins « que la seule race indigène à la contrée, la race landaise, a sensiblement gagné en volume. » Nous pouvons en dire autant de Nantes, qui a particulièrement signalé les lots de moutons cholletais et berrichons. A Nîmes, moutons et agneaux, tous, moins un, de races du pays témoignent d'un progrès sensible. A Lyon, au contraire, cette partie du concours était remarquablement faible : c'est l'abstention que l'on constate, et on l'attribue à la supériorité écrasante des produits de race southdown d'un unique troupeau. La certitude d'être battu par un seul tient donc tout une région en dehors du mouvement et de l'excitation qui devraient toujours être le propre des concours. A Saint-Quentin, « le croisement dishley-mérinos, conquête précieuse, soutenait sa réputation; » et à Poissy nous n'avons pas vu les preuves d'une progression très-marquée. La situation y était bonne, mais sans différence très-appréciable sur le passé. Ce sont des métis costwold-berrichons qui ont remporté sur les southdowns la prime d'honneur.

On n'ose pas encore se prononcer à Bordeaux, en dépit des bons résultats déjà signalés, sur le mérite des croisements variés auxquels se livrent les éleveurs d'animaux de l'espèce porcine. On est plus affirmatif dans la région du concours de Nantes, où vit pourtant la meilleure race française, la race craonnaise. A Nîmes, l'expérience semble se faire au profit des croisements anglo-français. A Lyon, on n'établit aucune comparaison, mais on y a inauguré un prix de bande, remporté par un lot de 8 bêtes, âgées de moins d'un an et pesant ensemble 1,606 kilogrammes. Les animaux étaient issus d'un croisement et désignés par cette appellation — bressan-siamois. A Saint-Quentin, on a parlé d'un beau sujet d'origine flamande ; mais les honneurs de la réunion ont été pour les étrangers et les métis anglo-français de provenances diverses. A Poissy, enfin, il faut avouer que les engraisseurs n'avaient rien envoyé de très-remarquable. Cependant le niveau général du concours n'a pas baissé. Aux prix, on a ajouté de nombreuses mentions honorables, et c'est un porc de la famille normande qui a obtenu le prix d'honneur.

Comme observations générales, nous avons à faire ressortir plusieurs faits qui ont leur importance.

1° Dans chaque espèce, le nombre des jeunes augmente et répond ainsi aux prix considérables qu'on leur réserve. C'est la question de précocité qui gagne du terrain dans l'esprit des éleveurs et, par suite, dans la pratique, résultat précieux à tous égards, car il est la conséquence physiologique des améliorations obtenues dans la conformation et dans l'aptitude, deux choses étroitement liées l'une à l'autre. Pour le cas spécial qui nous occupe, il en sort cette conséquence, bonne à noter : la production plus abondante d'une viande mûre en moins de temps et à moins de frais. En relevant ce fait, on est bien autorisé à regretter qu'il ne se produise que sur des exceptions, que sur des animaux d'élite de concours, et l'on est en droit d'insister pour qu'une organisation mieux raisonnée, plus complète de l'institution, l'étende au grand nombre, le généralise dans la pratique usuelle.

Jusqu'ici, croit-on, la plupart des races françaises pures, même lorsqu'elles s'améliorent, demeurent réfractaires à cette qualité spéciale, — la précocité. C'est aller sans doute un peu loin. Il est, croyons-nous, plus exact de dire qu'aucune de nos races n'a été travaillée avec suite dans ce sens, suivant cette direction complétement opposée à leur passé. Notre race flamande se montre très-apte à une maturité précoce ; sous ce rapport, elle tient la tête de notre population bovine, les autres s'échelonnent au-dessous d'elle, à des distances plus ou moins marquées, mais toutes sont susceptibles de se rapprocher de la première.

Ce qui est vrai pour l'espèce bovine est également vrai pour les autres,

2° 1863 a été particulièrement favorable aux métis. Le fait n'est pas sans précédents, et ce retour équivaut à un commencement de sanction qu'il ne faut pas perdre de vue.

La race de Durham, type par exellence de la bête à viande, s'est laissé battre plusieurs fois par des produits mêlés ; les durham-manceaux et les durham-charollais ont particulièrement marqué sous ce rapport aux concours de Poissy. Il y a là un résultat physiologique, une loi peut-être qui mériterait d'être étudiée, et au sujet de laquelle nous pourrons émettre un jour de premières considérations qui seront ensuite étayées ou rectifiées.

Pour le moment, nous nous bornons à enregistrer des faits. Or, ceux que nous fournit le concours général de Poissy cette année disent que les prix d'honneur ont été gagnés :

Dans l'espèce bovine, par un durham-charollais, âgé de trente-quatre mois, contre un durham pur, de trente-sept mois ;

Dans l'espèce ovine, par un lot costwold-berrichon contre des southdowns ;

Dans l'espèce porcine, par un animal déclaré de race normande pure, mais que l'on a pu soupçonner avoir du sang new-leicester. En effet, on ne trouverait sûrement pas son pareil dans la famille entière. Il pesait, à neuf mois, 300 kilogrammes : conformation d'élite, précocité extrême, maturité complète, voilà trois conditions qu'on n'a guère encore rencontrées réunies à un degré aussi élevé chez des animaux de race française pure. Jusqu'ici la notoriété n'est pas en faveur de celles-ci.

3° A l'occasion de ce concours, on revient chaque année sur une objection incessamment combattue. Elle consiste à reprocher à l'institution de créer des animaux dans lesquels le système musculaire, la chair, s'efface au profit de la graisse, qui devient par trop prédominante et qui s'accumule au sein de l'organisme, sans acquérir elle-même toutes les qualités, toutes les propriétés de la bonne graisse.

On repousse l'objection, nous l'avons dit, mais d'une façon plus spécieuse que réelle. Ici, le grand cheval de bataille est le fameux adage : *Qui peut le plus peut le moins*. Eh bien, son application n'est pas sans réplique, il s'en faut, et déjà nous l'avons démontré dans l'*Agriculture* en 1862 : l'exagération d'une aptitude, d'une faculté unique a ses inconvénients. L'animal qu'on a façonné pour l'engraissement, qu'on a rendu apte à produire vite et abondamment de la graisse, s'appauvrit proportionnellement en viande, de même que celui que les circonstances et le régime ont fait héréditairement ossu fabrique plus difficilement des muscles, de la viande, et plus difficilement encore de la graisse.

Ce que nous disions du porc, l'an passé, est applicable aux autres espèces et nous autorise à répéter : « Un cochon anglais, à tous les âges, est gras et peu charnu ; un cochon français, à tous les âges, qu'il soit gras ou maigre, est charnu. » Le régime, aidé du temps, développe et grossit la boule de graisse qui constitue le porc de race anglaise ; l'âge et la nourriture grossissent et engraissent le porc de race française : tous deux poussent dans le sens de leurs facultés réciproques, l'un fabrique surtout de la graisse, l'autre fait à la fois de la viande et du lard.

Et voilà comme, pour rester vrais, les proverbes ne doivent pas porter à faux.

4° Enfin, une chose nous a surtout frappé dans les discours qui ont été prononcés à l'occasion de la distribution des prix, à l'issue des opérations des divers jurys, c'est le soin particulier avec lequel les orateurs ont insisté sur l'utilité et sur les résultats des concours. C'était bien licite, à coup sûr, mais il nous sera bien permis aussi de dire que si l'organisation de ces luttes était en plus complète concordance avec leurs besoins, utilité et résultats ressortiraient d'eux-mêmes et apparaîtraient à tous les yeux comme l'évidence, sans qu'il soit nécessaire de les chercher et d'en faire la démonstration en repoussant les doutes et les objections qui sont venus un à un, une à une, à l'esprit de quelques-uns, pour se répandre, grandir et se fortifier.

Ce n'est pourtant pas le principe même de l'institution qui est mis en question, ce n'est pas non plus l'objet qu'elle se propose ; ce ne sont pas davantage, comme on a feint de le croire, les termes scientifiques du programme et ceux qui s'attachent à la perfection des formes les plus convenables pour la production de la viande ; ce sont les faibles résultats obtenus sur les masses qu'on déclare insuffisants, et l'on dit avec raison qu'avec des concours nomades, portés dans les grands centres de production et d'engraissement, tenus aux époques les plus favorables, on se mettrait en relation directe et suivie avec la pratique universelle pour la lancer à son tour, par les voies rapides, dans les procédés de perfectionnement qu'ont adoptés les quelques éleveurs qui ont eu le goût, ou l'ambition, ou le patriotisme, si l'on veut, des concours organisés en vue des intelligences d'élite et des expérimentateurs. Il s'agit maintenant de vulgariser les connaissances qu'on leur doit et de faire tomber leur savoir dans le domaine public. La société en a payé les frais, il est juste de la mettre à même, sans plus attendre, d'en recueillir les fruits.

Mais ce que nous demandons se fera par l'initiative des particuliers, nous en avons la ferme croyance. L'Etat a perdu le monopole des concours de bêtes grasses. Il a souvent accru le budget de l'institution, il n'a pas encore accordé la moindre subvention aux efforts privés. Ces derniers sont tout récemment nés à la vie ; ils se multiplieront, et en se multipliant ils se fortifieront.

B. L'an dernier, nous applaudissions de grand cœur à la fondation d'un concours sérieux d'animaux gras, dans

Centre-Bretagne, en pleine Cornouaille, dans une contrée bien abandonnée jusque-là et que ses enfants ont pris à tâche d'élever au niveau des plus favorisées. Le succès a été éclatant pour un début et plein d'encouragement pour l'avenir.

Seuls, les efforts privés sont en cause ; la richesse manque, mais les choses ne vont pas mal.

La seconde réunion, celle de 1863, a été nombreuse et magnifique, elle ajoute encore aux espérances de 1862. Nous verrons bien quels résultats seront sortis de ce concours breton, au court rayon, après une période de dix années. L'expérience qui se fait vaut son pesant d'or : elle sollicite, elle étreint l'élevage en masse ; nul ne demeurera en dehors de son influence ; tous marcheront du même pas dans la voie du progrès.

Nous trouvons même ici une innovation à signaler : à côté des prix offerts pour les résultats acquis, on en a fondé pour les résultats futurs ; il y a des prix pour les bêtes en préparation à l'engraissement.

C. Dunkerque a une société d'agriculture.. Frappé du mauvais état de préparation dans lequel les vaches de la contrée étaient livrées à la consommation, après une lactation prolongée, la Société appela sur ce point l'attention des cultivateurs, en instituant un concours d'animaux gras, spécial aux vaches laitières, dont il prend même le nom.

Dès la première année, fin mars 1862, la réunion se composa de 24 têtes sollicitant trois prix. Là était tout l'excitant de la réunion. Dans aucun de nos concours régionaux, le nombre des compétiteurs n'avait encore été aussi élevé et l'importance des prix aussi faible. Comme en Bretagne, les engraisseurs se sentaient à l'aise entre eux, et les animaux, qu'ils n'auraient pas voulu envoyer hors de leur petit rayon, n'en étaient pas moins méritants, car le jury, sans cesser d'être équitable, sans se départir de la juste sévérité sans laquelle les récompenses n'ont plus ni portée ni signification, a dû ajouter trois mentions honorables.

Et le but de l'institution est tellement sérieux, qu'on suit les animaux primés ou mentionnés au delà du concours. On publie, comme un enseignement pratique qui a son utilité, les renseignements qui les concernent. Recueillons-les à notre tour, à titre d'exemple fort bon à imiter.

Nous en ferons deux séries : la première se rattachant aux 3 bêtes primées ; la seconde, aux 3 animaux qui ont été mentionnés honorablement.

1° Le poids vif donnait 2,455 kilogrammes, en moyenne 818 kilogrammes, pour 2 bêtes flamandes et 1 hollandaise, âgées de cinq, sept et huit ans; elles étaient restées à l'étable mille vingt jours, soit onze mois un tiers chacune, et, pendant ce laps de temps, elles ont sécrété quinze litres un tiers de lait par jour, en moyenne.

A l'abattoir, les chiffres suivants ont été constatés :

Viande nette. . . .	1,343	kilogrammes ou	54,80	pour 100
Suif.	302	—	12,30	—
Cuir	144	—	5,87	—

2° Poids vif, 2,185 kilogrammes, en moyenne 728 kilogrammes, pour 2 bêtes flamandes et 1 durham-normande, âgées de cinq, six et sept ans ; elles étaient restées à l'étable douze cents jours, soit treize mois un tiers chacune, et, pendant ce temps, on en avait obtenu treize litres un tiers de lait par jour, en moyenne.

A l'abattoir, on a relevé les chiffres suivants :

Viande nette. . . .	1,188 kilogrammes	ou	54,37	pour 100
Suif.	279	—	12,76	—
Cuir.	125	—	5,72	—

Ces rendements ne laissent pas que d'être satisfaisants. Ils ne forment d'ailleurs qu'un point de départ. Il y a tout lieu de croire qu'ils peuvent s'améliorer. Mais il ne faut pas oublier qu'ils ont été fournis à un âge déjà avancé pour des animaux de boucherie, si on les compare aux produits d'animaux exclusivement nourris en vue de cette destination, et après une sécrétion active et prolongée du lait.

On a été plus loin encore dans les renseignements fournis aux éleveurs qui ne tiennent pas de comptabilité ; on a publié le compte des dépenses d'engraissement des vaches soumises à cette condition, en même temps qu'on leur demandait du lait. Voici des chiffres exacts puisés à bonne source ; ils donnent pour la ration de chaque jour, composée de la manière suivante, 1 fr. 56 c., savoir :

1 hectolitre de drèche de distillerie	60	centimes.
17k,5 de pulpe de betterave.	35	—
6 ,0 de drèche de brasserie.	18	—
1 ,0 de tourteau de lin.	23	—
41 ,0 de foin.	20	—

Il serait intéressant d'étudier les résultats comparatifs qu'on obtiendrait avec des bêtes taries, toutes autres circonstances égales d'ailleurs, et ceci intéresse particulièrement les localités dont la population bovine se compose presque exclusivement de vaches laitières.

D. La Société centrale d'agriculture des Deux-Sèvres a inauguré ses concours d'animaux gras le 5 février dernier, à Niort, en les rattachant à l'ouverture de marchés spéciaux pour la vente d'animaux de boucherie, marchés hebdomadaires dont la création est due aussi à son intelligente initiative, deux bonnes institutions pour une.

Les prix n'étaient ni nombreux ni très-importants, car la somme totale offerte aux ayants droit ne s'élevait qu'à 350 francs, à répartir entre les espèces bovine, ovine et porcine. Malgré cela, la concurrence a été sérieuse et les jurys ont eu à décider entre 141 lots, tandis que le concours régional de Nantes, fondé depuis douze ans, n'en comptait que 87, en 1862, pour 10,625 francs de prix à décerner.

Ce brillant début promet beaucoup plus. Mais le concours de Niort présente cette particularité qu'il se renouvellera toutes les semaines. L'insuffisance des prix en numéraire fait accorder des médailles, des mentions honorables, pour lesquelles les lauréats reçoivent des lauriers, des diplômes et des ouvrages d'agriculture.

« Avec des lauriers, lit-on dans Maitre Jacques, le retour du concurrent sera accompagné d'applaudissements au village. Avec les diplômes on ornera la ferme, et ce souvenir, en rappelant de premiers succès, préparera ceux de l'avenir. Les livres donneront à la famille, dans les heures de repos, de précieux enseignements, et ce sera un nouveau bienfait dû encore à la Société d'agriculture, s'il en résulte quelque bonne pratique nouvelle, des améliorations qu'elle appelle de tous ses vœux. »

E. Le Comice agricole de Bourg a également fondé un

concours de bétail gras, spécial à la race bressane (28 mars 1863).

Dans presque tous nos départements il y a quelque chose de semblable à faire. Les encouragements y manquent moins que leur bonne direction, que leur judicieuse répartition; les mêmes programmes s'y rééditent beaucoup trop constamment sans les modifications réclamées par les circonstances; mais le travail se fait, la réforme s'accomplira, et tout ce mouvement aboutira à de grands progrès.

F. L'année agricole s'est ouverte en Périgord par une fondation pareille. Répondant aux vœux et aux demandes de la Société d'agriculture de la Dordogne, le conseil municipal de Périgueux a improvisé un concours d'animaux gras, qui se renouvellera chaque année. Il a réuni 72 concurrents pour l'espèce bovine et 39 pour l'espèce porcine.

Nous avons donné la statistique de nos grands concours; le lecteur peut s'y reporter et voir à quel rang ces chiffres placent tout d'abord le concours départemental de la Dordogne.

L'édilité de Périgueux a donné un bon exemple aux villes en servant utilement les intérêts de ses propres administrés. Il y a une dizaine d'années qu'on a forcé le pays à faire les fonds nécessaires à l'installation d'un hippodrome richement doté, au profit des éleveurs étrangers. L'institution se soutient artificiellement et coûte cher, sans qu'il en reste rien, ni ici ni là, après la grande agitation d'un jour qu'elle détermine; celle qu'on vient de créer intelligemment aura moins d'exigences et rendra de meilleurs services.

Nous parlions déjà ainsi en 1858, à l'occasion d'un

et le tout forme d'ordinaire un très-bel ensemble, généralement rehaussé par un vrai jardin, ou par de splendides avenues, ou par les dispositions adoptées par une exposition florale et maraîchère ; tout cela décoré avec force panonceaux, drapeaux et oriflammes. Un mouvement inaccoutumé se fait dans la ville la plus paisible, les concerts, les bals, les banquets, les illuminations, les feux d'artifice se succèdent. On ne ferait ni plus ni mieux pour un prince.

L'agriculture est donc une puissance... tout le dit ; tout le prouve ; mais chez nous, cette puissance n'est pas encore à son apogée.

Les grands concours dont on l'a successivement dotée sont autant d'arènes ouvertes à son expansion féconde, parce qu'il est urgent, dans l'intérêt de tous, qu'elle se développe à son maximum, afin de satisfaire enfin aux besoins toujours croissants de la société.

C'est le but qu'on s'est proposé, c'est le résultat cherché ; mais on n'avance pas vers lui d'un pas aussi ferme qu'on le pourrait. L'organisation actuelle est devenue insuffisante en beaucoup de points ; il est temps de la remanier en partie. Loin de condamner les efforts des premières années de l'institution, cette nécessite dépose en leur faveur. La tâche était multiple ; on ne pouvait l'accomplir entière d'un seul coup ; ce qui a été entrepris tout d'abord est fait et réussi, il n'y a point à le recommencer ; il faut marcher résolûment à la conquête de nouvelles améliorations et parfaire l'œuvre intelligemment commencée, si l'on veut la mener à bonne fin.

Nombre de fois déjà nous avons exposé nos vues à ce sujet. Nous croyons avoir été le premier à prévoir et à dire les modifications que l'observation et l'expérience ont, chaque année, indiquées et recommandées aux organisateurs des concours régionaux. D'autres nous ont suivi et nous soutiennent dans cette voie. Comme nous, ils protestent de leur bon vouloir pour l'institution ; ils sont à la recherche du mieux, ils ne critiquent pas.

L'idée première, dit M. E. Muret, à l'occasion de la réunion tenue à Limoges en 1862, « l'idée première a été de centraliser les forces agricoles dans une exposition générale à Versailles (1850). Mais on reconnaît bien vite qu'il n'en est pas de l'agriculture comme de l'industrie ; que, si l'une peut envoyer ses produits à de longues distances, l'autre ne peut conduire ses animaux, les faire séjourner loin de la ferme, et l'on divise la France en trois régions. On arrive progressivement à augmenter ce nombre ; on établit sept, huit, dix, douze régions ; on ne s'arrêtera pas là : avant qu'il soit longtemps, on les portera à quatorze, et l'on ira successivement plus loin, jusqu'à ce que l'on ait formé de petits groupes composés de quatre départements au plus, circonscription rationnelle, car elle serait assez grande pour assurer au concours un caractère d'ensemble, entretenir l'émulation entre les éleveurs, et assez restreinte pour que les concours ne soient pas une lettre morte pour beaucoup de localités.

« Toutes les imperfections des concours régionaux naissent de ce fait que les dispositions ont été prises en vue d'un concours général. Ces dispositions, appliquées aux régions, ne sont plus d'accord avec l'état des choses. De là ces changements continuels pour établir un rapport exact entre elles et la constitution agricole de chaque contrée. On y parviendra par deux moyens que l'on a déjà employés, mais qu'il faut utiliser plus largement : établir des circonscriptions moins étendues, mettre plus de simplicité dans les programmes.

« Les régions sont trop étendues : on sera forcé de les diminuer si l'on veut que les concours aient un intérêt sérieux. On peut bien dire qu'il y avait avantage à grouper un grand nombre de départements : on forçait ainsi les populations à comparer les diverses méthodes de culture, les différents systèmes d'élevage, à ne pas s'absorber dans la contemplation exclusive de leurs procédés. L'idée peut être bonne ; mais l'application en est difficile. On peut le constater aujourd'hui : l'expérience est faite sur une assez vaste échelle. Dans la plupart des concours régionaux, il n'y a de véritablement représenté que le département où se tient le concours, et, malgré les facilités de plus en plus grandes offertes par les chemins de fer, les cultivateurs éloignés se déplacent difficilement, et, dans certaines catégories, les animaux présentés égalent à peine le nombre des prix portés au programme.

« Les prix sont souvent retenus faute de concurrents : cela est fâcheux, et jette une espèce de défaveur sur des races cependant très-bonnes.

« Les prix sont-ils tous distribués ; comme ils sont disputés par un petit nombre de sujets, ils n'exercent pas sur l'ensemble de la production tout l'effet qu'ils pourraient avoir. »

Tout cela revient à dire qu'il y a aujourd'hui trop de concours généraux, que le moment est venu d'organiser des concours spéciaux et de les multiplier le plus possible, afin de ne laisser aucune partie du territoire en dehors de leur active et bienfaisante influence.

Les concours spécialisés ne seront jamais ni assez nombreux ni assez répétés pour que le même objet revienne sans utilité, s'il y a lieu d'en faire de nouveau le sujet de réunions ultérieures. Les expositions générales, au contraire, ne paraissent pas devoir se renouveler avec avantage plus souvent que de cinq ans en cinq ans, sous peine d'être toujours les mêmes et de n'offrir chaque année qu'un intérêt amoindri. Les lauréats s'en fatiguent et murmurent. Ils n'osent s'abstenir complétement, de crainte de l'oubli, mais ils commencent à faire défaut. A plusieurs déjà une longue inscription au catalogue paraît suffisante. L'exemple serait bientôt contagieux et le catalogue ne serait plus avant peu qu'un numéro de circonstance des *Petites-Affiches*.

Nos grands concours se composent de quatre grandes divisions : celle des produits est complétement stérilisée ; celle des machines et instruments est menacée par son insuffisance. La plainte s'élève en ce qui la concerne ; on fera bien de lui prêter intelligemment l'oreille et de ne pas la laisser passer sans lui donner pleine et entière satisfaction.

Aussi bien la réforme est en voie de s'accomplir. En ne se modifiant pas, les concours officiels ont au moins montré, par leur immobilité même, la nécessité du mouvement. La foire aux instruments, organisée dans chacun d'eux, ne suffit plus à personne, elle ne satisfait plus ni les constructeurs ni les agriculteurs.

Les premiers ont remporté tant et tant de médailles qu'ils n'en ont plus à recevoir ; les autres ne savent plus choisir parmi toutes ces machines recommandées au même titre. D'un côté, c'est l'indifférence ou la lassitude ; de l'autre, c'est la confusion, le chaos. Il faut aviser pourtant à ce que le progrès ne s'arrête pas ; il faut, au contraire, en assurer la continuité. Le moyen est bien simple : spécialisons les concours et que ceux-ci ne manquent pas à leur but.

Nos solennités régionales sont des expositions et non des concours ; elles accumulent les objets et les font voir sans les faire suffisamment connaître et apprécier. Les concours spécialisés conduiront à des résultats plus complets ; ils donneront les solutions pratiques qu'on ne trouve pas dans les expositions telles qu'on les renouvelle aujourd'hui.

L'impulsion est donnée, il ne s'agit plus que de la suivre. On a déjà essayé des concours particuliers ; seul le retentissement leur a manqué. L'expérience aidant, ils obtiendront plus de succès et rendront plus de services.

On commence par les instruments, on a raison ; mais on ne s'en tiendra pas à ce détail, si considérable et si important qu'il soit. Tout y passera ; la logique le veut ainsi.

On voit depuis longtemps dans toutes nos expositions régionales des instruments très-divers dont la destination est d'opérer des labours profonds. Tous ont un mérite reconnu, incontestable ; ils répondent plus ou moins, mais d'une manière satisfaisante, à l'objet qui leur est propre ; ils pénètrent le sous-sol et le remuent convenablement. Les médailles ne leur ont pas fait défaut. Les constructeurs s'en prévalent, sans que la masse des agriculteurs se montre plus pressée à les adopter. Tandis que les choses en sont là, l'intéressante question du labourage profond n'avance guère. On a discuté sur les avantages comparatifs de chaque instrument en particulier, sans parvenir à les introduire plus nombreux dans la pratique. On s'est alors décidé à les appeler tous au concours, à un concours spécial. C'est un comice agricole du département de l'Aisne, celui de Saint-Quentin, qui a pris l'initiative de cette innovation et qui en a fait les frais. Ce concours, qui a eu lieu en septembre 1861, et dont les résultats définitifs ne sont pas encore connus, aurait dû se renouveler pendant plusieurs années de suite sur des terrains variés et dans la diversité des conditions qui est le propre de la culture. La seule objection qu'il laissera après lui sera puisée avec raison dans cet ordre d'idées ou plutôt dans ce fait, car par ailleurs il répondait à tous les *desiderata* du problème posé, à savoir : rechercher expérimentalement quel est le meilleur instrument pour obtenir le labour le plus profond, le plus parfait, le plus économique, et subsidiairement quelle influence les labours plus ou moins profonds exercent sur le rendement des récoltes. A cet effet, le champ employé pour les essais est resté l'objet d'études comparatives qui ne peuvent être faites que d'année en année et successivement sur une rotation entière.

Ce problème ne laisse pas que d'être compliqué. Toute la première partie, immédiatement résolue, a permis de classer par ordre de mérite les neuf à dix instruments qui sont entrés en compétition, tout en constatant que le dernier de tous est encore une charrue excellente. Cependant, les conditions du sol étaient unes et beaucoup auraient désiré, au contraire, qu'elles fussent multiples. Or ceci ne peut se rencontrer qu'en portant successivement le concours sur des territoires différents.

Reste maintenant la seconde partie du problème dont le temps seul peut donner la solution, non à la suite d'une expérience unique, mais après une série d'expériences semblables, renouvelées sur divers points et dans des conditions très-différentes, avec un soin et un savoir égaux.

Nous concluons : le comice agricole de Saint-Quentin a donné un très-bon exemple en organisant son concours spécial de labourage profond, mais il n'y a mis qu'une main et n'atteindra pas le but qu'il s'était proposé. Il aurait dû fonder ce concours pour cinq années consécutives, le porter chaque fois sur un terrain nouveau, et le faire juger par les mêmes hommes. Le résultat final en eût acquis une grande authencité et la question eut sans doute obtenu une solution raisonnée.

Ce qu'il n'a pas fait, le comice de Saint-Quentin est encore à même de le faire; d'autres associations peuvent l'entreprendre, et chacun applaudirait sans doute à ce que nos grandes écoles d'agriculture de Grignon, de Grand-Jouan et de la Saulsaie expérimentassent aussi suivant un programme déterminé. Toutes ces expériences étant publiques, la question des labours profonds, théoriquement et pratiquement résolue pour quelques-uns, le serait bientôt pour tous. Or c'est là ce qui est essentiel, puisque l'agriculture est l'œuvre quotidienne des masses et non le travail isolé de quelques-uns.

D'autres concours spéciaux ont eu lieu ; plusieurs s'ouvriront encore, et tous feront leur œuvre s'ils sont bien entendus. L'idée est lancée ; elle ne s'arrêtera pas en chemin, mais nous voudrions qu'en l'adoptant on lui laissât toutes ses conséquences, qu'on ne s'arrêtât pas à un semblant d'innovation commandé par la mode ou simplement par le désir de la nouveauté.

On se récrie de toutes parts aujourd'hui, et l'on a bien raison, contre les essais défectueux et incomplets qui se font dans les pires conditions, à l'occasion des concours régionaux, et qui, pour la plupart, déshonorent aux yeux de bien des gens les instruments perfectionnés qui les subissent. Celui-ci dira, par exemple : Vous avez vu, comme moi, essayer dans un même terrain vague du faubourg de B..., sablonneux et caillouteux, les charrues à terrain léger, à terrain fort, les houes à cheval, et jusqu'aux faneuses qui projetaient des cailloux sur l'attelage et le conducteur. N'est-ce pas dérisoire vis-à-vis des constructeurs comme expérience, vis-à-vis du public comme essai ? Un autre reprend sur un ton plus lamentable encore : Est-ce que, sur la foi d'une annonce mensongère, d'une réclame fort habilement rédigée, vous n'avez pas fait, comme moi, tout un voyage pour assister à certain essai public de certaine machine à vapeur, avec la conviction qu'elle ferait sa journée de labour, qu'elle retournerait ou défricherait pour le moins un ou deux hectares de terrain ?... Au lieu de cela, à la place d'une expérience sérieuse et probante, pratique enfin, qu'avons-nous vu, vous et moi ? — Une petite locomotive ne bougeant presque pas de place, tournant dans un cercle étroit, et, au milieu d'une sorte de prairie où elle ne rencontrait aucune difficulté, soulevant quoi ? rien qu'un peu de poussière. C'était donc pour un jeu d'enfant qu'on dérangeait des gens occupés, qu'on convoquait tout un public d'hommes compétents ?

Ces plaintes et bien d'autres ont ruiné tous les semblants d'essais. Désormais ces derniers doivent être sérieux, complets, probants.

Parmi les instruments perfectionnés offerts avec le plus d'insistance par la mécanique aux agriculteurs praticiens, il en est deux dont le besoin se fait plus vivement sentir chaque année, et qui, malgré cela, ne se répandent pas en raison même des besoins : ce sont les moissonneuses et les semoirs, bien connus de tous aujourd'hui. On hésite à les adopter cependant, en dépit des services qu'on en attend, et déjà leur intervention est une nécessité impérieuse.

Des concours spéciaux de moissonneuses ont eu lieu

en grand nombre depuis bientôt dix ans. Aucun n'a satisfait le public agricole : le besoin de bonnes machines à moissonner n'en est ressorti que plus évident. Ces machines existent dès à présent, à n'en pas douter. Il reste pourtant à déterminer d'une manière certaine leur degré d'utilité vraie et surtout à faire toucher du doigt cette somme d'utilité que les masses n'ont pas encore été mises en demeure d'apprécier en son entier. Cela tient à l'insuffisance des essais antérieurs, de ce que nous appelons des semblants d'essai. Le simple curieux se contente volontiers de ces derniers, le praticien ne doit pas, ne peut pas s'y arrêter.

Tout cela devient vulgaire heureusement, et les praticiens se mettent à l'œuvre pour rédiger eux-mêmes le programme des essais auxquels doivent être soumis les instruments nouveaux. On ne veut leur demander rien d'extraordinaire, mais on a le droit d'apprendre expérimentalement, de constater d'une manière certaine s'ils tiennent toutes leurs promesses. On dit aux ingénieurs, aux mécaniciens, aux constructeurs : Voilà les conditions imposées par la nature des travaux à exécuter, voyons à quel degré peuvent les remplir les machines ou les engins quelconques proposés.

C'est dans cet ordre d'idées que s'établissent les concours spécialisés ; déjà les exemples à citer à l'appui du précepte sont nombreux. Dès à présent, nous n'aurions que l'embarras du choix. Pour en prendre un cependant, nous recommanderons de se reporter aux conditions faites par le comice agricole du département de la Marne pour son concours de moissonneuses et son concours de semoirs. Elles en déterminent le but et la portée d'une main sûre ; elles disent ce qu'elles exigent et tendent à une solution précise en laquelle chacun, dans le pays et pour les circonstances déterminées, pourra avoir une foi entière.

§ A. — LA PRIME D'HONNEUR.

Siége des concours. — Le *Journal d'Agriculture pratique.* — Le drapeau de la paix. — La Société royale d'agriculture d'Angleterre. — Les lauréats de la prime d'honneur. — Les médailles d'or et d'argent. — La liste d'honneur. — Un livre qui ne peut encore être fait.

La prime d'honneur est échue, en 1863, aux douze départements ainsi dénommés : la Haute-Saône, la Côte-d'Or, le Puy-de-Dôme, Eure-et-Loir, Lot-et-Garonne, le Gard, le Nord, la Savoie, la Nièvre, l'Ille-et-Vilaine, le Gers et la Drôme.

Ce grand concours n'a pas été moins brillant que ses aînés. Entre autres avantages, il a celui de faire mieux connaître à l'étranger les travaux considérables et judicieux des cultivateurs français. Il serait donc fort à désirer qu'on leur donnât la publicité la plus large. Malheureusement, en dehors des comptes rendus que le *Journal d'agriculture pratique* insère un à un dans ses colonnes, on ne trouve plus que des appréciations insuffisantes ou incomplètes. C'est alors qu'on doit se féliciter que cet important organe de l'agriculture nationale se répande dans toutes les parties du monde et y tienne aussi haut le glorieux drapeau de la paix.

Les comptes rendus pour 1862 ont fait l'objet d'une étude spéciale communiquée à la Société royale d'agriculture d'Angleterre par l'un de ses membres, et publiée par le journal de cette Société. Ceci témoigne de l'intérêt qu'on attache de l'autre côté du détroit aux progrès que nous faisons, et aussi de l'estime en laquelle on y tient l'institution qui les met le mieux en lumière.

Dans la région du nord-est, qui a eu pour chef-lieu Vesoul, la *prime d'honneur* a été décernée :

A M. Aug. Petit, propriétaire-cultivateur à Vellexone (Haute-Saône).

Et les médailles de spécialité ont été remises comme ci-après :

Deux médailles d'or de grand module :

A M. Guillegoz, directeur de la ferme école de Saint-Rémy, 1° pour très-beau bétail ; 2° pour améliorations foncières variées.

Des médailles d'or :

A MM. le marquis d'Andelarre. — Comptabilité très-complète.
Lasnet. — Remarquable troupeau, améliorations foncières.
Marchal. — Culture persévérante de prairies artificielles.
Petitjean. — Remarquable culture de luzerne ; bonnes spéculations animales.

Et des médailles d'argent :

A MM. Caillods. — Fourrages artificiels et bétail.
Décieux. — Faible proportion de main-d'œuvre relativement au domaine.
Lamothe. — Forte proportion de bétail relativement au domaine.
Eug. Renaud. — Culture d'un pré arrosé.
Robert, ancien juge de paix. — Desséchement profitable d'un marais.

Dans la Côte-d'Or, le vainqueur de la lutte a été :

M. Ed. Bougueret, propriétaire à Châtillon-sur-Seine.

Les directeurs de l'exploitation, MM. Chauvel, père et fils, et le chef de culture, M. Lereuil, ont obtenu des médailles d'argent.

Les médailles spéciales qui font cortége à la prime d'honneur ont été décernées dans l'ordre suivant :

Médailles d'or de grand module :

A MM. l'abbé Rey, directeur de la colonie de Citeaux.— Application du travail pénitentiaire à l'agriculture.

Japiot-Cotton, à Châtillon-sur-Seine. — Amélioration des animaux domestiques.

Médailles d'or :

A MM. Bonnet, à Daix. — Mise en valeur de terrains incultes.

Bordet, à Lenglay. — Irrigations bien entendues.

Laureau, régisseur de la ferme de M. Lamblin. — Drainage, plantes fourragères.

Petitjean, à Lanthes. — Drainage.

Grandes médailles d'argent :

A MM. Léonard Robert, à Essavois.— Irrigations, assainissements.

Pleige, à Gissez-le-Vieil. — Amélioration de l'espèce bovine, création d'herbages.

Médailles d'argent :

A MM. Charton, à Laigues. — Drainage.

Girodet, à Is-sur-Tille. — Etablissement d'une pompe à purin, bon aménagement des fumiers.

Germain Mignot, à Mimeure. — Amélioration de l'espèce bovine.

Dans le Puy-de-Dôme, la *prime d'honneur* a été obtenue par

M. le marquis de Longueil, propriétaire-agriculteur à Saint-Quentin.

Une médaille d'or de grand module a été remise à

M. le marquis de Pierre. — Pour son organisation des fermages basée sur l'association du capital et du travail, pour ses défrichements, son drainage, la création d'une porcherie.

Médailles d'or :

A MM. Louis VAYRON. — Pour les bonnes dispositions de ses bâtiments ruraux, le bon état de ses récoltes sarclées.
BAUDET-LAFARGE. — Pour ses amendements calcaires.
DE LA SALLE. — Pour la tenue de ses caves, la fabrication de ses vins, sa comptabilité.
DE TARRIEUX. — Pour la culture de ses vignes.

Médailles d'argent :

A Mme veuve PÉRONNET et M. GRELLET. — Pour leurs drainages.
M. ONDET. — Amélioration des logements ruraux.

Dans le nord-ouest, chef-lieu de l'année, Chartres, le concours n'a pas eu un nombre de lauréats aussi grand. *La prime d'honneur* a été remportée par

M. Louis LHOMME, cultivateur, à Fresnay-le-Gilbert.

Une médaille d'or de grand module, par

M. le marquis D'ARGOUT.

Deux médailles d'or :

A MM. Carolus LEFEBVRE et BAILLEAU-LESUEUR.

Trois médailles d'argent :

A MM. LETARTRE, BÉARD et GUÉRIN, sans autres qualifications et sans indications d'aucune espèce.

Dans le Lot-et-Garonne, la *prime d'honneur* a été méritée par :

M. Ch. DE LAROQUE, propriétaire du domaine de Lassalle (arrondissement d'Agen).

Les documents dans lesquels nous puisons sont muets

quant aux récompenses qui d'ordinaire accompagnent la prime d'honneur : est-ce que le jury n'en aurait pas accordé? cela n'est pas probable, mais nous n'en savons rien.

Dans le Gard,

M. Hippolyte Molines, à Puech-Ferrier, près Nîmes, a remporté la *prime d'honneur*.

M. Léonce Destremx, à Saint-Christol, a obtenu une *médaille d'or grand module*, pour l'ensemble de son exploitation.

Trois médailles d'argent ont été accordées :

A MM. Redier, au môle d'Aigues-Mortes. — Pour ses défrichements.
Rolland, à Estagel, près Saint-Gilles. — Pour ses vignes.
Cauzid, à Hivernati. — Pour ses luzernes.

Dans la région du nord, à Lille, *la prime d'honneur* a été donnée :

A M. Fiévet, cultivateur et fabricant de sucre, à Masny.

Médailles d'or, grand module :

A MM. Cheval, cultivateur à Œtreux. — Constructions rurales.
Gustave Hamoir, cultivateur à Saultain. — Inventions et améliorations d'instruments d'agriculture.

Médaille d'or :

A MM. Darche, cultivateur, à Gognies-en-Chaussées. — Elevage intelligent des animaux domestiques.
Vandercolme, cultivateur, à Dunkerque. — Desséchement et introduction de la distillerie agricole dans l'arrondissement.

Grande médaille d'argent :

A M. Cardon, cultivateur à Saint-Pilon. — Organisation des services de la ferme, au point de vue des rapports des chefs et des serviteurs.

Médailles d'argent :

A MM. Vandebeulque, près Turcoing. — Application des eaux d'égout aux irrigations.
Beaucarbe-Leroux, cultivateur à Croix. — Bonne organisation de sa laiterie.
Marchand, cultivateur à Montrecourt. — Constructions rurales.

En Savoie, la *prime d'honneur* a été remportée par

M. Henri Ract, propriétaire, à Montmeillerat.

Grandes médailles d'or :

A MM. François Berthet. — Défoncements et bâtiments ruraux.
le chevalier Fleury-Lacoste. — Viticulture.
Millioz, notaire. — Irrigations et création de prairies naturelles.
Michel Montagnole. — Pour ses prés, vergers et l'ensemble de ses prairies.
Emmanuel Sylvoz. — Défoncements et arboriculture.

Médailles d'argent :

A MM. le baron Angleys. — Drainage.
Henri Gojon. — Fosse à purin et à fumier.
Nicolas Lombard. — Plantation de vignes.

Dans la région du centre, à Nevers, *prime d'honneur*,

A M. le comte Le Bouillé, propriétaire à Villars.

Médailles d'or, grand module :

A MM. Boignes. — Prairies naturelles et artificielles.
Millop. — Distillerie agricole et bonne administration rurale.
Tiersonnier. — Vacherie Durham,

Médailles d'or :

A MM. SIGNORET. — Constructions rurales en briques creuses.
LEQUIME et BERNARD. — Culture remarquable de la betterave.
Elie MARINGES. — Herbages bien tenus.
Adrien BONNEAU DU MARTRAY. — Organisation du métayage et constructions.

Médaille d'argent :

A M. FRÉBAULT. — Vacherie nivernaise et desséchement d'étangs.

Dans l'ouest, à Rennes, la *prime d'honneur* a été obtenue par

M. Benj. GILBERT, fermier aux Grandschamps, en Piré.

Médaille d'or, grand module :

A MM. MACÉ et DE LA TEILLAIS.

Médailles d'or :

A MM. le comte DOYNEL DE QUINCEY, — LEPAS, — LEMÉO, — comte DU PONTAVICE, — et TAUVRY, sans autres indications.

Dans la région du sud-ouest, à Auch, la *prime d'honneur* a été donnée à Mme veuve DUFFOURC-BAZIN et à M. LAFITTE-PERRON, son frère, continuateurs de l'œuvre de feu M. DUFFOURC-BAZIN, dans l'exploitation du domaine de Bazin, siége de la ferme école, dans la commune de Lectoure.

Aucune mention de médailles.

A Valence, dans la Drôme, le concours a donné les résultats suivants :

Prime d'honneur :

A M. ROLLET, propriétaire cultivateur à Saint-Jean de Rozan.

Médaille d'or grand module :

A MM. Servan, frères. — Défrichements et conversion de terrains improductifs en vignobles.

Médailles d'or :

A MM. Bobichon, fermier. — Etablissement d'un clos d'équarrissage, utilisation des animaux morts et fabrication d'un terreau particulier.

le baron de Montrond. — Développement donné au vignoble de la Robière et bonne tenue de ce vignoble.

le marquis de Sieyès. — Verger et arboriculture hors ligne.

Médaille d'argent :

A MM. Alf. Blanc-Montbrun. — Développement donné au vignoble de la Robière, et bonne tenue de ce vignoble.

l'abbé Charvan. — Création d'un vignoble sur des roches absolument incultes.

le commandant Legros. — Constructions rurales en béton, et particulièrement caves voûtées en béton, et citernes.

Cette liste d'honneur ne donne qu'une idée bien sommaire, bien incomplète plutôt, des efforts de l'agriculture française en faveur du progrès, partout saisissable, vers un accroissement rapide de la richesse nationale.

On ferait sûrement un livre des plus intéressants rien qu'à raconter les travaux des principaux candidats à la prime d'honneur, mais ce n'est pas nous qui pourrions l'éditer. A un livre il faut des lecteurs assurés. Or, chez nous, l'agriculteur agit volontiers et ne lit guère. Les cultivateurs allemands et anglais sont plus avides de lectures sérieuses et professionnelles que les nôtres. Ceci est une affaire de temps. Plus instruites que celles qui les ont précédées, les nouvelles générations se rapprocheront par leur désir de se renseigner et d'apprendre des nations qui, sous ce rapport, nous ont si fort devancés. Alors on pourra compléter d'utiles renseignements et ne pas s'en tenir, comme nous, à une simple énumération des lauréats, si honorable qu'elle soit d'ailleurs.

§ B. — LES ANIMAUX REPRODUCTEURS.

Aurions-nous tort? — Examen de conscience. — Les catégories discutées. — Les valeurs détournées. — La race durham. — La forme et le fond. — Paris et les départements. — Un tact d'éleveur. — Animaux de boucherie et de reproduction. — Les croisements. — Non-sens et impossibilité. — Agenais-limousin et limousin. — Les races pures.

Nous passerons rapidement sur cette grande division des concours, qui nous a longuement arrêté l'an dernier. Toutes nos observations d'alors subsistent, car l'organisation n'a pas été modifiée, car les programmes n'ont pas varié. Il y a des années que les choses sont ainsi arrangées, sans que l'expérience ait provoqué les changements nécessaires. Est-ce que nos appréciations seraient erronées? Mais non, voici que d'autres maintenant répètent et impriment ce que nous disons et répétons depuis longtemps. Nous sommes donc dans le vrai, non à côté, puisque l'opinion se met avec nous.

« Les programmes sont trop surchargés de divisions et de catégories, dit judicieusement M. E. Muret; on doit chercher à les simplifier, à les mettre surtout en rapport avec l'état agricole de chaque contrée. Toutes les régions ont à peu près le même programme, un diminutif de celui du concours général. Là est le mal. Ce n'est pas à Paris qu'il faut chercher les inspirations pour les concours régionaux, c'est au cœur même de chaque région. Ainsi le programme (il s'agit de celui de la région dont Limoges a été le chef-lieu en 1862), comprend encore cinq catégories pour les animaux d'espèce bovine : races françaises diverses pures,— race durham, —races étrangères pures, — croisements durham, — croisements divers. Cette division était parfaitement à sa place dans un concours général ; il y a des études, des comparaisons, des essais qui, pour être tentés et poursuivis avec fruit, ont besoin d'encouragements, du grand jour de la publicité; mais la même mesure, utile au grand concours, peut devenir non-seulement inopportune, mais encore nuisible dans un concours régional.

« La catégorie des races françaises diverses est nécessaire au concours général, là où toutes les principales races ont leur place et sont classées, parce qu'elle est une porte ouverte pour laisser passer les quelques races trop peu importantes pour avoir une catégorie spéciale, mais qu'il est bon cependant de connaître et d'encourager. Au concours régional, cette catégorie est pour le moins inutile. Si une race quelconque élevée dans la région est méritante, qu'elle ait sa place au programme; qu'elle reçoive un nombre de prix en rapport avec son importance; que toutes les races de la région prennent part au concours : rien de mieux. Mais quelle est l'utilité de primer dans une contrée un bétail qui n'y est qu'accidentellement? Dans cette catégorie, les prix ont été donnés à des animaux salers, charollais, bretons. Mais ces animaux feront-ils dans la région des reproducteurs utiles! Quelle influence exerceront-ils sur leur race? Aucune, heureusement, car, dans cette expatriation, la plupart ont perdu les caractères distinctifs de leur race : ils auraient été laissés de côté dans leur pays.

« Puis cette observation que nous faisions plus haut,

que les prix appliqués à des races qui ne sont pas dans leur centre de production attirent peu de concurrents, font faire peu d'efforts, devient ici très-sérieuse. Dans cette catégorie, douze prix sont inscrits au programme; trois sont distribués entre treize animaux présentés par six propriétaires : soit un prix par animal, deux par exposant. Si les mêmes prix avaient été appliqués à la race limousine, la proportion eût changé : on aurait attiré quatre-vingt-quatre animaux, trente-six exposants. Ces chiffres indiquent assez la différence du résultat obtenu, du mouvement produit.

« La race durham est toujours une magnifique race spéciale de concours. Supprimer les prix qui lui sont affectés serait la bannir des étables de la région : elle ne vit pour ainsi dire que par eux. Bien que très-convenablement représentée au concours, elle se trouve en nombre infinitésimal au milieu de la population bovine. Dans nos contrées, croyons-nous, et nous ne sommes pas seul à le croire, cette race a peu d'avenir, et les encouragements qu'on lui prodigue sont probablement en pure perte; mais enfin on peut encore, sans trop d'inconvénients, continuer l'expérience. L'exhibition des bêtes durham a d'ailleurs son utilité par les études et les comparaisons qu'elle fait faire.

« Nous n'en pouvons dire autant de la septième catégorie, *races étrangères diverses*. Dans cette catégorie, vingt-huit animaux, présentés par onze exposants, se partagent onze prix sur douze portés au programme. Presque tous les prix, huit sur onze, ont été attribués à la race d'Ayr. Si l'on pense que la race d'Ayr est utile, que l'on forme pour elle une catégorie comme pour la race durham; si l'on n'a pas de but défini, il est inutile et dangereux de pousser l'agriculture dans la voie du mélange des races. Il faut songer que nous ne sommes pas ici à Paris, dans un concours général où il faut faire beaucoup pour exciter et piquer la curiosité, faciliter les études et les comparaisons de tout genre. Ce que l'on prime ici doit avoir une action réelle et sérieuse sur la production du bétail. Au concours général, tout doit être fait pour la vue : en province, on doit s'inquiéter du fond.

« L'agriculture a autre chose à faire que de perdre son temps et consumer ses forces à acclimater l'une après l'autre toutes les races bovines de l'Europe. Choisir ce qui est le plus avantageux ; un choix fait, s'y tenir, se créer une spécialité, la pousser le plus près possible de la perfection, sans dévoyer à droite et à gauche dans des essais stériles, voilà la marche que doit suivre l'agriculture si elle veut devenir riche et prospère.

« Si le cultivateur limousin n'avait eu le bon sens, que quelques-uns qualifient cependant de routine et de préjugé, de garder parfaitement pure son admirable race bovine, d'écarter de la reproduction tous les animaux qui, par leur pelage et leur conformation, lui semblent d'une origine douteuse, sortir d'un mélange de sang ; s'il avait cherché un guide et un enseignement dans la prescription du programme ; s'il s'était jeté à plein collier dans les croisements durham, où en serions-nous aujourd'hui ? Après de sérieuses déceptions, on essayerait de réparer une fâcheuse erreur.

« On comprend que l'on attire les produits du croisement dans les concours d'animaux de boucherie. Là on ne doit s'inquiéter que du produit obtenu : s'il est bien réussi, s'il présente une bonne conformation, un parfait engraissement, on peut sans inconvénient reconnaître son mérite ; mais il en est autrement dans les concours d'animaux reproducteurs. Quelle valeur ont ces taureaux et ces vaches comme animaux reproducteurs? Forment-ils des sous-races bien fixées? Est-on sûr qu'ils donneront une descendance égale à eux-mêmes? En tout cas, l'amélioration par croisement n'est possible que sous une direction unique, tout à la fois ferme et prudente, par des combinaisons longuement poursuivies; mais l'attendre du hasard, du mélange et de la confusion, c'est s'exposer de gaieté de cœur à de sérieuses déceptions, à de fâcheuses erreurs, qu'il est souvent difficile de réparer.

« Puis, quel intérêt ont, dans la région, les croisements durham-charollais, durham-breton, durham-cotentin, races qui n'existent pas dans nos contrées? Ils peuvent satisfaire la curiosité; mais ils n'auront aucune influence sur la production. Le croisement durham est-il bon et profitable avec les races du pays, que l'on encourage alors ceux qui opèrent dans ce sens. Reconnaît-on qu'il est peu rationnel avec ces races, quel est l'avantage alors d'encourager un non-sens et une impossibilité?

« Nous arrivons à la dernière catégorie, *croisements divers*. Onze prix sont portés au programme; onze sont distribués entre quarante-trois animaux, présentés par trente-deux exposants. C'est dire assez que cette catégorie était bien composée. Le croisement agenais-limousin était en majorité. Dix-neuf animaux appartenaient à cette sous-race. Si l'on veut une preuve, un exemple concluant de l'utilité des croisements, on doit espérer de le trouver ici. Une acclimatation qui date déjà de loin, de nombreuses générations, ont en effet intimement mélangé les races limousine et agenaise; il y a eu fusion des deux races et création d'une nouvelle famille, qui se reproduit avec ses qualités particulières.

« De plus, ce croisement était très-rationnel. Le limousin et l'agenais ont très-probablement une origine commune; ils ont les mêmes aptitudes; mais ils ont pris des caractères différents, sous l'influence du sol, du climat, de l'alimentation. On pouvait donc espérer de réunir, par un croisement intelligent, les qualités précieuses de l'un et de l'autre, de donner surtout à la race limousine la taille et le poids qui lui manquaient.

« Ce résultat a été en partie atteint. L'agenais-limousin se distingue de l'ancien limousin par une plus grande taille; mais aussi beaucoup d'éleveurs lui font le reproche d'être plus exigeant, moins précoce, moins facile à engraisser; de présenter des formes moins régulières et décousues. Ils pensent que l'on a eu grand tort d'infuser le sang agenais dans la race limousine; ils s'attachent à l'écarter de leurs étables, à revenir à l'ancien type.

« Sans rechercher s'ils ont tort ou raison, l'existence seule de cette opinion est une condamnation des croisements. Voilà une sous-race agenaise-limousine où la fusion des deux types a été à peu près complète, au point qu'il serait difficile de trouver dans la catégorie de la race limousine pure un animal qui n'ait pas quelque peu de sang agenais. Si le résultat d'un croisement poussé à un tel degré est aujourd'hui contesté, que penser des autres qui en sont encore au croisement direct? Cela ne devrait-il pas engager à la prudence? Ne doit-on pas y regarder à deux fois avant d'altérer nos précieuses races, avant d'introduire dans l'élevage une confusion que l'on regretterait plus tard, alors qu'il serait peut-être impossible de réparer les fautes?

« Les programmes, qui en définitive ont pour mission de servir de guide aux cultivateurs, doivent donc modérer plutôt qu'encourager cette tendance à mélanger les divers sangs. Ils doivent de plus en plus indiquer que le véritable progrès est dans l'amélioration des races pures. »

1. — L'espèce bovine.

La race femeline à Vesoul, — à Dijon. — Usurpation et découverte. — Les races ferrandaise et marchoise. — Les réhabilitations successives. — Le durham du midi. — Limousins et bazadais. — La race parthenaise. — La race flamande. — Accusation et défense. — La race tarine. — Les charollais chez eux. — Anciens et nouveaux. — Population bovine de la Bretagne. — La vache de Rennes. — La race gasconne. — Un nouvel astre à l'horizon. — Race durham. — Les croisements durham. — Les races étrangères dans le midi de la France. — Durham-manceaux ; — durham-normands ; — durham-charollais.

A Vesoul, les honneurs du concours ont été pour la RACE FEMELINE, qui s'est placée là hors ligne et a conquis une place qui lui a été longtemps discutée, sinon refusée. Le fait a son prix et mérite d'être consigné tout au long. M. Barral le rapporte en ces termes dans son intéressant compte rendu de la solennité de Vesoul : « On y trouvait, dit-il, la plus remarquable collection d'animaux de la race femeline qui ait jamais été réunie.

« C'était un sujet de triomphe pour ceux qui avaient présenté cette race, dont l'existence propre, distincte, a été souvent mise en doute. La ressemblance frappante de la plupart des sujets exposés démontrait qu'il y avait bien là une famille spéciale, constituée par des nécessités de climat et de culture, et améliorée ensuite par des soins intelligents. Comme on avait sous les yeux plus de deux cents animaux, qui tous présentaient la même robe froment d'une teinte à peine variable, des têtes petites, la peau souple, le dos bien droit, une certaine grâce dans l'allure, plus difficile à définir qu'à reconnaître, on abandonnait toute prévention, et on s'accordait à dire que réellement la race femeline méritait les éloges qu'en font les habitants de la Franche-Comté. Une grande finesse de conformation, une aptitude très-grande à se mettre en chair après avoir donné un travail suffisamment énergique, sont des qualités qui ne lui sont pas contestées.

« On avait remarqué que la race femeline, par suite d'une certaine incurie de la part des éleveurs, tendait à s'abâtardir. Depuis quelques années on a énergiquement agi pour maintenir sa pureté, pour développer ses caractères et améliorer sa constitution. Les procédés qui ont été employés ont consisté surtout à donner des primes de 50 francs pour la conservation des jeunes animaux mâles qui, après une visite d'une commission de vétérinaires, donnent la promesse d'une bonne et forte conformation et de la possession de toutes les qualités spéciales à la race. Plus tard, si l'animal a bien réussi, il est acheté par les soins de la Société d'agriculture de la Haute-Saône, et revendu aux enchères publiques. L'opération a été bien menée, et maintenant, les prix des enchères couvrant presque tous les frais, il n'y a plus guère de perdus que les 50 francs de prime. On est parvenu à avoir, dans la plupart des communes de la Haute-Saône, des reproducteurs d'un mérite incontestable. Aussi, quoique un article du règlement ait mis hors concours les animaux provenant d'achats faits par les sociétés d'agriculture, il a été postérieurement créé une catégorie spéciale pour les meilleurs taureaux envoyés par les agriculteurs ayant acheté leurs animaux aux enchères de la Société. C'est une excellente mesure, qu'il serait utile de généraliser dans toutes les contrées où il y a un bétail possédant des caractères parfaitement tracés. » (*Journal d'agriculture pratique.*)

Nous avons retrouvé la race femeline au concours de Dijon, et rarement nous l'avions vu aussi bien représentée. Elle sort donc de son centre de production et de reconstitution, elle en sort avec ses mérites propres et les conserve hors de chez elle. Nous avons pu regretter seulement qu'elle fût aussi peu nombreuse dans les stalles du concours de la Côte-d'Or, quand l'inutile catégorie des croisements divers formait, là comme partout, un massif toujours si plein, si hétérogène, si hétéroclite plutôt. Ne nous lassons pas de répéter ce sage conseil de la science unie à la pratique éclairée : poussons à l'adoption plus large des bons types et cessons, lorsqu'il s'agit de concours spéciaux aux reproducteurs, d'encourager la confusion, les mauvaises tendances, l'ignorance ou les pratiques irréfléchies.

Dans le Puy-de-Dôme, nous nous heurtons à une usurpation et nous applaudirons à une manière d'heureuse découverte. Voyons d'abord la malencontre.

Plein de courtoisie pour Clermont-Ferrand, qui donnait l'hospitalité au concours, le programme avait créé une catégorie pour *la race ferrandaise ;* or, M. Eug. Bonnemère, qui a parlé de cette exhibition, nous dit franchement qu'il n'y a pas de race de ce nom. Les animaux qu'on a exposés sous cette appellation manquent des premières conditions qui constituent une race, ils n'ont point d'homogénéité, ils n'ont même pas « l'unité de robe. Il y en a de rouges, de blancs, de noirs, de jaunes, de froment, de pie, de blaireau, de bigarrés et rapiécés comme l'habit d'Arlequin. Il serait dommage de ne pas améliorer la race de Salers, par sélection ; mais la race ferrandaise, puisque race il y a, appelle et provoque les anciens adultérins, car elle est née dans la promiscuité et l'adultère. »

Il en est autrement de l'autre nouveauté, paraît-il. « La France agricole, dit le même écrivain, vient de s'enrichir d'une race bovine nouvelle, dont je suis heureux d'être l'un des premiers à saluer l'avénement. Après avoir fait une première apparition, l'année dernière, au concours régional de Guéret, la race MARCHOISE, oubliée en 1863 sur le programme ministériel, a obtenu la réparation de ce tort immérité, et le succès qu'elle a su mériter à Clermont lui assure d'être désormais et définitivement classée au rang qui lui appartient dans les concours de la région. »

C'est ainsi que, peu à peu, une à une, nos diverses races françaises, celles pour qui cette dénomination est un titre réel et non une qualification passagère ou de circonstance, se réhabilitent aux yeux de tous, même à côté des races perfectionnées empruntées à l'étranger. La réhabilitation est forcée ; elle vient tout simplement de ce que les procédés d'élevage les ont relevées de la déchéance causée par une longue suite d'années de misère ou d'incurie.

Peu nombreuse à Clermont (31 têtes), où elle était venue tout entière du département de la Creuse, la phalange marchoise y faisait bonne figure : « *pauci sed boni.* » Presque toutes les bêtes présentées ont été primées « ou honorablement mentionnées. »

L'observation que nous venons de consigner une dernière fois ici trouve une nouvelle confirmation dans le passage suivant, que nous extrayons de l'excellent compte rendu, fait par M. Eug. Marie, du concours de Lot-et-Garonne.

« L'espèce bovine, et particulièrement la race garonnaise, ont eu tous les honneurs du concours régional d'Agen. Les éleveurs du sud-ouest ne se maintiennent pas seulement au niveau qu'ils ont atteint dans les précédents concours; mais chaque exhibition nouvelle accuse chez eux des progrès plus marqués, et le jury s'est rendu l'interprète fidèle du sentiment public quand, en comparant le point de départ au point d'arrivée, il a fait voir par quelles séries d'améliorations successives la charpente osseuse tend à diminuer chez la race garonnaise, tandis que la peau acquiert de jour en jour plus de finesse, que les membres perdent de leur volume, et que la masse du corps descend davantage pour se rapprocher de terre. Le croisement n'est pour rien dans ces résultats essentiels; la sélection, c'est-à-dire le choix judicieux des reproducteurs appuyé sur une bonne hygiène et sur les progrès simultanés de la culture, peut revendiquer à elle seule la gloire et le bénéfice du résultat.

« Sans perdre de sa précieuse aptitude pour le travail, la race garonnaise a beaucoup gagné sous le rapport de la précocité et de la conformation générale au point de vue de la boucherie; aussi ses admirateurs, par une hyperbole toute locale, n'hésitent-ils pas à lui décerner le titre de *durham du Midi*. Exagération presque excusable d'ailleurs, quand on se rappelle les succès de la race garonnaise aux derniers concours de Poissy...

« A côté de la race garonnaise vient se placer la race limousine, qui se distingue par les mêmes qualités, et qui, dans l'opinion de quelques-uns, devrait même être baptisée du même nom. En effet, les points de ressemblance sont tellement nombreux entre les deux races, l'affinité est si grande qu'au premier coup d'œil on est inévitablement tenté de les confondre en une seule et même famille; mais les séparatistes traitent cette fusion d'hérésie et s'attachent à démontrer que la race limousine est en réalité plus petite que la garonnaise, et qu'elle est aussi plus trapue, plus régulière dans ses formes, avec une ossature moins forte et un pelage beaucoup plus foncé. Il y a certainement une grande somme de vrai dans cette dernière observation, et on remarquait dans les rangs des limousins des animaux plus foncés que les garonnais ; mais chez combien d'autres aussi la nuance du pelage accusait-elle le même ton dans la gamme des couleurs! Quoi qu'il en soit, race, sous-race ou variété, la famille limousine était fort bien représentée au concours d'Agen...

« Naguère isolée et comme perdue dans un coin du département de la Gironde, la race bazadaise doit aux concours une certaine notoriété dont elle se montre digne par son excellente conformation, au point de vue du travail et de l'engraissement. De taille moyenne, le bœuf bazadais se fait remarquer par la profondeur de sa poitrine, la largeur de ses lombes, l'épaisseur de sa croupe et la finesse relative de ses membres. A côté de ces qualités, la grossièreté de la peau, la flexion de la ligne supérieure, et le développement exagéré des parties antérieures et du fanon apportent un contingent de défauts qu'un élevage bien entendu fera très-probablement disparaître...

« Malgré la proscription en masse dont la frappait récemment un de nos grands confrères, dont l'ardeur réformatrice connaît peu d'obstacles, la race parthenaise faisait bonne figure au concours d'Agen. Les spécimens étaient aussi remarquables par le développement de leur masse musculaire que par leur précocité, et démontraient ce que peuvent, pour l'amélioration et le perfectionnement des races animales, le choix raisonné des reproducteurs, l'hygiène, les soins intelligents, l'assainissement du sol par la culture et l'extension de la production fourragère. Naguère les bœufs parthenais ne donnaient à l'étal du boucher qu'un faible rendement et une viande de qualité inférieure ; aujourd'hui les individus de cette race sont recherchés sur les marchés de Sceaux et de Poissy, à l'égal des animaux de la meilleure provenance... » (*Journal d'Agriculture pratique.*)

Dans la région du nord, la race flamande s'est montrée en voie d'amélioration très-soutenue, d'amélioration rationnelle. Ses facultés laitières sont scrupuleusement respectées dans les parties du pays où l'on vise surtout à l'abondante production du lait ; sur d'autres points, au contraire, on s'attache préférablement à développer l'aptitude à prendre la graisse. Les variétés laitières se reproduisent *in and in*, on les préserve avec soin de tout mélange ; chez les autres, on recherche avec plus d'attention et la précocité et les qualités particulières à la bête à viande. Si l'on en croyait certains on dit, on craindrait moins ici l'approche du sang étranger, et le taureau durham apporterait de temps à autre sa bienfaisante influence ; mais ceux qu'on accuse de se livrer clandestinement à une opération de croisement qui en l'espèce serait fort à sa place, s'en défendent énergiquement comme d'une mauvaise action.

Ce fait n'est pas sans précédent, on le retrouve en Normandie et dans le Charollais, et l'on a peine à s'expliquer que ceux-ci le dénoncent en manière d'accusation, et que ceux-là le repoussent comme une énormité dont ils ne sont ni coupables ni capables.

Chose étrange que ceci ! qui croire ? Disons donc bien haut que ceux qui veulent faire de la viande se trouveront toujours bien de l'intervention active de la race de Durham, type par excellence de la conformation la mieux appropriée à la fabrication abondante de ce produit.

L'annexion de la Savoie à la France a donné à celle-ci une race que pour la première fois on a classée comme — pure — dans les concours de la région, c'est la race *tarentaise* ou *tarine*, fort peu connue jusqu'ici, si peu connue, qu'elle n'est même pas mentionnée dans les traités les plus récents.

Elle habite les parties élevées de la Savoie et a, dit-on, des qualités qui la recommandent, savoir : des facultés laitières assez développées, de l'aptitude au travail et un degré de rusticité assez prononcé pour « résister aux dures et tristes conditions dans lesquelles elle doit vivre.

« Les couleurs dominantes du poil sont le gris ardoisé et le noir lavé ; le bout du nez, le bout des cornes, les extrémités sont noirs ; tous les animaux sans exception ont une raie fauve ou blanchâtre, plus ou moins large, partant de la nuque pour se terminer à la naissance de la queue.

« Ces caractères généraux sont ceux de la race de Schwitz. La tarine est toutefois moins parfaite de forme ; son encolure est plus courte, le ventre assez gros, les membres gros et courts ; il y a aussi moins de finesse dans la peau. »

On croit être sûr qu'elle est née du croisement prolongé de taureaux schwitz et de vaches tarentaises, et l'on assure que si elle était amenée dans la plaine et soumise à une meilleure hygiène, elle « reprendrait rapidement les qualités qui distinguent la race de Schwitz. » S'il en est ainsi, on aurait bien tort de continuer à classer la tarentaise parmi les races « pures. »

A Nevers la race charollaise a, cela va de soi, tenu le

haut du pavé ; elle est en voie soutenue de perfectionnement, et progresse toujours dans le sens de la bête à viande, non plus seulement chez quelques-uns, mais chez presque tous. Elle formait là un groupe admirable de 153 têtes choisies parmi les mieux conformés et les mieux doués. On aimait à regarder ces petites têtes, ces jambes fines, ces corps cubiques et près de terre, caractères de la race nouvelle, un peu bien différente de ceux de la race ancienne. C'est à l'introduction du sang durham qu'on attribue ces améliorations. Les éleveurs disent non ; mais les partisans du croisement tiennent bon pour l'affirmative, et précisent en disant que « le second croisement donne un charollais *pur*, ou pour mieux dire un *nivernais.* » Cela n'est peut-être pas bien clair, mais enfin !...

Ce qu'il y a de positif, et ce que nous voulons constater, c'est que le charollais de l'époque actuelle, pur de mélange ou métissé, est un animal très-amélioré et produit dans le sens de l'aptitude à faire abondamment de la viande.

Mais l'ancienne race n'est pas complétement éteinte ; on la retrouve ici et là, un peu partout où est parvenue sa renommée, dont on abuse par trop. Des animaux achetés au hasard — parce que charollais, — placés dans des situations plus ou moins contraires et bientôt déformés, loin d'eux-mêmes, peuplent nombre de concours dont ils ambitionnent les prix, qu'ils ne méritent plus.

Cela s'est dit par plusieurs et par nous à satiété. Ce n'est point encore assez ; il faut le redire, afin que nul n'en ignore. Le charollais est aujourd'hui à l'espèce bovine ce que le percheron est depuis longtemps à l'espèce chevaline, l'animal de tous. Les masses ont de ces engouements étranges contre lesquels il n'est pas facile de les prémunir, et dont il n'est pas aisé de les guérir. Les programmes en auraient pourtant bientôt raison, si on voulait les reprendre et les rédiger avec quelque attention. Celui du concours de Clermont-Ferrand, par exemple, ouvrait une catégorie — la sixième — à la charollaise pure. Voyons ce qui en est advenu, bien que 21 têtes se soient présentées à l'examen du jury. « A la race charollaise, dit le compte rendu, je rappellerai que noblesse oblige, et que lorsqu'on est la plus belle peut-être des races françaises, il ne faut pas descendre dans la lice quand on n'est pas sûr de vaincre; or, elle a été vaincue sur toute la ligne au concours de Clermont, et la plupart des prix n'ont pu être distribués. » Et le même fait s'est reproduit à Valence, où l'on a primé des animaux relativement inférieurs.

La race charollaise ne forme pas exception ici : la remarque dont elle a été l'objet à Clermont et dans la Drôme s'applique, dans chacun des douze concours régionaux, à la majorité des bêtes qu'on y appelle nominativement et nommément.

Le concours tenu à Rennes a été, pour M. E. Jamet, l'occasion d'une étude fort intéressante de la population bovine de notre Bretagne. On sait parfaitement aujourd'hui ce que vaut cette population, et par quels moyens on peut l'élever très-haut sur l'échelle de l'espèce.

Sa principale aptitude est la production du beurre par une élaboration particulière du lait dans la mamelle. Cette aptitude se trahit heureusement par des caractères extérieurs locaux bien connus des éleveurs et qui, toujours recherchés avec une scrupuleuse attention sur les reproducteurs mâles et femelles, ont spécialisé dans les nombreux démembrements de la souche bretonne, la précieuse faculté de donner un lait très-riche en bon *butyrum* de haut goût. C'est une faculté développée à son maximum d'intensité chez les petites vaches bretonnes, si connues maintenant. Sous l'influence de la recherche exclusive du signe indicateur de la qualité beurrière, — la teinte safranée de la peau qui couvre les mamelles, la face interne des cuisses, le périnée, le tour de l'anus et les parties sexuelles. — la conformation générale a été fort oubliée, et toute cette population, d'ailleurs assez pauvrement alimentée, dans le passé surtout, est devenue bien défectueuse. Or, ceci n'est point une nécessité, une condition *sine qua non*, loin de là. Les vices de formes, en portant atteinte aux grands appareils de la vie, nuisent aussi à la fonction spécialisée, laquelle a donc tout à gagner au perfectionnement de la structure. M. Jamet établit fort bien cette proposition, et discute ensuite la part heureuse ou malencontreuse qu'exerce sur les produits l'introduction par les mâles d'un sang étranger. L'expérience a prouvé que le taureau d'Ayr altérait manifestement la qualité beurrière de la vache bretonne, et que le taureau durham, au contraire, la laissait parfaitement intacte, tout en améliorant la forme. Là donc est la solution du problème de l'amélioration de la population bovine de la Bretagne, sous le rapport de la conformation, car elle ne laisse rien à désirer quant à son aptitude spéciale.

Enfin, M. Jamet veut que les programmes parlent correctement, et qu'ils ne désignent pas des populations mâles sous la qualification de races pures, comme il est arrivé pour les bêtes connues sous le nom de *vaches rennaises*; que, par contre, on ne qualifie pas de « sous-races » des populations qui se reproduisent, « sans aucun mélange, depuis plus de vingt-cinq siècles. »

Le lecteur pensera sans doute avec nous que M. Jamet pourrait bien avoir raison.

Le concours d'Auch n'a offert aucune particularité saillante. Pourtant la justice veut que nous constations au passage que la race bovine dominante dans le Gers, la race gasconne, représentée par un lot de près de 200 têtes, s'y est montrée en progrès sur le passé. Ce fait témoigne en faveur des louables efforts que la société d'agriculture du département dirige depuis nombre d'années sur cet important résultat.

A Valence, le point marquant a été la découverte d'un astre nouveau. Nous en laisserons conter l'édifiante histoire par M. Eug. Bonnemère, qui en a réuni les éléments sur place. Voici donc ce qu'il a écrit au *Journal d'Agriculture pratique*, mine inépuisable de renseignements exacts et de précieux enseignements.

«... A Valence, il y avait les dix prix immuables promis aux durhams, et huit animaux seulement présentés. Par compensation, le programme ministériel ne promettait rien à la race bovine de *Villard-de-Lans*, qu'il a fallu reclasser par arrêté spécial, et à laquelle on a accordé dix récompenses.

« Remarquez que je ne dis pas, comme pour la race marchoise, qu'elle les a *obtenus* et *mérités*, car je trouve que le besoin ne se faisait nullement sentir d'enrichir la nomenclature des races françaises de celle qui vient de faire sa première apparition à Valence. Les membres de cette nouvelle famille bovine portent la robe froment, comme leurs voisins du Mezenc ; ce sont comme eux des bêtes de travail, et de petit travail, m'a-t-on dit, et s'ils se glissaient dans les rangs du Mezenc, personne ne trouverait qu'ils sont déclassés. Avec ce système d'accorder à chaque département sa race spéciale, on va introduire dans les catalogues une confusion étrange, à laquelle il serait bon de mettre un terme. C'est ici que, se plaçant au-dessus des petits intérêts de clocher, la centralisation pourrait avoir une action modératrice très-utile; mais on voit qu'en fait, la centralisation à outrance qui pèse sur la France n'a même pas cela pour elle.

« L'intrusion de cette race de Villard-de-Lans est regrettable à plus d'un titre. Elle procède trop directement du Mezenc, auquel les généalogistes reprochent de descendre de la race d'Aubrac, qui elle-même, s'il fallait en croire quelques auteurs qui font autorité, aurait de grands rapports avec les races de l'Auvergne. On arrive ainsi à la confusion générale, et les derniers habitants de Babel devaient labourer leurs champs avec de pareils animaux, ou garnir leurs boucheries de leur chair. »

Nous devons à la race durham une mention particulière ; nous l'avions réservée à dessein ; c'est donc par elle que nous terminerons ce long paragraphe; il ne nous a pas été possible de le faire plus court ; mais le sujet a son importance dans notre pays.

Ainsi qu'on vient de le lire, cette race tient dans les programmes une place largement mesurée dans chacun de nos douze concours régionaux ; voyons comment, en fait, elle l'a occupée en 1863. Nous laisserons parler les faits.

A Valence, on a pu lui décerner 4 prix sur les 10, offerts tous les 4 au même exposant : *omne tulit punctum !*...

Dans le Gers, peu de concurrents, 6 prix sur 10, et de même 4 vont à la même étable.

A Nîmes, 7 animaux à 2 exposants, 3 deuxièmes prix décernés.

A Clermont, il n'a été donné que 1 troisième prix.

Au concours d'Agen, peu de concurrents ; 6 prix décernés et 2 mentions honorables.

A Vesoul, le nombre des prix offerts n'a pas été indiqué ; il devait y en avoir au moins 14 au programme ; 11 ont été distribués, et de plus 3 mentions honorables ; nous ne trouvons nulle part non plus le nombre des animaux présentés.

A Rennes, réunion plus nombreuse, sans indication précise néanmoins; les 21 prix du programme ont été placés, et de plus 9 mentions honorables.

A Dijon, presque autant de prix que de concurrents ; 10 prix et 2 mentions honorables.

A Chartres, un groupe de 54 animaux ; 22 prix et 7 mentions honorables.

A Lille, 17 têtes et 17 prix offerts, dont 11 seulement ont été décernés.

A Nevers, réunion de 50 animaux ; 15 prix et 8 mentions honorables.

A Chambéry enfin, 12 prix décernés et 5 mentions honorables ; nombre de concurrents inconnu.

Un dernier mot sur les résultats constatés, dans les diverses parties de la France, de l'emploi du taureau durham au croisement des races indigènes.

A en juger par les prix accordés (10 prix et 8 mentions honorables), la catégorie des croisements durham a dû être l'une des plus brillantes du concours tenu à Chambéry. C'est avec la race charollaise que le mélange a été le plus fréquent et a le mieux réussi : 15 des animaux distingués par le jury appartenaient à cette alliance, parfaitement assortie ici et ailleurs.

A Rennes, cette catégorie spéciale a obtenu un remarquable succès ; 114 animaux formaient un groupe trèsaccentué et très-amélioré : aux 14 prix offerts, il a été ajouté 8 mentions honorables. Dans cette région, le croisement est déjà ancien et les générations accumulées ne montrent qu'un résultat plus complet et tout à fait encourageant. Malheureusement on ne sait jamais, dans aucun de nos concours, à quel degré de sang est parvenu le métis quelconque. C'est une grande et regrettable lacune des programmes que de ne pas imposer à cet égard une déclaration formelle. La condition gênerait tout d'abord, mais l'élevage s'attacherait bientôt à la remplir, et dès lors il saurait à peu près ce qu'il fait, chose qu'il ignore absolument aujourd'hui. Il n'y aurait pas pour lui d'enseignement plus précis et plus profitable que celui-là.

A Clermont, il n'y avait que 13 croisés durham; un seul troisième prix a été décerné.

A Dijon, cette catégorie était bonne ; il n'a été décerné que 9 prix sur les 10 offerts, mais 7 mentions très-honorables ont été ajoutées aux récompenses pécuniaires et, en outre, toute la seconde section a reçu en masse la même distinction. Ce croisement est mieux indiqué qu'aucun autre dans un pays qui se peuple de vaches femelines, charollaises ou de Schwitz.

Au concours d'Agen, le durham a eu moins de succès ; tous les prix offerts à ses métis n'ont pu être décernés faute de présentations. Cela s'explique fort bien dans une contrée où les races locales répondent aux besoins du moment et où, par conséquent, les étrangères ne sollicitent d'aucune manière l'attention de l'éleveur.

A Nîmes, 18 concurrents et 5 prix seulement accordés avec 1 mention honorable. Cela n'annonce pas une active recherche du durham dans la région. Il en est ainsi de toute la partie méridionale de la France où la réserve observée à l'égard de l'introduction des races perfectionnées, au point de vue de la boucherie, dans les espèces bovine et ovine, se trouve complétement justifiée par l'expérience.

Ce fait a été relevé d'une manière très-nette, quoique avec ménagement, par M. Minangoin, inspecteur général adjoint de l'agriculture, à l'occasion du concours d'animaux de boucherie tenu à Nîmes au commencement de l'année.

« Cette manière d'agir, a-t-il dit, nous semble être en harmonie non-seulement avec les circonstances locales qui dominent la production, mais encore avec les grandes lois naturelles.

« En effet, la science physiologique, d'accord avec l'observation des faits, nous apprend que le corps de l'homme a besoin d'une quantité d'aliments gras d'autant plus considérable, qu'il vit sous un climat plus froid. La Providence, pour satisfaire à ce besoin, a développé le système adipeux dans les animaux à mesure qu'on se rapproche des régions polaires.

« Le développement des races ultra-adipeuses est donc en harmonie avec le climat brumeux de l'Angleterre ; mais autant leur introduction était une chose bonne et désirable pour les parties de la France qui avaient avec la Grande-Bretagne une certaine analogie de climat, autant cette introduction était en opposition avec les circonstances météorologiques de la plus grande partie du midi de la France.

« Améliorer les races indigènes par sélection, tel était le but rationnel vers lequel devait tendre l'agriculture méridionale. Toutefois on pouvait demander à des croisements judicieux des résultats plus rapides au point de vue de la boucherie, tout en conservant aux races locales leur aptitude à prospérer dans le milieu climatérique sous l'influence duquel elles s'étaient développées. Ce concours nous a offert plusieurs exemples remarquables de la suite de ces croisements.

« *Aidons la nature, mais ne la forçons pas,* telle est la devise de l'agriculture sage, de celle qui donne les meilleurs résultats économiques, qui sont les seuls vrais : plus que jamais cette devise doit être la règle du progrès vers lequel tendent les générations actuelles.

« Il fut un temps où les difficultés de communication, jointes aux entraves de la législation, imposaient aux habitants d'un pays, d'une province, la dure nécessité de chercher à produire eux-mêmes la plus grande partie des objets destinés à satisfaire leurs besoins. Mais aujourd'hui les circonstances ne sont plus les mêmes : les moyens de communication deviennent de plus en plus faciles, rapides et multipliés ; de toutes parts tombent les barrières qui entravaient les échanges entre les nations.

« Désormais, au lieu de dépenser, souvent stérilement, ses forces et son intelligence pour lutter contre la nature, l'homme n'aura plus qu'à utiliser les aptitudes naturelles de son sol et du climat ; il en résultera un meilleur emploi des forces productrices, par suite une production plus économique et plus abondante. »

Comme confirmation de ce qui précède, on n'a pu, à Valence, donner que 5 prix sur 10, et à Auch, 6 sur 10 également.

Dans la Haute-Saône, tous les prix offerts ont été remportés, mais nous manquons de renseignements sur ce qu'a été à vrai dire le concours. Les animaux primés sont un peu de toutes paroisses et n'accusent aucune tendance marquée.

A Chartres, les prix proposés aux mâles de 1 à 2 ans

ont été retenus par le jury, qui a distribué tous les autres et de plus 1 mention honorable.

Les durham-manceaux et les durham-normands étaient en présence ; deux races qui s'allient à merveille avec le taureau anglais.

A Nevers, la réunion se composait de 76 têtes et les 14 prix accordés à la région ont été brillamment placés, plus 2 mentions honorables.

Nous avons déjà fait observer qu'il y avait une grande affinité entre le sang durham et le sang charollais. On en profite avec raison pour marier les animaux des deux races, et les résultats se produisent satisfaisants.

2. — L'espèce ovine.

Vices d'organisation. — Les concours spécialisés. — Un but manqué. — Deux chiffres. — Principal et accessoire. — Trois catégories. — Plusieurs manières de faire mieux. — Les prix impossibles. — La race charmoise et la race de Lahayevaux. — Mérinos et métis mérinos. — La race de Mauchamp. — Bourguignons et champenois. — Les laines étrangères. — Croisements divers. — Les mérinos français à Hambourg. — Dishley-mérinos et dishley-artésiens.

Nos races ovines ressortent mal dans les concours régionaux ; elles valent mieux en général que ces réunions ne le donneraient à penser. La rédaction des programmes est encore plus défectueuse en ce qui les concerne qu'en ce qui regarde l'espèce bovine. Les écrivains agricoles s'en occupent moins aussi ; la meilleure part de leur attention se porte et s'épuise sur le gros bétail, et ils glissent rapidement, pour la plupart, sur les faits particuliers aux troupeaux de bêtes à laine.

C'est un tort. La population ovine tient déjà un rang élevé dans l'ordre des richesses créées par l'agriculture, mais elle n'est point arrivée, il s'en faut, à son maximum de valeur.

Nous ne reviendrons pas sur les considérations que nous avons développées dans l'*Agriculture en* 1862; mais, tout forcé que nous soyons de hâter le pas, nous consignons ici quelques-unes des observations que nous ont suggérées les concours de 1863.

Le perfectionnement de nos troupeaux, sous le double rapport de la production de la viande et de la production de la laine, gagnerait beaucoup à l'organisation de concours spécialisés. En plusieurs régions, ces exhibitions, tout à fait manquées, n'excitent aucun intérêt; ailleurs, au contraire, c'est l'espèce bovine qui ne répond pas aux encouragements qu'on lui destine. Toutes les parties de la France ne sont pas également aptes à produire côte à côte des troupeaux d'élite des deux espèces; il y aurait lieu à pousser uniquement dans le sens de leurs convenances et à ne pas essayer de leur faire faire ce qu'elles ne sauraient faire qu'à prix d'argent, beaucoup moins bien que d'autres. C'est à ce résultat qu'on arriverait si les concours exerçaient une influence plus grande. S'il n'en est point ainsi, c'est qu'on accepte l'argent qu'ils répandent, sans se préoccuper autrement de la direction que, d'ailleurs, ils n'ont pas la prétention d'imprimer aux choses de l'agriculture. On donne volontiers des soins à une étable, — grande ou petite,— en vue des concours qui offrent beaucoup de prix à disputer en un jour, mais on ne forme pas de vacheries en vue des concours dans les contrées où l'espèce bovine ne trouve pas toutes les bonnes conditions nécessaires à sa plus large expansion. Il en est de même des troupeaux de moutons. Depuis qu'ils existent, les concours n'ont pas contribué à la formation d'un seul troupeau ; ils ont déterminé ceux qui en possédaient à les améliorer dans les régions où l'industrie est depuis longtemps une spéculation suivie, une industrie plus ou moins lucrative ; ils n'en ont point accru l'importance [1].

Cela revient à dire que les concours régionaux devraient être scindés et s'organiser principalement en vue de l'industrie agricole la plus importante d'une circonscription déterminée, le reste viendrait se grouper autour, occasionnellement, comme accessoire en quelque sorte, et former ensemble.

Au lieu de douze concours, on en ferait une trentaine peut-être ; on les tiendrait à des époques différentes ; on les placerait à tour de rôle aux bons endroits, et, sans dépenser plus, on en obtiendrait davantage.

Ceux de 1863 n'ont avancé en rien les questions qui se rattachent à l'éducation de l'espèce ovine. Les mêmes catégories que par le passé se sont ouvertes, et il n'en a été ni plus ni moins que par le passé.

[1] Nous aimons à appuyer de preuves toutes nos assertions. Bien que ce que nous venons de dire soit indéniable comme l'évidence elle-même, voici deux chiffres qui nous étayent

La statistique des animaux des espèces bovine et ovine dans le Gers, accuse à cinquante-cinq ans de distance, des nombres très-curieux :

	En 1805.	En 1860.
Bêtes bovines	170,959	135,579
Bêtes ovines.	517,386	383,853

D'où résulte, sur l'époque la plus éloignée, une diminution de 35,380 têtes bovines et de 133,533 bêtes à laine.

Ces chiffres sont gros.

Jamais pourtant les deux espèces n'ont reçu d'encouragements plus larges et plus multipliés que depuis une quinzaine d'années.

A Clermont et à Rennes, toute l'espèce était convoquée sous ces trois appellations :

Races françaises diverses pures;

Races étrangères pures;

Croisements divers.

En l'absence de toute race propre au pays, on les convie toutes au partage des prix : il vient quelques animaux au hasard, ceux que la course dérange le moins, et tout est dit. Pourtant ces contrées nourrissent des bêtes à laine. Il pourrait se faire qu'une race leur convînt plus qu'une autre. Depuis nombre d'années que des jurys et des jurys fonctionnent, on pourrait être édifié sur ce fait essentiel et le mettre en saillie en ouvrant une catégorie spéciale, plus richement dotée que les autres, si on en voulait absolument plusieurs. Alors on entrerait dans une voie définie et l'on aiderait chacun à faire mieux que par le passé, en lui désignant la route à suivre, en montrant les résultats qu'on rencontrera, plus ou moins prochainement, si l'on s'y engage à son tour. Il sortirait de là un enseignement profitable et de réelles améliorations qu'on n'atteindra jamais par le système actuel.

Il y a certainement ici trois ou quatre manières de faire mieux que ce que l'on fait.

A Valence, à Auch, à Agen et à Vesoul, le nombre des catégories est de quatre.

Dans la Drôme et dans le Gers, c'est la race mérine pure ou croisée qu'on a détachée du premier groupe et qui forme bande à part.

Dans le Lot-et-Garonne, c'est la seconde catégorie qu'on a subdivisée en races étrangères à laine longue et races étrangères à laine courte. En Franche-Comté, il y a plusieurs variantes : ainsi, les mérinos et métis mérinos ont une catégorie spéciale, puis viennent — les races pures à laine longue, — les races pures à laine courte, — et les bienheureux croisements divers, — qu'on retrouve invariablement dans tous les programmes et par suite dans toutes les réunions.

A Valence, le jury a retenu 8 prix sur 25, et parmi ceux qu'il n'a pas donnés s'en trouvent 4 premiers. Voilà qui en dit assez.

A Auch, le concours était plus nombreux et meilleur, grâce aux lauraguais et aux southdowns : sur 33 prix, 6 n'ont pas été décernés, mais il y a eu 10 mentions honorables.

A Agen, les délibérations du jury ne donnent pas meilleure opinion des concours ; sur 22 prix offerts, 8 sont retenus, et ce ne sont pas les derniers. Un concours de béliers et de brebis n'a réellement pas sa raison d'être en ce pays.

A Vesoul enfin, tous les prix, au nombre de 29, ont été décernés. La catégorie des mérinos, métis mérinos et mauchamps paraît avoir été assez nombreuse et assez remarquable ; le voisinage du Châtillonnais se fait sentir en Franche-Comté, et les troupeaux d'élite se rapprochent insensiblement de ceux dont ils sont sortis directement ou indirectement. La race charmoise a pénétré jusque-là et s'y fait distinguer, car elle a remporté les deux premiers prix de la catégorie dans laquelle elle avait pris rang. Disons, par anticipation, qu'elle a été remarquée aussi et fort encouragée en Savoie. On signale enfin, comme obtenant quelques succès, la race prolifique de Lahayevaux, originaire de la Suisse, si nous ne nous trompons pas.

Chambéry et Dijon avaient cinq catégories, et les quatre autres chefs-lieux six. Sur ces divers points l'élevage de l'espèce a plus d'importance et doit nous arrêter quelques instants.

Nous entrons de plein pied dans les contrées successivement et presque universellement envahies par le mérinos depuis son introduction en France par les soins éclairés de Louis XVI. On l'y trouve à l'état de race pure, mais bien plus encore à l'état de croisement longuement épuré. En aucune circonstance, l'éleveur français n'a montré ni plus de sagacité, ni plus d'attention, ni plus de suite dans l'éducation et le perfectionnement du bétail. Se livrant à de véritables croisements, œuvre de longue haleine et de persévérance, il a conduit à bien ce mode de reproduction que certains zootechniciens, qui ont la prétention de faire école, confondent aujourd'hui avec d'autres qui reposent sur d'autres principes, qui se pratiquent suivant d'autres règles et se proposent un tout autre but.

Quoi qu'il en soit, le croisement du bélier mérinos avec les brebis indigènes a transformé une multitude de variétés indigènes et a formé, par progression, des troupeaux métis qui ont acquis une grande réputation en fondant solidement l'une des richesses agricoles du pays.

Le point de départ de ce grand travail a été le perfectionnement de la toison. C'est là surtout ce qu'ont cherché un peu exclusivement tous les possesseurs de troupeaux, et l'on ne saurait nier que le but a été atteint d'une manière très-remarquable au point de vue de la zootechnie.

Ici pourtant, comme dans toutes les circonstances où l'éducateur n'a en vue que le perfectionnement d'une qualité ou d'une faculté isolée, il est arrivé qu'en s'occupant uniquement de la toison on a oublié le reste, et que l'exagération du résultat cherché et obtenu ne s'est produite qu'aux dépens des qualités ou des facultés négligées.

La toison a donc acquis une grande valeur, ou tout au moins un mérite très-réel; mais la production de la viande est demeurée très-inférieure, si bien qu'à l'époque où la consommation de cet aliment s'est accrue dans une proportion tout à fait imprévue, on s'est aperçu que le mérinos et ses nombreuses sous-races, riches producteurs de laine, étaient devenus des animaux de boucherie très-inférieurs. Dans le même temps, le commerce extérieur important en France de prodigieuses quantités de laine fine, obtenues à bas prix en de lointaines régions, la dépouille de nos troupeaux perdit naturellement de son prix. Alors on se récria fort contre l'insuffisance de nos mérinos et métis mérinos; les anglomanes eurent beau jeu; ils firent avancer les races anglaises, exclusivement travaillées depuis cinquante ans dans le sens de la production de la viande, et ils cherchèrent à démontrer, en les comparant aux races françaises, qu'il fallait partout les substituer à celles-ci. Un instant l'élevage français fut ébranlé, puis il se remit : une fois passée l'émotion, on examina de plus près la question, et l'on se rendit facilement compte qu'il n'y a aucune incompatibilité physiologique entre la production d'une très-bonne sorte de laine mérinos et la production d'une quantité très-satisfaisante de viande d'excellente qualité.

Ainsi posé dans ses termes les plus précis, le problème fut résolûment abordé par les plus intelligents; le succès ne se fit pas attendre, et tous nos mérinos s'acheminent d'un pas rapide vers une condition nouvelle, qui présente à un degré très-remarqué l'alliance de ces deux qualités, — mérite de la toison et bonne conformation pour la boucherie. Les efforts sont de deux sortes : les uns tendent simplement à ne rien perdre des avantages acquis, les autres à développer une aptitude trop complétement négligée. Ces derniers ont pour effet de réformer des vices de construction qui ne portent sans doute aucune atteinte aux qualités du lainage, mais qui nuisent, en fin de compte, au bon équilibre des forces vitales.

Voici donc les deux faits qui se mettent en saillie, chaque année, dans ceux des concours régionaux où les races mérinos viennent se ranger dans une catégorie spéciale : la bête à viande, non moins parfaite que la bête à laine dans le même animal, et la réformation ou l'effacement progressif des formes défectueuses des variétés dont on a entrepris la nouvelle transformation ou simplement la meilleure appropriation à une double destination.

La question du lainage ne se traite pas seulement par l'agriculture, elle appartient surtout à l'industrie, aux manufactures; mais les éducateurs ont besoin d'être parfaitement renseignés quant à l'opinion des manufacturiers sur leurs produits. C'est à ce titre que nous allons faire un nouvel emprunt au *Journal d'agriculture pratique*, qui, sous la plume compétente de M. Teyssier des Farges, a très-judicieusement traité ce sujet dans son numéro du 5 juillet 1863.

« Convaincu, dit l'auteur, que, pour une grande partie de la France, le mérinos à laine de moyenne finesse devait être préféré aux autres races, nous écrivions en 1856 et en 1860, à la suite des concours universels de Paris, que partout où la race mérine pouvait réussir, nulle autre ne saurait la remplacer avec avantage, et que le temps, cet allié des bonnes causes, se chargerait de justifier nos prévisions. Nous avons donc lu avec une véritable satisfaction, dans le rapport de M. Bella sur les laines exposées à Londres en 1862, ce qui suit :

« Les laines mérinos de moyenne finesse, longues, « nerveuses et lustrées, qui ont déjà établi leur réputa- « tion sous le nom de *mérinos français*, semblent devoir « former de plus en plus la spécialité de notre pays; « ce sont celles qui sont le mieux appropriées à ses con- « ditions culturales, celles pour lesquelles nous avons « à craindre le moins de concurrents, celles, par con- « séquent, qui doivent nous donner le plus de profit. — « Sans doute, il est bien difficile de généraliser ces prin- « cipes pour les appliquer à un pays aussi vaste que la « France et à des circonstances de température aussi « variables. Cependant, on peut dire qu'à part notre « littoral nord-ouest, comprenant la Flandre, la Picar- « die, la Normandie et la Bretagne, dont le climat, hu- « mide en été et peu froid en hiver, est peut-être plus « favorable à des laines intermédiaires ou grossières « analogues à celles de l'Angleterre, la majeure partie « de la France est mieux placée que tout autre pays « pour la production des laines mérinos moyennes, « longues, nerveuses et lustrées. Aucune autre contrée « ne jouit d'un climat aussi tempéré, ni trop chaud, ni « trop froid, ni trop sec, ni trop humide, et ce climat « tempéré se prête admirablement à la production de « cette laine moyenne. »

« Remarquons-le bien : il ne s'agit pas des mérinos qui donnent des laines fines comme les *belles électorales* de Saxe, mais de ceux qui produisent ces bonnes laines propres au peigne et à la carde, excellentes, soit seules, soit mélangées, pour la fabrication de la draperie moyenne, des nouveautés d'hiver et d'une foule de tissus dont la consommation est considérable.

« Parmi ces laines, on distingue celle de la Brie, de la Beauce, du Vexin, d'une partie de la Picardie, de l'Aisne, de la Bourgogne et de la Champagne.

« Les laines de la Brie n'ont pour ainsi dire pas de similaires en France : bonnes pour la carde et pour le peigne, elles sont nerveuses, douces, soyeuses, élastiques, se prêtent merveilleusement aux exigences de la fabrication, et ont ce mérite incontesté qu'en draperie, et sur une quantité égale en poids à d'autres sortes, elles donnent plus d'aunage. Elles sont employées, en majeure partie, à Elbeuf et à Louviers, pour la carde, et partout ailleurs pour le peigne.

« Les laines de la Beauce sont généralement plus fines que celles de la Brie, mais elles n'ont ni leur douceur, ni leur élasticité. Assez courtes de mèche, souvent maigres de nature, elles sont le plus souvent peu tassées, assez cassantes et peu propres au peigne. Elles font un tissu dur et sec, sauf celles de quelques localités. On les emploie beaucoup dans les nouveautés, les envers de draperie et de nouveautés fines, mais rarement dans les draps lisses d'une certaine finesse.

« Comparativement aux laines de la Brie, leur prix d'achat est inférieur à ces dernières de 5 à 8 pour 100. Quant au poids moyen des toisons, il est équivalent à celui de la Brie, mais le rendement au lavage est presque toujours moins bon.

« Les laines du Vexin, de la Picardie et de l'Aisne se rapprochent plutôt du type de la Brie que du type de la Beauce, surtout au point de vue de la finesse, du moins pour les bonnes sortes de ces trois contrées. La mèche, dans le Vexin et la Picardie, a beaucoup d'analogie, pour la longueur et le tassé, avec la mèche de la Brie, mais elle n'en a pas l'élasticité et la douceur. La laine de l'Aisne est forte et nerveuse, moins fine que celle de la Brie; mais si on l'employait en draperie lisse, elle ferait un tissu trop corsé, trop dur, trop épais. On s'en sert donc avec plus d'avantage pour le peigne.

« Il y a dans la valeur intrinsèque de ces trois catégories, comparées à celles de la Brie, une moins-value de 10 à 15 pour 100 en moyenne.

« Les laines de la Bourgogne rivalisent avec celles de la Brie pour la finesse, la longueur de la laine et le tassé, mais elles n'en ont pas non plus la douceur, la souplesse, l'élasticité. Dans ce pays on a l'habitude, avant la tonte, de laver la laine à dos. On enlève ainsi toutes les parties terreuses ou alcalines pour ne conserver que la partie huileuse, ce qui permet de pouvoir la garder plus longtemps en magasin sans qu'elle durcisse ou jaunisse comme lorsqu'elle est en suint. Elle est recherchée pour le peigne, mais l'Australie lui fait une grande concurrence avec les qualités qui viennent de Port-Philipp. C'est à M. Godin qu'on doit, en grande partie, l'amélioration des laines de Bourgogne.

« Celles de la Champagne ont une certaine analogie avec ces dernières, mais elles leur sont bien inférieures sous le rapport de la nature et du mérite. Elles servent à fabriquer des étoffes d'une qualité plus secondaire. Les fabricants de drap de troupe en emploient beaucoup pour les étoffes destinées aux sous-officiers. Le peigne en absorbe également une assez grande quantité. On a aussi l'habitude dans ce pays de les laver à dos. Elles se vendent à des prix inférieurs à ceux des précédentes.

« Il existe encore quelques localités en France où l'on trouve des laines fines, mais toutes ces sortes s'éloignent beaucoup des produits dont nous venons de parler et ne sont pas de celles que nous conseillons de propager.

« Ce qui est certain, c'est qu'en France nous devons renoncer à produire des laines très-fines et nous en tenir aux laines moyennes. Il devra en être de même, du moins dans plusieurs contrées, en Allemagne, où le prix des denrées augmente avec les besoins, et en Russie, où la rigueur des saisons, froides ou chaudes et sèches comme en Tauride, met obstacle à une production économique. L'Australie fait aux Etats de l'Europe une concurrence trop sérieuse pour que les éleveurs n'entrent pas, du moins une grande partie d'entre eux, dans la voie qu'on suit maintenant en France. Ajoutons que la consommation des tissus très-fins n'augmente pas, tandis que celle des tissus moyens suit une progression constamment ascendante. Moins fines, quant à présent, que les laines d'Allemagne, mais plus fines que les nôtres, les laines d'Australie sont recherchées par nos industriels. Pour le peigne comme pour la carde, elles font doux et moelleux. On reproche à celles qui sont employées pour la carde d'être un peu molles; mais comme il est rare qu'on ne les mélange pas, cet inconvénient disparaît, et le fabricant trouve avec elles cet avantage de faire un tissu apparent, ayant de la main et de l'œil, et revenant à un prix moins élevé que s'il était fait avec les laines d'Allemagne. Il faut bien reconnaître que la majeure partie de ces tissus sont peu durables, mais ils semblent répondre aux caprices de la mode, qui nous porte à avoir maintenant, à chaque saison, quelque chose de nouveau.

« Ces courtes observations, appuyées sur l'opinion de négociants éclairés, notamment de M. Roux, dont la grande expérience est égale à son extrême obligeance, nous ont paru nécessaires pour faire bien comprendre les avantages qu'offre la race mérine à laine de moyenne finesse.

« Ce qui assure son incontestable supériorité, c'est que, produisant une excellente laine, elle est également bonne pour la boucherie. Tout aussi précoce que les races anglaises et que toutes celles qui produisent des laines communes ou grossières, quand elle est préparée et élevée pour la laine et la viande, elle ne coûte pas davantage.

« Il y a peu d'années, il aurait été impossible de faire admettre que le mérinos à laine moyenne pouvait être autre chose qu'un animal de forme défectueuse, se développant avec lenteur, dur à l'engraissement, très-exigeant sous le rapport de la nourriture, et beaucoup plus sujet aux maladies que les races communes.

« Nous avons soutenu et nous soutenons avec des hommes pratiques, d'expérience, et avec les faits, que ce mouton, comme conformation, précocité, engraissement, facilité de nourriture et rusticité, atteint le même degré de perfection que les races qu'on lui oppose, et que de plus il offre l'incontestable avantage de donner une laine dont la supériorité, la valeur et la facilité de placement sont hors de doute.

« C'est depuis dix ans à peine que quelques éleveurs de cette race se sont préoccupés tout à la fois de la laine et de la viande, et en peu de temps ils ont obtenu des résultats remarquables. Jusqu'alors on n'avait envisagé le mérinos que comme producteur de laine fine, sans songer à développer en lui les aptitudes qu'on recherche chez l'animal de boucherie. On a voulu comparer de pareils sujets avec des animaux que les plus habiles éleveurs de l'Angleterre avaient formés, il y a plus de cinquante ans, avec un tel succès, que lord Somerville a pu dire avec raison qu'il semblerait qu'ils aient dessiné sur un mur, à la craie, une forme parfaite, puis qu'ils aient donné l'existence à cette image. Et, comme il était impossible que la comparaison fût à l'avantage des mérinos, on a crié triomphalement qu'ils étaient impropres à la boucherie.

« Mais, pour porter un jugement équitable, il faut comparer des choses qui soient comparables, mettre en regard des mérinos préparés par une suite de générations, comme les moutons anglais ou leurs croisements, et dans le même but, et non des animaux nés et élevés dans un but tout différent.

« Dira-t-on que le mérinos à laine moyenne, *par sa nature même*, ne peut atteindre au même degré de perfection que les races de boucherie? Indépendamment de ce que des faits actuellement nombreux donnent un démenti formel à une pareille assertion, quelle raison physiologique en peut-on donner? Pas une seule qui repose sur un fondement solide et scientifiquement démontré.

« Sans doute on n'a pu jusqu'à présent produire de la laine très-fine avec un animal d'une grande précocité et d'un facile engraissement, parce que trop d'embonpoint grossit le brin; de plus, cette laine, assez courte de mèche, mais très-tassée, gêne l'action de la peau, laquelle exerce une fonction d'inhalation et d'exhalation, et cause une souffrance. Lorsqu'il s'agit d'une laine moyenne, il en est différemment, car l'animal la produit dans des conditions qui permettent à toutes les fonctions de s'exercer dans toute leur plénitude.

« On a prétendu que la laine étant une substance

très-animalisée, privée d'une manière absolue de l'eau, élément qui se trouve tout formé dans la nature et qui ne prend rien au cultivateur ni à la fertilité des champs, elle coûte beaucoup à produire, puisqu'elle soutire aux champs, pour sa formation, quatre fois autant de principes et de richesses que la viande, et que pour indemniser le fermier des dépenses qu'elle occasionnait, elle devrait avoir une valeur vénale quatre fois plus considérable que celle de la viande, ce qui n'est pas.

« La réponse est facile.

« Les moutons de certaines races de boucherie dépouillent souvent plus de laine que les mérinos, et toujours plus que le mérinos à laine très-fine. Ils ont donc élaboré la laine et la viande en même temps. Ainsi, en fait, l'argument tombe complétement. D'un autre côté, les excréments contiennent une grande quantité de matières propres à la nutrition. Pourquoi sont-ils rejetés? Nous ne nous chargeons pas de l'expliquer. Mais un fait certain, c'est que plus l'animal s'assimile les aliments, moins il y a de perte. Or, la puissance d'assimilation résulte principalement du bon état et du jeu parfait des organes. Toutes les fois que l'animal ne réunira pas ces deux conditions, il profitera moins, même avec beaucoup plus de nourriture. La conformation et la constitution, tels sont les deux termes de la question.

« Nul ne peut nier aujourd'hui que les éleveurs qui ont su faire une bonne sélection et viser à ce double but de la laine et de la viande, ont obtenu autant de précocité et de poids avec le mérinos à laine moyenne qu'avec les races de boucherie. Nous avons pu constater dernièrement, chez M. Garnot, qu'une agnelle de sept mois, tuée par accident, donnait en viande nette 24 kilogrammes, et en suif 4k,50; sa peau valait environ 8 francs.

Chez M. Simonet, un agneau de neuf mois et demi a donné en viande nette 32 kilogrammes et demi, en suif 3k,930 ; sa peau a été vendue 10 francs. Cet habile éleveur vend couramment sur champ de foire, pour la boucherie, des moutons gras qui, toison comprise, rapportent à six mois 30 francs, à dix-huit mois 60 francs, à trente mois 80 francs.

« Il nous serait facile de citer beaucoup d'autres faits semblables.

« L'on insiste et l'on prétend que le mérinos est plus délicat, qu'il coûte plus cher à nourrir et que sa viande est verte. Entendons-nous bien : il s'agit toujours de mérinos perfectionnés et élevés pour la laine et la viande.

« Eh bien! nous soutenons que, dans tous les climats analogues à ceux de la Brie, ces animaux sont plus rustiques que les anglais et leurs croisements, et qu'ils ne sont pas plus difficiles pour la nourriture, dont ils profitent tout autant. Nous pourrions citer à l'appui de cette assertion des troupeaux de race de boucherie, des southdowns par exemple, qui ayant été soumis au même régime que les nôtres, sont dans un état infiniment moins satisfaisant. Quant à ce reproche que la viande est verte, nous avons comparé, et il nous a été impossible, avec beaucoup d'autres, d'établir une différence. Nous laissons de côté cette grave question de la dégénérescence des troupeaux perfectionnés de l'Angleterre, et dont on a tant vanté la précocité et l'obésité. C'est à tort qu'on a attribué cette dégénérescence à la consanguinité, qui, aujourd'hui moins que jamais, n'y est pour rien. En forçant trop la nature, on a créé de véritables anomalies qui réclament aujourd'hui un sang plus primitif, plus près de la nature.

« En définitive, le doute ne saurait plus exister aujourd'hui que chez ceux qui ne veulent pas reconnaître la vérité, ou qui tiennent tellement à leurs vieux préjugés, qu'il est impossible de songer à les déraciner.

« En résumé, imbu de cette fausse idée que le mérinos était seulement bon pour la laine et que les races communes seules pouvaient faire de la viande avec profit, on a négligé pour la race mérine les pratiques des bons éleveurs pendant beaucoup trop longtemps. Aujourd'hui les faits sont là.

« Dans l'intérêt sainement entendu de la France, il importe qu'on revienne de cette erreur, tout aussi bien que de cette grande mystification agricole par laquelle on voulait nous faire accroire que les belles races de l'Angleterre ne coûtaient relativement presque rien à nourrir et à entretenir..... »

En économie de bétail, cela est certain, on ne fait pas beaucoup avec rien, mais avec quelque chose on peut faire plus ou moins. Il y a des races prodigues et faméliques et des races douées d'une puissance d'assimilation vraiment surprenante. Ces différences se constatent dans toutes les espèces, et celle du mouton, sans sortir de France, nous en offre de remarquables exemples dans la race charmoise et dans la race mérinos de Mauchamp, qui nous ramène naturellement aux concours régionaux, dans plusieurs desquels on ouvre à cette dernière une catégorie spéciale, par trop délaissée à notre avis, car les exposants n'y sont pas toujours assez nombreux pour enlever tous les prix offerts.

En dépit des avantages qu'on lui fait dans les concours et des excitations dont elle est l'objet de la part des fabricants, cette race ne paraît pas se multiplier beaucoup, et cela nous semble très-regrettable. On l'a beaucoup vantée; ceux-là même qui achètent et emploient ses toisons demandent avec instance qu'on la propage : rien n'y fait ; on n'articule à son endroit aucun mécompte, mais on ne l'adopte pas. Qu'elle est belle et productive pourtant ! Et les encouragements qu'on lui réserve ne tentent pas ! C'est une énigme. Nous l'avons vue, cette année, au concours de Dijon, et telle qu'elle existe en ce moment à Gevrolles, elle nous paraît être la race de l'avenir. Une exposition hors concours de quelques têtes, envoyées par la précieuse bergerie de l'Etat, a montré des animaux amples et corsés, régulièrement construits et porteurs de toisons admirables pour la douceur, la finesse et l'abondance de la mèche. On sent tout à la fois dans ces riches natures la laine et la viande ; elles présentent tout résolu, et cela de la manière la plus heureuse, le problème de la facile transformation de nos races mérinos les plus arriérées ; elles sont beaucoup plus sobres que celles-ci lorsqu'il s'agit uniquement d'entretien ; elles s'engraissent plus vite lorsqu'il s'agit de les préparer pour la bergerie.

Voilà bien des motifs pour lui accorder une sérieuse attention.

Tout à côté du groupe des mauchamps, les mérinos perfectionnés de la région (Bourgogne et Champagne) faisaient bonne contenance, et ce que nous allons en dire peut également se rapporter à la race entière dans les diverses parties du pays, dans toutes les réunions agricoles où on les voit venir en nombre et embarrasser les jurys pour la répartition des encouragements réservés. Les prix suffisent rarement à récompenser les plus méritants, et, dans chacune des classes de la catégorie, des mentions très-honorables finissent quelquefois par doubler les distinctions du programme.

A Dijon donc, la catégorie des races mérinos et métis

mérinos ne brillait pas seulement par le nombre, elle se recommandait aussi par le mérite élevé des concurrents. Les moindres sont encore des animaux d'élite. En les examinant, nous éprouvions une satisfaction réelle à constater d'aussi grandes richesses. La première impression était toute d'admiration ; puis, comme la nécessité forçait d'être sévère, on cherchait les imperfections, et on en découvrait de très-réelles. C'est que vraiment la perfection est bien rare, et rien ne le dit mieux qu'une étude attentive portant ainsi sur des animaux de choix extraits des troupeaux les plus épurés. Ainsi on trouve encore de longues jambes, quelques dessus un peu étroits, des arrière-trains un peu pointus, des fanons très-développés, et surtout des têtes monstrueuses.

Pourquoi ces vices de formes, si faciles à rectifier ? On le dit, le pourquoi ; on le dit en rougissant presque : c'est déjà un bon symptôme ; mais les raisons données sont tellement pauvres et si peu fondées, qu'une vigoureuse croisade contre ces regrettables défectuosités, nées du préjugé et grossies par l'absurde, nous paraîtrait devoir aboutir au succès dans un laps de temps assez court. A bas les cornes dans l'espèce ovine, dans les races mérinos ! elles ne servent à rien ; elles constituent dans l'élevage et l'entretien du mouton une dépense ruineuse et une preuve d'ignorance dont il faut être honteux aujourd'hui. Tous les éleveurs ne partagent pas notre sentiment. Ce que nous condamnons d'une manière si absolue est encore considéré par beaucoup comme une beauté. Les anciens chevaux normands, à la tête fortement busquée, longue et bête, ont été pendant bien longtemps aussi à la mode, et on les disait beaux pour leur défectuosité, qui, depuis, les a rendus hideux à tous les yeux. En réformant ce caractère, on les a pourtant embellis.

De stupide, lourde, ignoble qu'elle était, sans parler des inconvénients fort graves qui en résultaient, on a fait leur tête intelligente, noble, expressive, et la race s'est de beaucoup élevée en valeur en perdant ce signe de dégradation. La tête du mérinos doit être réformée de même, pour rendre l'animal à sa première distinction, pour rendre à sa race la physionomie qui lui est propre.

Après tout ce qui a été dit de l'insuffisance du mérinos sous le rapport de la viande, tandis que les marchés européens étaient inondés des produits de l'Algérie, de la Nouvelle-Calédonie et de l'Australie, il était impossible que beaucoup ne se livrassent pas à des tentatives variées de croisement avec des races de boucherie. D'ailleurs, ces tentatives ont été très-fortement encouragées par tous les programmes des concours. Les catégories ouvertes aux diverses races étrangères et à tous les mélanges de sang imaginables n'ont pas laissé toute liberté aux éducateurs, comme on se plaît à le dire; elles les ont excités à croiser dans tous les sens, capricieusement ou au hasard, sauf à ne pas être satisfaits des premiers essais et à les multiplier sans fin, sans but arrêté.

Il s'en est suivi des résultats très-divers, et l'expérience, en fait d'opérations de ce genre, n'étant jamais entière ni concluante, on recommence sans en être beaucoup plus avancé, on tâtonne encore et toujours, sans savoir jamais où l'on arrivera. Voilà ce que poussent à faire des programmes comme ceux que l'on a établis sur tous les points, sous prétexte de laisser à chacun sa pleine et entière liberté, comme si la bonne et ferme impulsion donnée par un programme raisonné en toutes ses tendances ôtait à qui que ce soit son libre arbitre.

Il y a cependant d'utiles croisements, et nous disions un peu plus haut quels avantages la plus grande partie de la France a retirés de celui qui a si généralement introduit les mérites du mérinos dans nos troupeaux. Quand de semblables faits sont mis en relief, on pourrait les adopter et les encourager particulièrement, mais les mettre tous au même niveau est une faute contre la science, contre la pratique réfléchie contre le bon sens, contre la fortune de ceux qui, ne sachant quelle direction prendre, vont au hasard et se heurtent à tous les essais, hormis au bon.

Est-ce que les quatre classes formées par le programme de l'exposition internationale de Hambourg n'ont pas été judicieusement comprises ? Elles contiennent la solution même du problème posé par les circonstances économiques de l'époque à l'éducation de l'espèce ovine. L'éleveur en apprend plus ainsi en un seul jour que ne lui en apprendront nos programmes en un demi-siècle.

Nos éducateurs de mérinos sont dans une voie excellente, et nulle part on ne le sait moins qu'en France, grâce à la rédaction prétendue libérale de nos programmes de concours. Le but sérieux de ceux-ci où est-il ? Ils organisent de grandes fêtes, des espèces de fantasias agricoles ; ils n'exercent par eux-mêmes qu'une influence sans portée suffisante, car ils ne portent réellement pas en eux la part d'enseignement qu'ils devraient tous laisser après eux. Aussi nous discutons encore sur ce que nous devons faire de nos mérinos, quand, à l'étranger, on est déjà complétement édifié sur leur valeur propre.

« Les Allemands, qui s'y connaissent, écrit M. Eug. Marie, dans son remarquable compte rendu du concours de Lille, rendent pleine justice à l'intelligente initiative des éleveurs français, et, aujourd'hui que la force des choses les détache de leur préoccupation exclusive pour la finesse de la toison, c'est en France qu'ils viennent chercher des reproducteurs mâles et femelles pour améliorer la conformation générale de leurs animaux et augmenter leur rendement en viande, qu'ils avaient si profondément négligé jusqu'ici. La vue des béliers et des brebis exposés à Londres par M. Garnot, en 1862, a été pour eux une véritable révélation, et ils figurent aujourd'hui parmi nos acheteurs les plus assidus. »

L'assertion n'est pas contestable, mais le hasard a mis à côté une preuve bien précieuse. Nous avons parlé de l'exposition internationale de Hambourg ; il sera intéressant de savoir qu'elle s'est terminée, pour nos exposants de bêtes ovines, par une victoire éclatante.

« Les expositions sont surtout avantageuses, dit M. Barral dans sa chronique agricole de la deuxième quinzaine de juillet, quand elles donnent lieu à des ventes nombreuses ; c'est ce qui a eu lieu à Hambourg. De très-beaux animaux de la bergerie de Rambouillet, amenés par M. Daurier, ont été vendus à des prix très-élevés, que nous regrettons de ne pas connaître exactement. Plusieurs animaux de la race soyeuse de Mauchamp ont aussi été achetés avec curiosité ; mais les animaux qui se sont le mieux vendus sont certainement les mérinos de M. Garnot, de Genouilly ; de M. Lefebvre, de Saint-Escobille ; de M. Bailleau, de Illiers, qui tous trois ont été primés.

« Les béliers de M. Garnot, dont nous avons donné la figure coloriée, ont été vendus 4,000 francs ; deux autres béliers, 1,500 francs chacun, et dix brebis qu'il avait exposées, 10.000 francs. L'achat a été fait par M. Maltzann, de Leuschow (Mecklembourg), l'un des plus grands propriétaires agriculteurs de l'Allemagne et des meilleurs connaisseurs. Il cultive 500 hectares de terre, non compris les prés, et a entre autres 5,550 vaches, avec le lait desquelles il fait en grande partie des fromages qui sont presque tous expédiés pour l'Angleterre.

« M. Lefebvre a vendu un bélier et neuf brebis pour la somme de 10,000 francs, et M. Bailleau, six béliers et neuf brebis pour la somme de 20,000 francs. On voit que ceux de nos moutonniers qui ont été à Hambourg ont fait de bonnes affaires.

« Il importe de remarquer que les negretti, si remarquables comme finesse et comme tassé, sont moins recherchés actuellement pour les colonies, où ils se comportent assez mal et deviennent rachitiques. Les Allemands veulent donc, tout en conservant cette précieuse race, chercher à former des troupeaux d'une plus grande branche, à laine plus longue, propre au peigne et à la carde. C'est la France qui est appelée à leur fournir les reproducteurs. Aussi n'ont-ils laissé partir aucun de ceux que nous avons envoyés, et, les appréciant à leur juste valeur, les ont-ils payés un bon prix. Nous ne doutons pas qu'ils ne soient satisfaits des résultats qu'ils obtiendront, et nous espérons que ce sera un puissant encouragement pour nos éleveurs. »

Nous n'en sommes pas encore là avec les croisements commencés, et toutes les variétés anglo-françaises en voie de formation plus ou moins prochaine ou suivie sont loin de nous promettre le retour de pareils succès.

Cependant il en est un entre tous qui semble prendre le dessus et marquer, c'est le fait dont nous parlerons cette année, d''après M. Eug. Marie, qui en a spécialement étudié les produits au dernier concours de la région du nord, à Lille.

« Les dishley et les artésiens, dit-il, formaient tout le contingent des races pures à laine longue. Le jury a constaté la supériorité des premiers; mais un deuxième prix a justement récompensé les efforts d'un éleveur distingué, M. Lemaire (Pierre), à Bettignies (Nord), qui s'est dévoué à l'amélioration de la race artésienne, et dont les succès présents et passés sont un sûr garant de ceux qui l'attendent dans l'avenir.

« M. Hamat, à Charmont (Seine-et-Oise), avait présenté de très-beaux béliers southdowns et un magnifique lot de brebis de la même race. C'était la tête du concours dans cette catégorie peu nombreuse, du reste. Les southdowns doivent céder le pas aux dishleys, dans la partie la plus septentrionale de la région qui nous occupe, et la preuve de cette assertion se trouvait dans le concours lui-même, où les dishley-mérinos et les dishley-artésiens formaient la grande majorité des animaux inscrits dans la subdivision des croisements. Le croisement dishley-artésien mérite tout particulièrement de fixer l'attention dans les départements du Nord et du Pas-de-Calais, où MM. Mathieu et Lemaire ont déjà obtenu des résultats très-significatifs. En effet, si le dishley-mérinos a généralement réussi, que n'a-t-on pas à attendre du dishley-artésien? Ce sont les mêmes aptitudes chez les deux races, avec cette seule différence qu'elles sont plus développées chez la première, dont la toison possède un peu plus de finesse qu'on n'en trouve habituellement chez la seconde. Dans un pays où, en général, les exploitations de petite et de moyenne étendue n'imposent pas aux troupeaux la nécessité de longs parcours, il nous semble que le dishley réalise le type le plus parfait de l'animal à produire, et que le southdown doit lui céder le premier rang, qu'il retrouve dans d'autres conditions qui lui sont plus favorables. »

Ce dernier mot nous engage à quelque réserve. Nous voulons dire pourtant que les derniers concours régionaux, ceux de 1862 et de 1863, n'ont pas montré que la supériorité de plusieurs races étrangères se soit également soutenue partout. Attendons..... Il serait étrange que le fait, déjà relevé sur l'espèce bovine, vînt à s'étendre à celle qui nous occupe, qu'une connaissance plus complète et plus approfondie des races perfectionnées d'outre-Manche nous ait conduit à mieux apprécier les nôtres..... Nous verrons bien.

3. — L'espèce porcine.

Une discussion épuisée. — Une question fort simple qui se complique. — Graisse et viande. — Anglais et Français. — Une formule invariable. — Les catégories aux concours. — Position prise et gardée. — La routine. — Trop d'os et trop de graisse ; — Mieux vaut la viande. — Problème à résoudre. — Croisements et métissage. — Les prix à fonder. — Un résultat facile. — En avant !

Sur l'espèce du porc la discussion paraît épuisée. La cause est entendue, comme on dirait solennellement au palais. Partisans des grandes races et fanatiques des petites races ont déposé les armes, peut-être même signé une paix durable, car s'ils avaient les uns et les autres également raison, ainsi qu'il arrive souvent dans une controverse pareille, où la malentente résulte plus d'un malentendu que d'une dissidence radicale, et se trouve moins au fond que dans la forme, il n'y aurait pas lieu de rentrer dans l'arène, de rouvrir un débat fermé.

En vérité, le cochon devrait être l'animal sur lequel l'opinion se divise le moins : aucun autre ne lui dispute la place qu'il occupe dans notre économie de bétail ; on n'attend de lui, pendant sa vie, d'autre service que de consommer, entre autres, une masse de matières qui prennent à peine le nom d'aliments, que de ramasser à notre profit une foule de choses qui, sans lui, seraient complétement perdues, et de se bien préparer à mourir pour nous abandonner sa corpulente et grasse individualité.

Qu'il croisse vite et qu'il multiplie beaucoup, suivant le vœu de la nature; qu'il produise la plus grande somme de viande et de lard dans le plus court laps de temps avec une quantité donnée de nourriture, c'est là tout ce qu'on puisse lui demander, et vraiment la chose est fort simple en soi.

Eh bien! point; elle se complique, et l'on ne s'entend guère mieux en ce qui concerne l'espèce porcine que les autres.

C'est toujours la question des races étrangères qui se jette à la traverse de la solution cherchée. Elles se hâtent de vivre et d'engraisser, comme si elles étaient pressées d'en finir; elles utilisent les aliments qu'on leur donne à l'entière satisfaction de l'éleveur et de l'engraisseur, mais elles plaisent moins à la ménagère et au consommateur; on leur trouve trop de graisse, et on ne leur trouve point assez de viande.

Toute la question est là. Celles de nos populations qui nourrissent des porcs à leur usage les veulent faire à leur goût. Or les races perfectionnées de l'Angleterre ne leur fournissent ni la quantité de chair que leur donnent les porcs indigènes, ni la qualité de lard et de viande qu'elles aiment.

On aura beau se récrier contre le fait; il est, et voilà.

D'autre part, les programmes des concours régionaux ne se montrent pas moins entêtés que le paysan. Ils rééditent sans cesse la même formule :

1re *catégorie*. — Races indigènes pures;

2e *catégorie.* — Races étrangères pures;

3e *catégorie.* — Croisements divers.

Ils ne sortent pas de là, et chacun reste en la même situation.

Les races indigènes viennent ou ne viennent pas ; prennent les prix qu'on leur donne sans s'en prévaloir, ou s'en vont comme elles sont venues, sans murmurer, si on ne les a pas trouvées dignes des récompenses offertes, bien qu'elles leur aient été promises, puisqu'on les admet aux concours en leur état d'indigénéité. Les races étrangères y mettent plus d'ambition ou d'amour-propre ; elles se parent, se poussent et se boursouflent pour paraître avec tous leurs avantages économiques ; elles regrettent toujours que le budget ne grossisse pas davantage la part qui leur est faite, et quittent la place, mécontentes, quand elles n'ont rien obtenu ; mais elles n'ont pas de rancune, elles reviennent l'année suivante, tout aussi joyeusement et avec autant d'empressement que si elles n'avaient eu à se plaindre de personne ; les croisements divers, enfin, se comportent sans parti pris ; ils viennent quand le baromètre est au beau et lorsque les circonstances ne les contrarient pas. Cependant leur succès est complet et de bon aloi ; le public leur rend justice, et les jurys se montrent très-empressés à les couronner. Ce n'est pas la faute de ces derniers si quelque prix reste en leurs mains, ils ne demandent qu'à les placer.

Malgré cela, la question n'avance pas. Dès le premier jour, chacun a pris la position qui lui convient et la garde. « La routine seule, dit M. Em. Jamet, peut expliquer pourquoi tous les éleveurs ne croisent pas les races indigènes avec des verrats anglais, car la précocité et l'aptitude à prendre la graisse se développent considérablement dès la première génération. » C'est précisément ce que redoutent les éleveurs. Ils s'accommoderaient bien de la précocité, qualité précieuse, si elle faisait autant de muscle que de graisse; ils aimeraient beaucoup la rapide accumulation de cette dernière, si elle ne se produisait pas au détriment de la viande, de la viande qu'ils veulent conserver à tout prix dans leurs races, dût-elle leur coûter cher, car c'est leur luxe à eux.

Il y a cependant quelque chose à faire. Sans conteste, les races françaises sont défectueuses et prodigues; elles se développent avec lenteur, elles consomment beaucoup et produisent trop d'os. Le problème à résoudre est celui-ci : — Faire que l'excédant actuel du système osseux s'atténue au profit de l'accroissement égal de la production de la viande et de la graisse, maintenir entre ces deux termes une proportion égale, afin d'éviter de produire plus de graisse que de chair, inconvénient grave des races anglaises pour des populations qui, dans le porc, veulent la viande avant la graisse.

Nous avons dit, l'an dernier, comment il faut procéder pour remplir cet important *desideratum*. Tels qu'on les pratique, les croisements ne conduiront pas au résultat cherché, mais un *métissage* intelligent qui créera une race spéciale mieux douée à tous égards que ne le sont, pour nos goûts, nos habitudes et nos besoins d'alimentation, les races les plus perfectionnées, c'est-à-dire les plus grasses de l'Angleterre.

Que les programmes des concours régionaux conservent aussi longtemps qu'ils voudront leur rédaction actuelle, tout inutile que la montre une expérience déjà longue, mais qu'en dehors d'eux, un ou plusieurs prix considérables, sollicitent les éleveurs capables, il y en a de très-savants et de très-habiles, suivant la direction que nous avons indiquée nombre de fois déjà, et avant dix ans l'agriculture française se trouvera en possession d'une race nouvelle, parfaitement appropriée à ses besoins, supérieure à toutes celles que nous connaissons aujourd'hui, d'où qu'elles viennent.

Il n'est sans doute pas écrit au livre des destins qu'aucune modification ne doit être apportée à l'organisation actuelle des concours officiels, ni qu'il ne sera jamais rien fait en dehors de cette institution. Qu'elle ne demeure donc pas stationnaire et qu'elle ne soit pas un obstacle aux améliorations qu'elle ne provoque pas ou qu'elle ne sait pas réaliser.

4. — Les animaux de basse-cour.

Les excentriques. — Les programmes mal faits. — Les nouveautés encouragées. — Une grosse recette. — La poule commune. — Une révélation. — Les résultats négatifs. — Les cochinchinois. — Race d'Ille-et-Vilaine. — Une étude nécessaire. — Poules et œufs. — Les volatiles d'*élite*. — Exportations et importations.

Les animaux de basse-cour ont leur place dans nos grands concours ; il y en vient de toutes les espèces, de toutes les couleurs et de toutes les grandeurs, peu ou prou. Malheureusement la vogue n'a atteint que les excentriques, résultat malheureux qui a fait fuir les variétés utiles. A la curiosité avide et à l'empressement des premiers jours a succédé l'indifférence. Or, de celle-ci à l'abandon il n'y aurait qu'un pas, si n'étaient la fantaisie et la manie de la collection qui règnent, qui gouvernent aujourd'hui cette partie de nos expositions agricoles, auxquelles elles ont enlevé tout intérêt sérieux et pratique.

Des programmes mal faits et des récompenses décernées sans vues arrêtées, telle est la situation. Les prix et les médailles se sont en général concentrés sur les nouveautés. Les races étrangères, les variétés au beau plumage, ont eu de grands succès auprès des juges, succès aussi peu mérités au fond que décourageants pour les éleveurs des bonnes races, de celles dont les produits réunis donnent une recette de 200 millions au moins par an.

Prévoyant ce qui arrive aujourd'hui, nous avions, dès l'origine, demandé qu'on formât deux catégories, l'une affectée aux races françaises, l'autre aux races étrangères. En tout équitable et sauvegardant tous les intérêts, cette division aurait forcé les jurys à ne point mettre en oubli les bons et les meilleurs au profit des inconnus, que la pratique, un instant surprise, repousse maintenant avec raison, et la classe des animaux de basse-cour serait en progrès, non désertée, en progrès dans les concours, comme elle l'est partout en fait dans les fermes où la ménagère a eu le bon esprit, le bon sens de s'en tenir à la poule commune, bonne pondeuse et mère attentive.

En dehors d'une véritable révélation, due à M. Jamet et partie du concours de Rennes, rien d'intéressant n'a été signalé au public par les réunions régionales de cette année. Tous les comptes rendus s'accordent pour accuser des résultats négatifs ou futiles et, se mettant à l'unisson, s'attachent à prouver l'inanité même de la chose par la manière dont ils la disent : ainsi les coqs chantaient, les pigeons roucoulaient, les pintades jacassaient, les paons vociféraient comme des trombonnes, les oies et les canards se livraient à leurs cancans habituels...

M. Jamet est plus positif, il dit : « Tous les ans, nous voyons primer les coqs et poules de la Cochinchine, cependant ce sont de grands mangeurs, dont la graisse est jaune et molle et la chair fort peu délicate : leur lourde charpente osseuse, leur peau épaisse accusent des tissus grossiers, ainsi que dans les autres animaux de consommation.

« Le département d'Ille-et-Vilaine possède une excellente race galline, elle ne laisse rien à désirer pour la saveur et la délicatesse des tissus. Avant de venir habiter la ville de Rennes, nous croyions que les poulardes du Mans ou, pour mieux dire, de la Flèche, étaient ce qu'il y avait de mieux en France ; mais nous disons aujourd'hui que les poulardes de Janzé (arrondissement de Rennes) sont de qualité supérieure. Si les dernières ont moins de réputation et sont moins estimées, cela vient uniquement du défaut d'habileté des engraisseurs bretons. »

Nos races indigènes de volailles sont les meilleures connues, les meilleures et les plus productives, y compris, bien entendu, les poules communes, celles qui ne se présentent pas dans les concours, qu'on semble même en avoir exclues, et qui pourtant donnent de très-riches produits.

La chose valait bien la peine d'être étudiée ; nous l'avons fait avec une attention toute spéciale, et en même temps que ce livre nous en faisons paraître un autre, sous cette appellation significative : — POULES ET ŒUFS. Nous préconisons surtout la poule commune, la plus répandue, celle à qui l'on donne le moins de soins, et que nous voudrions voir mieux traiter, en vue d'une augmentation très-considérable des produits.

L'administration du *Jardin zoologique d'acclimatation* du bois de Boulogne a provoqué, en avril dernier, sa seconde exposition universelle de volatiles d'*élite*. Ce dernier mot dit assez que notre protégée, la poule ordinaire, n'y a pas trouvé place. Elle s'en vengera en se faisant chaque jour plus utile. Les œufs qu'elle pond, après avoir suffi à tous les besoins de la consommation intérieure, s'en vont au loin remplir des besoins non satisfaits, et ils y vont en nombre considérable, car l'excédant de nos exportations sur l'importation ne s'élève pas aujourd'hui à moins de 15 millions de francs par an.

Que d'industries à grande envergure ne donnent pas un résultat semblable !

§ C. — INSTRUMENTS ET MACHINES.

Vieil outillage ; — instruments nouveaux. — Le génie rural. — Inventions et perfectionnements. — La petite fabrication et les grandes maisons. — Matériel mort et matériel vivant. — Un grand marché. — Les essais. — Une particularité. — Egreneuse Pialoux. — Egrenoir à maïs. — Charrue fouilleuse et houe-semoir. — Cribleur de M. Josse. — La piocheuse Kienzy et Jarry. — Appareil à vapeur de Howard. — Les machines à battre. — La faux et la faucille. — Moralité. — La charrue à vapeur de M. Lotz. — Un vœu à exaucer. — Nouvelle locomotive. — Bonne année !

A deux ou trois exceptions près, cette division des concours en forme le côté splendide. Le vieil outillage s'use, s'en va tous les jours : les nouveaux instruments, bien mieux appropriés à la préparation des terres et à tous les travaux quelconques, extérieurs ou intérieurs de la ferme, sont partout adoptés, d'abord par les agriculteurs éminents, et bientôt après, par imitation, par nécessité, par conviction, de proche en proche, par tous. La révolution est complète. Il n'y a plus nulle part de résistance systématique. L'hésitation n'existe que pour les instruments qui ne sont pas encore parvenus à une perfection absolue. Il n'y a plus de préjugé contre les nouveaux engins, mais on les a vus se modifiant si vite et si utilement, qu'on attend volontiers qu'ils ne laissent plus rien à désirer avant de se les procurer. Les récalcitrants ont disparu ; on a confiance dans le génie rural, qui a fait merveille, qui a vraiment accompli des prodiges. On s'est habitué à croire que rien ne lui serait impossible, et l'on espère bien lui voir vaincre les dernières difficultés auxquelles il s'attaque résolûment. Il a rendu depuis quelques années d'immenses services à la société ; c'est par lui, ainsi que l'a dit avec bonheur M. Barral, que le cultivateur, que l'ouvrier du sol sont rachetés des durs travaux auxquels ils semblaient pour toujours condamnés.

Ce n'est pas par le nombre des nouveautés que les concours de 1863 se sont fait remarquer. La faculté d'invention est limitée par les conditions mêmes du perfectionnement, beaucoup plus étendues à raison des situations diverses et de la multiplicité des circonstances dans lesquelles chaque machine ou chaque instrument doit fonctionner ; mais les améliorations de détail, les perfectionnements réels ou les modifications heureuses abondent, et ceci est caractéristique et méritait d'être mis en saillie.

Un autre trait particulier aux concours de cette année, particulier en cela qu'il a été plus général, c'est que la petite fabrication a fait elle-même d'immenses progrès et que, sur beaucoup de points, elle a témoigné d'une force vive, d'une aptitude qu'on n'aurait pas cru devoir se développer ni aussi rapidement, ni aussi complétement, il y a seulement dix ans. Nos grands établissements ont fait leurs preuves, et ils tiennent toutes leurs promesses, mais les petits fourmillent, et tous s'efforcent de produire dans les meilleures conditions. Nos principaux constructeurs ont été des moniteurs excellents ; ceux qu'ils ont formés les obligent à rester soucieux de leur propre renommée, et l'agriculture y gagne doublement.

Tout ce mouvement est dû aux concours régionaux, particulièrement favorables à l'industrie des instruments et machines. C'est qu'il n'en est pas du matériel mort de l'agriculture comme de ses animaux, par exemple. Volontiers on envoie de loin, et de très-loin même, les machines et les instruments les plus perfectionnés, moins encore en vue des prix qu'ils peuvent obtenir que pour les faire connaître, que pour les répandre de plus en plus là où ils ont été appréciés déjà.

Les concours régionaux, et ceci n'est pas le côté le moins utile de l'institution, sont de véritables foires aux instruments et appareils divers de l'agriculture, des occasions d'offres et de demandes d'autant plus actives, que déjà les machines réunissent les suffrages du plus grand nombre. Ce sont des marchés qu'on fréquente avec d'autant plus d'empressement que des terrains d'essai peuvent être mis à la disposition des concurrents, et fournir, pour certains instruments, le moyen le plus propre à les faire valoir sous le double rapport de la solidité et du fonctionnement. Lorsqu'on remaniera les programmes, ce que tout le monde réclame très-instamment aujourd'hui, on songera peut-être à organiser, en dehors des essais officiels, par trop insuffisants, des essais libres, qui auront une immense utilité et dont les juges seront tout simplement les parties intéressées.

La façon dont les essais dirigés par le jury ont eu lieu, cette année, à Dijon, permet de croire que des essais libres obtiendraient le plus grand succès dans tous les concours. Tout ici avait été prévu et préparé à l'avance avec une grande entente pour des opérations de ce genre.

Aussi tout s'est passé avec ordre, sans la moindre difficulté, sans le plus petit retard, et au plus grand avantage de tous.

C'est le Comité d'agriculture de la Côte-d'Or qui avait pris l'initiative de cette innovation. Elle mérite d'être adoptée, étendue, perfectionnée elle-même. Elle pourrait ainsi devenir le point de départ d'améliorations importantes dans le mode des essais si universellement défectueux, et si universellement condamnés. Sous ce rapport, 1863 datera comme ayant mis en évidence aussi complète que possible l'urgence d'une réforme immédiate.

D'ailleurs les essais ne sont pas moins profitables aux inventeurs et aux constructeurs qu'aux acheteurs. Cette assertion n'a pas besoin de commentaires, mais elle nous remet en mémoire un fait qui vient de se passer au concours de Vesoul, et que M. Barral a rapporté en ces termes, comme une preuve de l'influence irrésistible des concours pour amener le progrès : « L'ingénieux inventeur d'une très-bonne presse à botteler le foin, M. Goutaret, n'avait pu faire bien fonctionner devant le jury le modèle qu'il avait exposé. Vainement M. Goutaret s'y était repris plusieurs fois, il ne put parvenir à faire sortir de sa machine la botte de foin, qu'il avait réduite aux deux cinquièmes environ de son volume primitif. Désolé, il avait vu le jury s'éloigner. Le problème qu'il avait cherché est digne de l'intérêt de tous, car on comprend la nécessité d'amener le foin à tenir moins de place dans les waggons des chemins de fer ou dans les navires, afin que les frais de transport à de longues distances n'en augmentent pas le prix à l'excès et ne limitent plus les débouchés de ce produit important de l'agriculture, comme il arrivait autrefois. Goutaret devait-il se regarder comme battu? N'avait-il pas réellement construit une bonne machine? Toute la nuit il travailla par la pensée, et finit par trouver la cause de son insuccès. Au point du jour il s'arme de son marteau, il allume sa forge et refait la partie de sa presse à foin qui était défectueuse. Dès sept heures du matin, tout fier, il revient trouver le jury pour obtenir une nouvelle expérience qui, cette fois, a réussi complétement. Le jury a été heureux de récompenser cette ardeur à poursuivre le bien en décernant à Goutaret une médaille d'or; et vous applaudirez certainement, messieurs, à cette distinction, parce qu'il est beau de voir l'inventeur marcher à l'assaut d'une découverte, comme le soldat marche à l'assaut du fort où il veut planter le drapeau de la France. Faire des inventions et les semer dans le monde, voilà une des plus nobles gloires de notre patrie. »

A Nevers et à Clermont, le jury a attaché une médaille d'or, ici sous le nom d'*égreneuse*, là sous la désignation de *machine à battre mobile*, *rendant le grain vanné*, à une modification heureuse de la machine à dépiquer les grains, et qu'on a qualifiée d'invention. Invention ou modification, la chose paraît bonne; elle est due à M. Pialoux, à Randan (Puy-de-Dôme). Nous en empruntons la description sommaire à M. Eug. Bonnemère, à qui elle a paru véritablement nouvelle et appelée à rendre de très-grands services. « C'est, en quelque sorte, dit-il, le système de friction substitué au système de percussion employé jusqu'ici. Figurez-vous un cylindre en fonte à pointes diamantées, surface rugueuse, attaquant énergiquement le grain dans son enveloppe, autour duquel tournent trois cylindres en caoutchouc, surfaces molles et élastiques qui amortissent le coup de la dent de fonte, cèdent légèrement et sauvent le grain de toute offense. Au repos, les trois cylindres en caoutchouc touchent presque le cylindre en fonte ; en travail, l'introduction de l'épi les en écarte à une distance calculée ; mais de très-puissants ressorts les tiennent sans cesse bandés et les ramènent fortement vers le centre. L'épi avec sa tige est donc engagé successivement entre le cylindre en fonte et chacun des trois cylindres en caoutchouc, et il subit obligatoirement, sans pouvoir s'y soustraire, trois frictions consécutives dans des positions diverses. Ces trois frictions suffisent pour opérer un égrenage complet, et, tandis que le grain tombe intact, la paille s'échappe avec l'épi vide, entière et préservée, un peu aplatie quelquefois, jamais brisée.

« Cette ingénieuse innovation n'exige ni force ni vitesse préconçues et déterminées à l'avance. La force étant en raison de la vitesse qu'on veut donner à l'égreneuse, et la vitesse elle-même étant en raison du travail qu'on veut produire, il s'ensuit que force et vitesse sont laissées à l'arbitraire de chacun, et qu'elles n'ont réellement de limite inférieure que l'immobilité absolue, et de limite supérieure que la possibilité d'alimenter assez abondamment les cylindres égreneurs. De là une machine rendant tantôt un hectolitre, tantôt cinq, tantôt dix à l'heure, suivant qu'elle fonctionne à bras d'homme, à cinquante tours par minute, ou avec des bœufs ou des chevaux, à deux cents tours, ou bien à trois, quatre ou cinq cents tours, avec une locomobile à vapeur de trois, quatre ou cinq chevaux.

« Que les habiles constructeurs, MM. Barbier et Daubrée, lancent dans la circulation au plus bas prix possible cette ingénieuse machine, et son avenir nous paraît assuré. »

A Auch, c'est un égrenoir à maïs qu'on a signalé

comme très-supérieur à tous les autres. Il était exposé par M. Carolis, de Toulouse. Il est muni d'un cornet en tôle qui conduit le grain égrené dans un récipient et empêche que, pendant l'égrenage, il soit projeté de droite et de gauche. Malheureusement, il est d'un prix très-élevé.

A Dijon, nous avons remarqué deux nouveautés qui ont été fort bien accueillies par le jury; elles sortent l'une et l'autre des ateliers de construction établis à Dijon par un ancien cultivateur devenu bientôt un excellent fabricant, et bien connu dans la région, M. Meugniot.

C'est d'abord une charrue de très-bon modèle et très-anciennement éprouvée, qu'il a armée d'une fouilleuse latérale fonctionnant dans un sillon ouvert, en avant du soc, qui, venant en arrière de la fouilleuse, recouvre la terre ameublie par celle-ci, sans que le passage des chevaux et du laboureur atténue en rien les effets de l'organe fouilleur. Avec la charrue ainsi armée disparaissent tous les inconvénients des sous-sols ordinaires passant après la charrue. L'idée est heureuse; son exécution a été d'une extrême simplicité, et l'instrument nouveau, du prix de 160 francs, est d'une utilité incontestable.

L'autre instrument est une houe-semoir. Laissons de côté l'organe chargé de répandre la semence, pour ne parler que de la spécialité de la houe. Jusqu'ici cet instrument, la houe, fonctionne à souhait, et on trouve avantage à l'employer. Cependant il laisse dans le travail à exécuter des lacunes que des ouvriers doivent ensuite remplir, et leur tâche ne laisse pas d'être encore assez considérable. M. Meugniot a voulu que la houe fît du même coup la besogne en son entier. Pour cela, il l'a complétée par l'addition de deux organes nouveaux mus à bras d'homme, celui-ci étant commodément assis et porté par l'instrument.

A Lille, écrit M. Eug. Marie, les visiteurs s'arrêtaient devant le cribleur mécanique de M. Josse, d'Ormesson (Seine-et-Oise). C'est un outil fort simple, qui se manie avec la plus grande facilité, sans peine et sans fatigue, et qui accomplit de la manière la plus parfaite l'office laborieux de l'ouvrier cribleur. Une table supportant une série graduée de triangles en bois et surmontée d'une trémie dans laquelle on introduit le grain que l'on veut nettoyer, tel est, en peu de mots, le mécanisme de l'appareil imaginé par M. Josse. On imprime un mouvement continu de secousses à l'instrument, et immédiatement la menue paille et les otons remontent vers la partie supérieure de la table en plan incliné, tandis que le grain descend vers la partie inférieure, et avec lui les graines rondes et les déchets, qui sont éliminés dans leur passage sur une toile métallique percée de trous de différentes dimensions. En opérant ainsi sur du blé fort sale, nous avons pu obtenir, après quelques minutes, un grain très-bien nettoyé et d'une égalité parfaite. Ajoutons qu'à son retour de Lille, le trieur de M. Josse obtenait, au concours du comice agricole de Seine-et-Oise, le grand prix dans la classe des instruments et machines agricoles.

Il ne nous reste plus à parler que de la piocheuse de Kienzy et Jarry et des essais de charrues à vapeur, deux faits considérables des concours de l'année.

Ces appareils ne sont pas de ceux qu'on peut juger sur place, dans l'inaction ; il y a nécessité de les voir à l'œuvre, et en effet ils ont fonctionné sous les yeux du public.

La piocheuse a été essayée au concours de Chartres, où elle a obtenu une médaille d'or, et au concours international de Lille, où elle a remporté un prix de 1,000 francs, accompagné de sa médaille d'or.

Cet engin se présente mal dans le monde, à ce qu'il paraît. On dit qu'il a été copié sur celui des frères Barrat, et on lui en veut de se produire en dehors d'eux, à qui les moyens de construction ont manqué.

Ceci est une question à part et à laquelle personnellement, ni le public ni nous, n'avons rien à voir. Ce qui nous intéresse au plus haut point, c'est de savoir si la piocheuse de Kienzy et Jarry remplit d'une manière satisfaisante la destination pour laquelle elle a été créée. La réponse ne serait pas douteuse, s'il était permis de hasarder une appréciation sur un essai en petit. Nous assistions à ceux qui ont eu lieu à Lille, et, comme tous ceux qui avaient été attirés sur le champ d'expériences, nous avons été frappé de la facilité avec laquelle elle se conduit soit pour la marche en avant, soit pour la locomotion en arrière, soit pour retourner au bout de sa course et la reprendre juste où il est besoin qu'elle se place pour continuer le travail commencé. Elle arrive donc sans remorqueur sur le champ à piocher, sur la terre à défoncer ou à défricher, et met en mouvement un système de pioches fort ingénieusement combiné pour remuer et émietter le sol à une grande profondeur, en ramenant les parties inférieures à la surface.

Elle n'a ni treuil, ni chaîne, ni poulie de renvoi. C'est à la pratique qu'il appartient maintenant de dire ce qu'elle vaut pour elle. Jusque-là, nul ne sera autorisé à en médire, car toutes les présomptions sont dès à présent en sa faveur.

Avant de quitter Lille, constatons que la charrue à vapeur de M. Howard, essayée dans des conditions moins favorables, a obtenu le second prix contre la piocheuse,

L'exposant a éprouvé ici une cruelle déception, et l'organisateur du concours, M. de La Tréhonnais, en a parlé avec une amertume extrême. A notre connaissance, personne n'a ni mal parlé ni mal pensé de l'appareil de M. Howard, on l'a seulement trouvé un peu compliqué et très-peu approprié à l'état actuel de nos cultures et de nos fortunes. Il a été, sur ce terrain, plus qu'une nouveauté, il a été une étrangeté ; on aurait besoin de l'y revoir et de se familiariser avec lui. Le travail de la charrue a été trouvé excellent de tous points, mais on a été un peu effrayé de tout l'attirail indispensable à sa marche. En y revenant, cette première impression changerait bien vite.

Ce qui est arrivé à la charrue à vapeur au concours de Lille n'a rien d'insolite. C'est tout simplement la répétition de tout ce qui est advenu aux nouveautés agricoles les unes après les autres, ce qui ne les empêche pas toutes de faire peu à peu leur chemin.

« Les machines à battre sont maintenant généralement adoptées ; leurs bons effets, de toutes manières, ne sont plus contestés par qui que ce soit. Eh bien ! vous souvenez-vous que lorsqu'il en fut parlé pour la première fois parmi nous, de nombreux récalcitrants élevèrent une voix opposée ; on distinguait surtout celles des cultivateurs à gages. Ce n'est plus cela maintenant ; c'est le contraire. Je connais des fermes où les moissonneurs ne se gagent plus sans mettre dans leur marché cette condition, que toutes les céréales seront dépiquées par une machine à battre. C'est donc un bienfait que leur adoption. Le travail de l'homme est donc simplifié ; il est donc rendu moins pénible. S'il fut jamais une année où l'on doit se féliciter de les voir multipliées, n'est-ce pas celle dans laquelle nous sommes ? Si, par les chaleurs longues et accablantes que nous avons eues, il avait fallu battre nos céréales par le fléau, que de souffrances auraient été éprouvées, que de santés compromises, et, dans un autre ordre d'idées, que de travaux en retard. Mais le temps du fléau est passé ; il faut, messieurs, qu'avant qu'il soit longtemps il en soit ainsi de la faucille, sa vieille compagne.

« Pourquoi ? par quels motifs ?.....

« Lorsque tout à l'heure je vous démontrais la marche lente et sage de notre Société, j'espère bien que vous n'avez pas cru que c'était uniquement pour en tirer vanité pour elle ; j'avais un but bien autrement important; je voulais en déduire cette conclusion, que si vous vous êtes jusqu'à présent applaudis d'avoir suivi l'impulsion qu'elle vous a donnée, il vous sera profitable de le faire encore, et puisqu'elle vous conseille d'abandonner la faucille, elle a pour vous le dire de bons et sages motifs.

« Vous avez tous maintenant le secret de produire les plus abondantes céréales, vos moissons sont aussi belles que vous pouvez le désirer, et vous êtes trop justes et trop reconnaissants pour ne pas avouer que vous le devez en grande partie à la direction qui vous a été donnée. La Société d'agriculture veut avoir encore d'autres titres à votre gratitude ; pas de repos pour elle, tant qu'il y aura quelque chose à faire pour vous.

« Pendant de longues semaines, par d'intolérables chaleurs, des moissonneurs, des hommes, nos frères, dont la tête est faite pour regarder le ciel, qui ont besoin de respirer l'air à pleins poumons, seront obligés de porter péniblement tout le poids de la chaleur, de rester pendant plus de douze heures courbés vers la terre brûlante, d'en aspirer les morbides exhalaisons, et nous qui pensons que cette position peut être rendue meilleure, qu'il y a moyen de prévenir bien des accidents, notre sollicitude ne serait pas éveillée! nous ne chercherions pas s'il y a un conseil à donner!

« Nous voudrions pouvoir déjà vous parler des moissonneuses, vous indiquer l'une d'elles. Pas encore, messieurs, mais patience, cela viendra bientôt. Il n'en peut être autrement lorsqu'on voit le zèle avec lequel tous sont à l'œuvre. Chef d'Etat, ministres, préfets, sociétés d'agriculture, tous recherchent le moyen de perfectionner les moissonneuses, tous encouragent les concours pour les expérimenter; rien ne peut prouver mieux l'importance qu'on y attache.

« Vous savez que notre Société s'est aussi émue de cette grave question; elle a fait des essais sous vos yeux, elle accoutume ainsi les esprits à l'idée d'une grande réforme dans le coupage des céréales; elle ne vous a pas dit: Adoptez telle machine ou telle autre, elle est loin d'être fixée, elle espère plus de perfection...

« En attendant que la machine puissante nous arrive, elle vient sans hésitation vous proposer de remplacer dès aujourd'hui la faucille par la faux.

« Depuis bien des années, même parmi nous, beaucoup de cultivateurs abattent leurs blés par la faux. Ce procédé a eu ses détracteurs; comme toutes les innovations, il a soulevé des objections. La Société a laissé le calme se faire, la lumière venir; aujourd'hui que la conviction est partout, que les avantages de ce nouveau système ne sont plus contestés par les cultivateurs habiles et intelligents, elle le recommande aux cultivateurs des Deux-Sèvres, elle leur dit que désormais la faux doit être, pour couper les blés, même lorsque la puissante moissonneuse existera, ce qu'est déjà partout le rouleau pour les battre.

« Les machines à battre ne sont que chez le riche fermier ; le rouleau, au contraire, est dans les plus petites fermes, il est à la portée de toutes les bourses, il s'accommode au tirage le plus faible. La faux pour couper les blés vivra de même à côté de l'orgueilleuse moissonneuse. Pour se procurer celle-ci, il faudra peut-être débourser une somme assez ronde. La faux ne coûtera pas plus qu'elle ne le fait aujourd'hui. Pour utiliser la moissonneuse, probablement plusieurs animaux seront indispensables, la main vigoureuse du chef de famille suffira toujours pour diriger la faux, et avec sa femme et son petit enfant il pourra facilement ramasser et gerber sa récolte.

« Remarquez bien, messieurs, que je n'ai pas dit que couper les blés avec la faux convient seulement à la petite culture, le concours de Boisberthier serait là pour me démentir.

« Vous souvient-il en effet de ces vingt-sept faucheurs, aidés chacun de deux hommes vigoureux, entrant résolûment dans le champ de notre collègue et ami M. Sagot? Si M. Sagot avait dit à ces vingt-sept bons et braves cultivateurs : Plus vous en couperez, plus vous en emporterez, ils n'eussent pas déployé plus d'activité, plus d'entrain, plus de savoir-faire. Dans moins d'une heure, le champ a été coupé, ramassé, gerbé. Dans aucun de nos concours notre œil n'avait vu plus ravissant spectacle. D'un autre côté, vous savez avec quelle perfection ce rapide travail a été exécuté. Pas de pailles, pas d'épis laissés au champ, tout est dans la gerbe, et vous avez entendu le contentement de tous se traduire par ces mots, assez inquiétants pour nous : Comment le jury fera-t-il pour accorder des primes?

« Avant de vous dire comment le jury s'est tiré de ce

grand embarras, permettez-moi de vous faire connaître ses motifs et d'entrer dans quelques considérations.

« Déjà je vous ai fait pressentir un des motifs les plus puissants qui décident la Société d'agriculture à patronner, dans les Deux-Sèvres, le fauchage du blé par la faux : la santé de l'homme. C'est que, messieurs, les intérêts matériels ne nous préoccupent pas seulement, nous élevons notre mission plus haut et nous n'oublions jamais que c'est pour des amis que nous pensons, que nous agissons. — Si la faux est bien menée, elle doit laisser moins de paille que la faucille ; c'est surtout vrai pour les grandes exploitations et pour les bandes de moissonneurs nombreux.

« Avec la faucille, il est difficile d'utiliser les femmes et les enfants ; avec la faux, plus de bouches inutiles à la ferme : le bras faible de l'enfant, même le bras débile du vieillard, peuvent être utilisés.

« Les blés ne sont pas plus égrenés coupés à la faux qu'avec la faucille. Le concours de Boisberthier en est la preuve. Personne n'y a vu de blé perdu. Pour éviter que cet inconvénient puisse se produire, est-il mieux de renverser le blé fauché sur le blé qui reste debout que sur la partie du champ où il a été déjà ramassé? Nous vous devons à cet égard nos observations. Nous pensons qu'il est mieux de renverser le blé que l'on coupe sur le blé qui reste debout, parce que ce blé a moins d'espace à parcourir, parce qu'il tombe de moins haut et plus mollement ; peut-être aussi le travail du gerbeur est-il moins pénible, puisqu'il ne doit pas se courber autant.

« Si la faux devait abattre le blé sur le terrain vide, son action commencerait dans le blé non coupé ; par conséquent, par elle-même, et surtout par la galerie qui l'entoure, elle froisserait du blé qu'elle ne doit pas couper, et l'exposerait à être égrené, ce qui ne peut arriver en commençant l'action dans le vide et en renversant le blé fauché sur celui qui ne l'est pas.

« Enfin, une dernière raison pour que le blé ne soit pas abattu dans le vide, comme pour le foin, c'est que (nous l'avons vu souvent) la faux peut venir, par sa pointe, toucher le blé abattu en andains et couper en deux des épis, qui sont alors perdus.

« Une sérieuse objection était faite contre l'emploi de la faux. Votre commission devait y répondre : La faux peut-elle couper le blé dans tous les terrains, par exemple, dans les terrains mouillés, qui semblent exiger le labourage à sillons? Oui..... »

Voilà des paroles et des conseils bien arriérés pour de grandes étendues, pour de vastes contrées. Est-ce à dire qu'ils ne sont point à leur place là où ils viennent d'être donnés, à Niort, le 13 septembre dernier, à l'issue d'un grand et magnifique concours départemental ?

Que faudrait-il donc dire à ces populations, si peu façonnées aux grands instruments perfectionnés, qu'elles en sont encore à la faucille, si on avait à leur parler du labourage à vapeur ?

A notre sens, M. Howard s'est un peu trop effarouché de n'avoir pas été acclamé à sa première venue en France. Il a vu un échec là où il n'y a pas eu triomphe, c'est vrai, mais un succès pourtant et un enseignement qui portera ses fruits.

L'avenir est à la vapeur dans les champs non moins que dans la grange. Nous avons commencé par la grange et nous arriverons très-vite dans les champs, en dépit des obstacles.

L'Angleterre s'attendait à nous trouver plus de feu, plus d'enthousiasme; nous en aurons à notre heure et, nous l'espérons du moins, cette heure ne se fera pas attendre outre mesure.

Le seul tort qu'on ait eu à Lille, croyons-nous, c'est d'avoir assimilé les deux appareils envoyés au concours. Ils n'ont absolument rien de commun.

M. Howard n'a fait fonctionner qu'une *charrue* tirée par la vapeur; la machine Kienzy et Jarry ne *laboure* pas, elle défriche, elle défonce et pioche; son poids lui interdit forcément le travail des terres en culture ou des terres mouillées.

Les visiteurs des concours de Rennes et de Chartres ont vu un premier essai d'une charrue à vapeur toute française, d'un système fort simplifié et d'un prix très-abordable pour la moyenne culture : 1,000 à 1,100 francs, sans la locomobile. Elle a été montée par un mécanicien bien connu du public agricole, M. Lotz fils aîné, à Nantes, et dans cette première campagne elle a obtenu deux médailles d'or et un prix de 200 francs en numéraire.

On a parlé fort diversement de ce nouvel engin; nous ne l'avons pas vu et nous serions fort incompétent pour en parler, mais M. Barral est dans une meilleure situation pour opiner sciemment, et voici ce qu'il en a dit :

« A l'exemple du système Fowler, d'où il dérive manifestement, le système de M. Lotz se compose :

« 1° D'une machine à vapeur locomobile, laquelle nous a paru plus simple et mieux appropriée à l'agriculture française que la locomobile à vapeur employée par le constructeur anglais;

« 2° De l'appareil de traction, qui se compose de deux treuils pour faire marcher un câble en fer auquel est attachée la charrue, et de l'ancre d'appui, avec poulie pour le retour du câble. — Cet appareil est plus simple que l'appareil de Fowler; il est difficile de dire, à la suite d'un simple examen et sans expérience comparative, s'il lui est vraiment supérieur.

« 3° De la charrue proprement dite, qui se compose de quatre corps de charrue, attachés au même appareil, deux dans un sens pour l'aller, deux en sens contraire pour le retour, le tout basculant autour d'un axe médian. C'est cette charrue qui, à Vincennes comme à Reims, sans doute parce que dans les deux cas elle avait affaire à un sol très-dur, a fait un mauvais labour; elle n'avait pas assez de pénétration, soit parce qu'elle n'était pas assez pesante, soit pour d'autres défauts de construction. Mais il nous paraît évident que dans le labourage à vapeur comme dans le labourage avec des chevaux ou des bœufs, la charrue doit changer quand change la nature du terrain.

« La faute de M. Lotz a été de vouloir employer une charrue qui n'était pas propre au terrain dans lequel on devait la placer. Cette charrue mise de côté, le système de traction et la machine à vapeur donnant le mouvement méritaient complétement la récompense accordée par le jury de Rennes, ainsi que précédemment par le jury de Chartres.

« Nous terminerons ces remarques en répétant un vœu que nous avons déjà émis. Nous croyons désirable que le gouvernement français ouvre un concours universel de labourage à vapeur. Ce concours serait annoncé au moins un an à l'avance, et le champ d'expériences serait désigné de manière que les concurrents connussent la nature du sol dans lequel ils opéreraient. Le concours durerait au moins trois jours; les frais, y compris ceux de transport, seraient entièrement à la charge de l'Etat, et même à l'avance des secours d'argent pourraient être alloués à des inventeurs ayant déjà fait des preuves, mais trop peu fortunés, comme les frères Barrat, pour faire construire de nouveaux appareils. Il nous semble que quelques centaines de mille francs dépensés de cette manière ne seraient pas un emploi blâmable de l'argent des contribuables. Les résultats seraient immenses pour l'agriculture et feraient le plus grand honneur au gouvernement. »

Tout le monde appuiera sans restriction ce vœu : on pourrait compléter le concours en y appelant les locomobiles; et puisque ce mot se place tout naturellement sous notre plume, nous profiterons de la circonstance pour dire que le 13 septembre, au concours tenu à Châtillon (Marne) par le comice agricole de l'arrondissement de Reims, a paru une locomobile nouvelle, inventée par un membre du comice, et que le vice-président de la compagnie, M. Demilly, a fait connaître en ces termes :

« Nous avons admiré une innovation toute neuve, qui peut être appelée à révolutionner l'action de la vapeur dans la traction et la marche de nos charrues et de nos véhicules.

« Notre collègue M. Mimin, de Jonquery, a présenté une machine locomotive qui marquera et peut-être fera honneur au concours de Châtillon. En effet, c'est un système qui, par la manière dont il procède, ne ressemble plus aux autres. Là, il n'y a plus de glissement ni de patinage possible. Le point d'appui est fixé avec des jambes ou des crosses mobiles, ce qui permet de marcher en tous lieux et de gravir les plus rudes montagnes. Cela est un progrès immense, si on parvient à en bien faire l'application. »

En somme, l'année n'a pas été si mauvaise.

§ D. — LES PRODUITS AGRICOLES.

Utilité mal comprise. — Un but mieux défini. — Obstination pour et obstination contre. — L'indigence au milieu des richesses. — Les sollicitations inefficaces. — Réflexions pénibles. — Concours spécial. — Quelqu'un se propose-t-il quelque chose ? — Les cotons indigènes à Nîmes. — Malencontreuses annexions. — Les conférences agricoles. — Le plus libéral des ministres. — *È sempre bene.* — Les gros prix et les petites primes. — Une dernière observation.

Cette division des concours est mal entendue et s'en va. On se refuse à y mettre un peu d'ordre et à la féconder. Aussi bien tout le monde la délaisse, organisateurs et exposants. Ici, le succès est le fait exceptionnel. Pourquoi n'essayerait-on pas de lui faire rendre toute l'utilité qui est en elle?

Malgré le désir qu'ils ont de se montrer généreux, les jurys ne réussissent pas toujours à placer les quelques médailles offertes par les programmes, et les encouragements accordés restent sans valeur. On s'en prévaut dans la division des instruments ; on n'en tire aucun avantage dans celle des produits. Il n'en résulte non plus aucun enseignement. Là est le vice de cette exposition. M. Binger, dit M. Barral, a fort bien expliqué, à l'issue du concours de Vesoul, comment elle pourrait prendre une grande importance, si on en comprenait mieux la portée. « Des collections convenablement faites, embrassant toutes les plantes utiles d'un pays, avec des indications sur les proportions dans lesquelles elles se rencontrent ; des collections des terres et des engrais; les divers produits animaux ; les résultats de toutes les expériences entreprises sur le drainage, les irrigations, les labours profonds, les chaulages et les marnages, enfin tous les produits industriels dérivés de l'agriculture, seraient d'une incontestable utilité. Mais, au lieu de collections véritablement intéressantes, on ne trouve généralement que quelques produits, épars, sans aucun renseignement sur les circonstances dans lesquelles ils ont été récoltés, et le public passe indifférent devant un étalage qui n'éveille chez lui aucune curiosité. »

Voilà des années que la même défaillance est dénoncée, que les mêmes réflexions sont publiées, que les mêmes conseils se répètent sans qu'on en tienne compte. Qui donc est dans le vrai, de ceux qui recherchent sincèrement le progrès ou de ceux qui s'obstinent à ne le vouloir pas ?

Sauf une ou deux exceptions, chaque année, l'exposition des produits est d'une indigence déplorable au milieu des contrées les plus fertiles. La région qu'on jugerait sur un pareil fait serait considérée comme bien pauvre. Les plus riches ne montrent pas plus d'empressement que les autres. N'y a-t-il pas là un enseignement sérieux ? Le programme est trop vague. S'adressant à tout et à tous, sans rien spécifier, il n'excite personne, et peu répondent au hasard. D'autre part, des expositions qu'on sait abandonnées à ce point n'attirent pas de visiteurs, et les récompenses les plus méritées restent sans effet, par cela seul que les sollicitations ont été sans efficacité.

Il faudrait, croyons-nous, compléter cette organisation indéfinie, et, chaque année, attacher quelques-unes des récompenses offertes à la sorte de produits qui marque le plus ou qu'on perfectionne le plus dans la région.

La petite exposition de Dijon ne renfermait que des produits utiles et bien choisis, sur lesquels on ne jetait pourtant qu'un coup d'œil indifférent ou dédaigneux. Mieux eût valu n'avoir que des toisons, par exemple, et réunir sous la tente de nombreux échantillons des précieux troupeaux que nourrit la contrée. Tous les intéressés, producteurs, marchands, manufacturiers, seraient accourus pour voir et comparer, et le concours aurait eu son utilité, sa signification, sa portée.

On nous a témoigné à Dijon la crainte de voir bientôt la laine perdre une partie des qualités qui ont porté si haut et si loin la réputation des troupeaux de la région (nous ne voulons pas préciser davantage). Qu'y a-t-il de vrai dans cette appréhension ? Un concours spécial l'apprendrait bientôt, et si l'élevage a besoin d'être averti, rien ne réussirait mieux à le mettre sur ses gardes que l'enseignement qui résulterait d'une étude comparative faite sur une grande échelle par les intéressés; tous les intéressés sont compétents. Une fois la laine, une autre fois une sorte différente ; on arriverait ainsi à passer efficacement en revue les résultats des principales cultures ou des principales industries agricoles dans chaque région, et les récompenses accordées acquerraient une valeur qu'elles n'ont point en ce moment. Quinze exposants ont envoyé des laines à Dijon, laines de mérinos purs ou métis mérinos, de mérinos-mauchamp et de croisements divers. Ce n'est point un concours : si justifiées que soient les médailles décernées, le mérite des vainqueurs ne ressort pas autant qu'il ressortirait si tous les troupeaux d'élite de la région avaient été représentés à Dijon.

A Lille, l'exposition a été nombreuse et fort belle; dans les autres régions, elle a été plus insignifiante qu'intéressante, bien qu'il y ait eu cependant de beaux lots ou de magnifiques échantillons. C'est l'esprit de système qui fait défaut, c'est l'ordre qui est absent et le but qui partout est manqué, si tant est qu'on se propose un but quelconque.

A Nîmes ont paru des cotons cultivés et récoltés dans le Gard. C'était un premier essai ; mais les choses ont mal tourné pour l'exposant : ceci a fait toute une histoire que nous connaissons mal et dont, par conséquent, nous ne devons pas parler.

Aux concours régionaux, déjà si pleins, par trop compliqués, faute d'une organisation mieux entendue, les localités annexent toutes sortes d'expositions générales et spéciales, des réjouissances de toute nature qui encombrent les rues les plus longues, les places les plus vastes, les promenades les plus désertes à l'habitude. Est-ce un bien? Nous ne le croyons pas, et nous l'avons dit il y a longtemps pour la première fois. Notre voix était restée sans écho, mais voilà que la même observation se renouvelle. Nous la recueillons avec empressement, parce qu'elle nous paraît essentiellement juste et susceptible aussi d'être entendue.

Voici donc ce que M. Jamet a écrit en terminant son compte rendu du concours de Rennes :

« A l'occasion du concours régional, il y a eu, dans l'une des salles de l'hôtel de ville, une exposition de tableaux anciens, d'objets archéologiques, de meubles antiques, etc.

« La Société centrale d'horticulture aurait eu également une exposition de produits, d'objets d'art et d'industrie horticole, si l'époque du concours régional n'avait pas été retardée.

« Chaque journée du concours a eu sa fête ou son spectacle : feux d'artifice, illumination vénitienne, concours de fanfares et d'orphéons du département, concours des musiques d'harmonie, concert au profit des pauvres, retraite illuminée et char des sonneurs de trompe, fêtes sur la Vilaine, concert militaire sur l'eau, feu d'artifice nautique.

« Il est bon d'honorer l'agriculture; mais il ne faudrait pas gêner les agriculteurs.

« Ces fêtes urbaines et agricoles, accumulées à la même époque et dans les mêmes lieux, ont pour résultat inévitable une telle agglomération d'hommes qu'il devient fort difficile d'étudier les animaux, les produits et les instruments d'agriculture.

« Les concours régionaux ont été créés pour les agriculteurs; ceux-ci les fréquentent pour échanger leurs idées et s'y renseigner utilement; mais on les en chassera, si l'on n'y prend garde. Leur séjour finira par devenir impossible au milieu des populations que versent les chemins de fer et qui sont attirées par l'attrait de plaisirs et de spectacles de tous genres.

« Véritablement il n'y pas de place pour tout le monde. »

Un point me touche en ceci et, ma foi, je le dirai tout net. Tandis qu'on amuse ainsi les populations, on ne leur permet pas de s'occuper sérieusement de leurs intérêts les plus actuels. Le comice agricole de Lille avait eu la bonne pensée d'organiser des conférences agricoles pendant la durée du concours régional: ce n'est pas sans précédents.

Une commission avait été chargée de rechercher les principaux sujets à soumettre à l'examen, à la discussion des hommes compétents, et tout allait bien. Entre autres questions, celle-ci avait été insérée au programme :

« En raison des modifications apportées à la législation

douanière, examiner si les travaux culturaux du pays ne doivent pas être modifiés. »

Le comice sollicita de qui de droit l'autorisation de tenir ces conférences. C'est ici que l'auteur s'embarrasse : ce n'est que trop vrai, je ne sais plus en quels termes continuer cette petite histoire... Toute réflexion faite, mieux vaut la laisser achever par la partie du procès-verbal de la séance du 6 mai, du comice :

« *Correspondance manuscrite.*

. . . .

« 2° Missive de M. le préfet informant qu'en accordant, le 30 janvier dernier, l'autorisation de tenir des réunions agricoles, il avait pensé qu'il ne s'agissait que de simples réunions où le comice se serait entretenu, avec les cultivateurs étrangers que le concours régional doit appeler ici, des améliorations introduites dans l'agriculture ; mais que du moment où il s'agissait d'une solennité agricole où des questions d'une certaine importance seraient débattues, notamment en ce qui concerne la législation douanière, il a dû nécessairement en référer à M. le ministre, et que Son Excellence lui a fait connaître, par une lettre du 17 avril, qu'il n'y a pas lieu d'autoriser les réunions projetées.

« Un membre s'étonne de cette décision, il demande pourquoi deux poids et deux mesures, puisqu'une autorisation pareille a été accordée au comice agricole d'Agen. »

Et dire que la défense a été faite par S. Exc. M. Rouher, qui passe pour libéral entre tous ! Les cultivateurs ont donc le droit de s'entretenir, « avec la permission de M. le maire, » des améliorations introduites dans l'agriculture ; quant aux questions d'une certaine importance qui peuvent ou les enrichir ou les ruiner dans le présent ou dans l'avenir, il est clair qu'ils n'ont point à les débattre entre eux. Ceci devient particulièrement l'affaire de M. le ministre; *è sempre bene.*

Nous n'en finirions pas avec les concours si nous voulions, en les énumérant, accorder seulement quelques mots à chacun de ceux qui ont eu le plus de retentissement.

Les grandes expositions ont déteint sur les petites réunions; les orateurs y accourent et, parfois, cette éloquence en plein champ ne manque ni de charme ni de piquant. *Verba volant,* mais le vent n'emporte pas tout dans l'espace; parmi les choses qui se débitent, il en est qui restent et qui fructifieront.

Nous ne nous plaignons pas de l'extension qu'ont prise, dans ces derniers temps, les concours des comices agricoles. A côté, et bientôt peut-être au-dessus de l'institution officielle, les particuliers peuvent beaucoup en s'associant; mais leurs diverses fondations devraient toujours racheter, par l'intelligence de la direction imprimée, le peu d'importance des ressources pécuniaires dont elles disposent en général. L'argent est une grande force, cela est incontestable; cependant il ne vaut réellement que par son judicieux emploi. Laissons aux institutions d'Etat la richesse à laquelle, chez nous, ne sauraient prétendre encore les institutions privées, à laquelle il n'est même pas nécessaire qu'elles arrivent, et reconnaissons que ces dernières, si mal dotées qu'on les suppose, rendent plus que les plus opulentes lorsqu'elles sont bien menées.

Une chose dont on ne se doute certainement pas en France, c'est que nos primes de toutes sortes sont plus élevées, plus riches qu'en Angleterre. Ce qui nous a mis dans cette voie, qui n'est pas sans inconvénient, ce sont les exigences du turf. Pour quelques prix, c'est la rare exception, formée par de nombreux souscripteurs, dont un seul emporte la masse des enjeux, il y a des centaines et des centaines de petits prix que nos sportsmen dédaigneraient fort, sans les délaisser pour cela, et qu'on court avec entrain de l'autre côté du canal. Il en est ainsi dans toutes les loteries du monde, où l'on trouve un gros lot pour une multitude de petits. Par imitation, nous avons voulu avoir de très-gros prix de course. Cette prétention nous a conduits à l'absurde. Nous n'avons pas les quelques prix opulents qui sont disputés sur certains hippodromes de l'Angleterre, prix dont le gain devient une véritable fortune, mais presque tous les petits prix ont disparu de nos programmes, dont la dotation s'est élevée à une moyenne colossale. Il en résulte que, pour les gagner, on n'hésite pas à briser des animaux dont la valeur intrinsèque est presque toujours inférieure à la valeur effective des prix offerts, et que les chevaux de pur sang engagés dans ces luttes impossibles s'y détériorent d'une façon regrettable et préjudiciable. Ils quittent donc l'hippodrome exténués, tarés, impuissants, au lieu d'en sortir à la manière des athlètes et capables d'améliorer autour d'eux. C'est ainsi qu'une pensée de jeu, étroitement liée à un intérêt d'argent immédiat, a détourné les courses de leur voie et qu'on est arrivé au résultat inverse que promettait l'institution rationnellement conduite. Ses vices ont été dans son organisation, dans sa mauvaise entente, et non dans son principe quand l'application en est judicieuse.

Le même fait se reproduit à des degrés divers dans les concours de toutes sortes. Et, par exemple, les petites réunions spéciales d'animaux de boucherie créées en 1862 et 1863 seront bientôt, malgré les primes insignifiantes qu'elles offrent à la spéculation de l'engraissement, des institutions fécondes, aux larges conséquences, tandis que les concours officiels du même ordre, à moins qu'on n'en modifie la forme, resteront la chose de quelques-uns, malgré leurs prix nombreux et splendides.

Nous aurions beaucoup à dire sur cette question des gros prix et des primes judicieusement fixées dans leur importance. Les premiers écartent les masses, dans notre pays au moins; les autres sont recherchées, courues par tous, petits et grands. Dans le sens naturel et rigoureux, le prix indique la valeur propre d'une chose, soit, par exemple, un reproducteur bien choisi : celui qui peut se le procurer n'y manque pas, sûr qu'il est, ou à peu près, de rentrer prochainement dans ses frais; les autres s'abstiennent de crainte de n'obtenir aucune indemnité quelconque pour leur zèle. Loin de stimuler le grand nombre, l'appât d'un gros prix n'excite la convoitise, la louable ambition, si l'on veut, que de quelques-uns : de ce prix unique faites plusieurs primes et tout aussitôt les conditions changent. Les concurrents se pressent, les efforts se multiplient; beaucoup viseront à obtenir l'une des récompenses offertes. C'est que la récompense est le retour dû au mérite et non plus le remboursement d'une valeur.

A TRAVERS CHAMPS.

I.

LES HARAS. — LES CHEVAUX.

§ A. — PROLOGUE.

Les haras en 1790; — en 1848. — Les temps sont proches. — Frère, il faut mourir! — La sourde oreille. — La victoire est à nous. — La peau de l'ours. — Le pour et le contre. — Jugement de Salomon. — En attendant. — Une lettre.

Il n'entrait pas dans notre plan de nous occuper des haras, mais nous n'avons pas toute liberté de faire à notre guise. Les questions se posent d'elles-mêmes devant un livre écrit pour les recueillir. Or, celle-ci tient une assez grande place dans les faits agricoles de l'année pour que nous ne puissions pas passer à côté sans la voir et sans la relever.

Peu s'en est fallu que 1848 emportât les haras. Plus heureux qu'en 1790, ils sont sortis de la tourmente plus forts, solidement appuyés sur une organisation qui semblait leur promettre une carrière utile.

Cependant 1852 était proche : ils furent rudement secoués alors. L'opinion publique s'en mêla avec une incroyable ardeur ; on n'osa pas les abattre d'un seul coup. On les laissa donc sur pied, mais on les étêta, on les ébrancha de si près, on les mutila si bien, on leur retira si adroitement tout moyen de prospérer et de vivre, on sema tout à l'entour de si monstrueux abus qu'ils étouffaient, qu'ils périssaient de consomption.

C'était l'œuvre méritoire des ennemis auxquels on les avait livrés « pour en faire une fin. »

D'ordinaire les ennemis n'y vont pas de main morte; ceux-ci allaient bien et réussissaient au gré de leurs désirs.

Cela dura pourtant plus qu'on ne l'avait pensé. Les haras ont la vie dure. Ils ont déjà vu passer bien des gens qui avaient eu la prétention de les enterrer et qui ne les apercevaient pas sans leur crier de loin le fameux « Frère, il faut mourir! » Un service public qui ne puiserait pas sa raison d'être dans les intérêts les plus vifs du pays, ne résisterait pas ainsi à la faux des insurgés, à la hache des démolisseurs.

De grandes voix s'élevèrent encore. On protesta de toutes parts contre l'impuissance à laquelle on avait sciemment, traîtreusement, condamné l'administration. On fit d'abord la sourde oreille. Cependant la plainte fut si unanime et monta si haut, qu'il fallut bien s'y arrêter. Alors on composa une commission formidable. Celle-ci, qui devait être la dernière, fut chargée d'élaborer avec art cette sentence de mort si impatiemment attendue, et dont personne néanmoins ne voulait assumer carrément la responsabilité. Cette fois, l'ennemi chantait victoire et plantait d'une main ferme son drapeau sur des ruines lentement, mais sûrement amoncelées.

« Il n'y manquait que la façon; » peu de chose, affaire de forme, bel obstacle vraiment, et l'on fit comme certain compagnon bien sûr de lui, on vendit

La peau d'un ours encor vivant,
Mais qu'ils tueraient bientôt, du moins à ce qu'ils dirent.

Ce n'est pas un bon moyen, paraît-il.

En effet, l'ours ne fut point abattu....

La commission se divisa, la majorité fit défaut. On nomma deux rapporteurs. Hippocrate plaida pour, Galien plaida contre. Ils avaient si fort raison l'un et l'autre, qu'on leur donna tort à tous deux. Le jugement de Salomon eut son plein effet. On coupa le différend par la moitié.

Les haras furent donnés à celui-ci, au profit de ceux-là, et tout est bien.

Voilà trois ans que les choses marchent de la sorte... en attendant.

Mais tandis que la décision était pendante, nous reçûmes d'un haut et puissant personnage la lettre suivante :

« Paris, le 12 novembre 1860.

« Monsieur,

« Mieux que personne, vous savez où en est l'administration des haras. Fortement menacée, elle va peut-être disparaître. On me sollicite d'intervenir auprès de l'Empereur. On veut me faire accroire que, dans les conjonctures actuelles, je ferais chose essentiellement utile au pays en cherchant à lui conserver un service dont il ne saurait encore se passer.

« Mais moi-même j'ai besoin d'être renseigné.

« C'est à vous que je demande des arguments.

« Vous convient-il de me les donner ?

« Dans tous les cas, agréez, etc. »

Nous imprimons dans le paragraphe suivant la réponse que nous avons faite.

§ B. — 1852. — 1860.

Une question vitale. — 1806 et 1861. — Le dragon à sept têtes. — Habile à détruire, impuissant à édifier. — La faux et la hache. — Un singulier monopole. — Trois catégories. — La doctrine du pur sang. — Les types supérieurs. — L'étalon de demi-sang. — Normandie et Pyrénées. — Une bonne situation. — Un parallèle. — Chiffres intéressants. — Bons et mauvais. — Comte et Baron. — Très-curieux à lire. — Les vieilleries. — *Vox Dei.* — Une administration forte et indépendante.

Paris, le 14 novembre 1860.

Monsieur,

C'est tout un mémoire qu'il faudrait rédiger pour entrer dans vos vues; le temps manque pour le faire court et complet. Je ne vous parlerai que de la période actuelle, commençant à 1852.

L'industrie chevaline est en souffrance, ses besoins sont méconnus, ses intérêts sont menacés.

Ceci est une question vitale. L'Empereur le sait : sa volonté, plusieurs fois exprimée, est qu'elle reçoive une solution conforme au bien général. On cherche à la circonscrire : c'est une faute, car elle est grande comme le pays.

L'éducation du cheval n'est pas la propriété de quelques-uns; elle est aux mains des masses, et les masses disent hautement que la religion de l'Empereur a été surprise quand, en 1852, un faux système a été imposé aux haras de l'Etat, rétablis en 1806 par Napoléon Ier, gravement atteints, à son insu, sous Napoléon III.

En vain les conseils généraux des départements, toutes les associations agricoles du pays ont dit leur pensée, ont formulé leurs vœux sur la question. Aucune réclamation n'a été écoutée; faites que l'Empereur ne l'ignore pas.

Depuis 1852, l'administration des haras est dirigée par une commission irresponsable. Ce fait seul en dit bien long. Il est aisé d'en saisir les inconvénients, la portée. Une direction à sept têtes! Voilà certes une étrange anomalie dans notre système gouvernemental. Fût-elle composée des partisans les plus chaleureux de l'administration, qu'elle la conduirait sûrement à mal, que sera-ce donc si elle ne renferme que des ennemis, que des hommes ayant à tout venant dénoncé ce service comme une inutilité absolue, comme un monopole ruineux pour l'industrie, qui en réclame sans cesse l'extension, parce qu'il a fait sa force et sa richesse? Unanime pour renverser toutes les mesures sanctionnées par le temps et par l'expérience, unanime pour leur substituer des règlements destructeurs, cette commission n'a plus ni volonté, ni courage, ni savoir, lorsqu'il s'agit d'administrer. Les hommes pratiques gémissent de l'état d'incroyable abandon dans lequel se débattent aujourd'hui les haras de l'empire.

Ceux-ci possédaient trois magnifiques établissements de production et d'élevage : le haras du Pin, qui livrait à l'industrie des étalons de pur sang anglais dont la valeur, comme chevaux de course, a rempli le monde hippique, dont l'utilité aux pays d'élève s'est traduite en amélioration des races et en gros profits pour les éleveurs; le haras de Rosières, dont les produits remarquables ont rendu tant de services à la population chevaline de la contrée; le haras de Pompadour, qui accomplissait, à la satisfaction générale, la tâche difficile de créer une race française de pur sang à laquelle toute la partie méridionale de la France applaudissait comme à un bienfait, parce qu'elle la ramenait très-rapidement à un état de prospérité depuis longtemps éteinte.

De tout cela, il ne reste qu'un semblant de jumenterie, à Pompadour, à laquelle on n'accorde rien de ce qui pousse au succès : on lui a enlevé toutes ses forces pour la laisser mourir de langueur, dans l'impuissance où l'on s'est vu de la supprimer en totalité, comme l'ont été les deux autres.

Il y avait là progrès constants, exemples utiles, des ressources inépuisables. Toutes ces richesses laborieusement acquises ont été détruites et les races pures n'ont plus de foyer, de centre actif de perfectionnement et de conservation ; elles ne sont plus qu'aux mains des hommes du turf, spéculateurs pleins de feu et d'entrain, pour qui le budget n'est jamais assez libéral, et qui ruinent, en se jouant, cette précieuse race anglaise dont la destination est complétement détournée.

En effet, lorsque le turf avait à compter, au jour de la vente, avec une administration qui payait généreusement les animaux d'élite, repoussait soigneusement, à l'égal du poison, les mauvais, les incomplets et les déshérités, le turf visait à la fois au beau et au bon ; il n'abusait pas de la race, et celle-ci se maintenait haute en valeur. Elle fournissait alors des reproducteurs capables, qui accomplissaient leur œuvre, celle d'une amélioration progressive au-dessous d'eux. A présent que le turf ordonne et dirige, il fait abus des courses, qui ruinent prématurément ses produits, et les place ensuite dans les établissements de l'État où les éleveurs les délaissent après les avoir expérimentés, parce qu'ils n'obtiennent de leur emploi que des résultats incomplets ou défectueux.

Voilà donc où a conduit la doctrine de ceux qui ont eu la prétention d'émanciper l'industrie privée, grand mot qui, par bonheur, a fait son temps ; elle a conduit à la suppression des belles jumenteries de l'État, à la mauvaise réglementation des courses de vitesse, à la détérioration des plus solides qualités du pur sang et à l'abandon rationnel de celui-ci comme moyen améliorateur, du moment où il n'exerçait plus sur les races moyennes qu'une influence destructive des conditions du bon cheval de service.

Il ne faut pas appeler du nom de monopole ce qui n'a que le caractère de l'encouragement. Il ne saurait y avoir d'émancipation là où il n'y a pas de sujétion, mais seulement aide et protection, secours efficace. L'action de l'État favorise et développe l'action privée ; elle la supplée pour parer à son insuffisance; elle ne la supplante nulle part. Et cela est si vrai que, partout où elle a négligé de porter ses bienfaits, l'industrie n'a même pas essayé de naître; que partout où elle a tenté de se retirer, l'industrie a perdu de ses forces et de son activité ; que là où elle ne s'étend pas en des limites rationnelles, l'industrie accuse aussitôt une véritable défaillance, et se plaint et s'arrête.

La production du cheval moyen et du cheval léger ne prospère aux mains des particuliers, sans la participation directe de l'Etat, que dans les pays où la loi de succession ne divise pas la propriété ; partout ailleurs les gouvernements sont forcés d'intervenir.

Le bon cheval de service s'obtient par l'alliance raisonnée de l'étalon de sang à divers degrés et de la poulinière telle qu'on la possède. L'expérience a prononcé sur ce point non-seulement en France, mais partout où l'on se livre à la culture du cheval de selle et d'attelage rapide. Les idées qui depuis quelques années dominent la marche des haras, en opprimant l'industrie, repoussent dédaigneusement cette pratique, dont l'intelligence a coûté fort cher aux masses, à tous ceux qui l'ont vue sortir de patients efforts et de sacrifices soutenus. Voyons pourtant ce qu'enseignent les faits à cet égard.

Les livres d'un haras particulier bien connu, fondé en 1834, sont tenus avec une scrupuleuse exactitude, chose un peu négligée chez les éleveurs de chevaux de pur sang. En les dépouillant, il m'est facile d'établir trois catégories d'élèves :

1° Ceux qui procèdent directement du pur sang par le père et de fortes juments de demi-sang;

2° Ceux qui résultent de l'étalon de demi-sang bien racé et de poulinières pures ou très-près du sang, mais d'un ordre élevé ;

3° Ceux qui sont nés des deux côtés d'ascendants de demi-sang, également bien choisis.

Ces trois catégories ont donné comme prix moyens à la vente :

La première, 2,200 francs par tête ;

La deuxième, 2,650 francs par tête ;

La troisième, 4,466 francs par tête.

Voilà une question de science matériellement et irrécusablement résolue par la pratique ; mais ces faits n'ont pas cette netteté, cette signification dans un seul établissement d'élevage, on les retrouve les mêmes depuis longtemps en Normandie, ce grand haras de la France, où la production de l'étalon est une industrie précieuse pour le pays. Les chevaux vendus le plus cher, comme étalons, par les éleveurs de cette riche province appartiennent à la troisième catégorie. Les turfistes, qui ne voient que le pur sang, ignorent avec quel ménagement il doit être employé à la fabrication intelligente et raisonnée du bon cheval de service ; ils ignorent, parce qu'ils ont des yeux qui se refusent à voir, que l'étalon de demi-sang bien racé ne trompe jamais les espérances de l'éleveur, tandis que l'étalon de pur sang le plus célèbre devient trop fréquemment une source de mécomptes et de pertes pour ceux qui l'utilisent à la légère ou à contre-sens.

La doctrine du pur sang exclusive, celle que proclament et patronnent les hommes du turf, a produit un mal immense, incalculable : c'est une arme d'autant plus dangereuse qu'elle paraît d'un emploi plus simple et plus commode, mais elle est ruineuse pour quiconque n'est pas habile à la manier.

Cela veut dire qu'il faut choisir avec une très-judicieuse entente les étalons de pur sang ; cela veut dire aussi que dans ces dernières années on a été trop facile ; car, sous prétexte de la nécessité reconnue de donner plus de sang à notre population chevaline, on a élevé au rang des étalons de l'Etat des reproducteurs tout à fait indignes, des animaux que les éleveurs intelligents repoussent avec raison, puisqu'il y va de leur intérêt, et qui, sur le marché, où l'acheteur de l'Etat ne rencontre aucune concurrence, ne trouvent preneurs qu'aux prix très-significatifs de 300 francs à 1,000 francs, alors même qu'une prime d'approbation de 700 francs reste attachée à leurs services futurs.

Tout cela est de notoriété publique ; on le dit tout haut et partout, parce que les mêmes faits se reproduisent au grand jour et partout, mais d'une manière plus frappante encore à Paris, au milieu de ceux qui se font sourds et aveugles parce que leur intérêt le veut ainsi, intérêt d'opinion, d'amour-propre ou d'argent, peu importe.

A celui-ci j'oppose l'intérêt de tous, celui du pays. Or, du jour où a été démontrée à l'Etat la nécessité de s'immiscer dans les affaires de l'industrie chevaline, il faut que ce soit avec un caractère d'utilité vraie; le point de départ est bien certainement la production des types supérieurs d'où naissent toutes les améliorations. Les encouragements divers donnés aux particuliers pour produire et élever ces types n'ayant abouti qu'à les faire descendre de leur perfection propre, il n'y a plus lieu à s'en tenir exclusivement aux efforts des particuliers. L'insuffisance est notoire ; l'expérience est aujourd'hui complète et parfaite. Dans les mains de l'administration des haras, les races pures se sont fortifiées; aux mains des particuliers, elles s'affaiblissent et déchoient, telle est malheureusement la vérité. Elle mène droit à cette conclusion : il faut rétablir les jumenteries de l'Etat ; et cette conclusion est dans toutes les bouches, c'est le vœu, formellement exprimé, des nombreuses populations qui se livrent à l'éducation du cheval usuel, des races dont l'aptitude est le plus recherchée à l'époque actuelle.

Cependant, à côté de l'étalon de pur sang, dont le nombre, quoi qu'on fasse, sera toujours borné, parce qu'au delà de certaines limites son emploi cesse d'être profitable, vient se placer l'étalon de demi-sang, dont l'importance est à peu près illimitée. Celui-ci a réellement charge des larges améliorations que réclament la presque totalité des chevaux du pays. Sur sa production doivent être concentrés de grands efforts, une sollicitude bien justifiée par l'étendue des besoins à remplir.

La précédente administration, tout le monde aujourd'hui lui rend cette justice, avait bien compris cet immense intérêt de notre temps. Pour arriver à le remplir, elle avait dirigé avec une attention particulière, avec beaucoup de suite, dans deux de nos provinces privilégiées, les vues de l'industrie privée vers l'élevage perfectionné de l'étalon de demi-sang, supérieur à la fois par l'origine et par la conformation. J'ai nommé la Normandie, la plaine de Tarbes et plusieurs vallées des Basses-Pyrénées. L'impulsion avait été si sûre et si vive, qu'après quelques années encore de persévérance, la France eût été à même, non-seulement d'atteindre au chiffre de 4,000 étalons de choix, reconnus indispensables à ses besoins, mais qu'elle en aurait fourni aussi à l'étranger. Dans aucun pays d'Europe on n'avait cherché à édifier des familles de demi-sang à caractères constants et transmissibles ; l'expérience a prononcé sur leur valeur intrinsèque comme race de service et sur la bonne influence qu'elles conservent sur l'acte reproducteur, quand elles ont été confirmées dans les qualités et les aptitudes inhérentes à leur condition. Cette découverte restera attachée comme un grand honneur aux services rendus au pays par l'administration des haras de 1833 à 1852. Des mesures de détail édictées par le bon sens et par le savoir avaient excité l'émulation des éleveurs, encouragé et fixé leurs travaux en les récompensant. Les établissements de l'Etat s'étaient enrichis de reproducteurs de mérite qui reportaient à la population entière le principe des améliorations dont ils étaient eux-mêmes la plus haute expression. Tout le personnel des dépôts s'était renouvelé par le remplacement des sujets inférieurs d'autrefois; le nouveau type se montrait plus complet, mieux approprié en tout aux exigences actuelles. Cette phase de la vie des haras français a été productive et généreuse : sous son influence, l'espèce chevaline du pays, s'élevant de plusieurs degrés sur l'échelle du perfectionnement, a pris une valeur marchande depuis longtemps oubliée; la cavalerie, cette force nécessaire à la nation, s'est trouvée satisfaite au delà même des espérances des plus difficiles, et la prospérité de ces dernières années doit lui être attribuée en totalité. Cette grande œuvre s'est accomplie dans le silence et en toute modestie, presque à l'insu de ceux qu'elle intéressait le plus, mais tout à coup la lumière s'est faite pour tous à la fois, et le progrès a paru éclatant.

En remontant au principe, on s'est aperçu que le système appliqué au pays par l'administration publique avait eu la meilleure part dans les résultats acquis, et l'on s'est pris à regretter que ce système ait été violemment renversé.

En effet, qu'a mis à la place l'administration actuelle? qu'a-t-elle fait en faveur des masses? La réponse n'est que trop aisée : elle a supprimé toutes les mesures qui favorisaient la production et le perfectionnement des races de demi-sang; elle a cessé de pousser l'élevage de l'étalon non racé dans les seules voies d'où il puisse sortir haut en valeur; elle l'a dépouillé des encouragements spéciaux dont il avait été doté ; elle en a restreint le débouché, au lieu de l'agrandir. Les conséquences ont été immédiates. Il ne faut plus chercher d'étalons de demi-sang capables dans les Pyrénées, où l'abus du sang anglais a détruit en très-grande partie des améliorations encore trop récentes pour résister longuement à une mauvaise influence; il faut regretter en Normandie un temps d'arrêt fatal et auquel il y a urgence de porter un remède suprême. Telle aura été l'œuvre de l'administration des Sept, la destruction des progrès que lui avait légués l'administration précédente.

Pour aller droit au but, qui est la tâche même à remplir par les haras de l'Etat, voici quelques chiffres très-significatifs :

En nombres ronds, la population chevaline de la France est de 3 millions de têtes, qui se renouvellent par dixièmes.

600,000 poulinières sont annuellement consacrées par la grande industrie du cheval à cet important résultat, qui emploie les forces de 12,000 étalons au moins. Sur ce dernier nombre, le tiers, soit 4,000, doit être de bon choix, sous peine de n'avoir qu'une population inférieure, tout à fait insuffisante. Aujourd'hui la France ne possède pas 1 étalon capable sur 12. Cette pauvreté dit assez ce que sont les femelles et quelle part d'heureuse influence il faut s'attacher à fixer dans les mérites mêmes du reproducteur mâle.

Cela posé, le but à atteindre par l'administration publique se formule en ces termes : procurer à l'industrie chevaline du pays les 4,000 étalons d'élite indispensables à sa prospérité, laquelle devient l'une des forces nationales, l'une des richesses de notre agriculture.

Tout ce que l'on voudra en dehors de ce fait sera utopie et illusion. Faire naître, élever et entretenir 4,000 étalons capables, voilà le nœud de la question.

Le pur sang est l'agent essentiel, le véhicule puissant de cette production d'élite. Celui que nous donnent les courses actuelles est insuffisant à l'œuvre. Les riches encouragements accordés à l'hippodrome ont poussé à l'augmentation du nombre des animaux de pur sang. Rien n'est plus naturel, et l'on a bien tort d'en faire si grand bruit; n'eût-il pas été étrange que le résultat contraire se fît jour? il n'y a là que le rapport constant et très-ordinaire de cause à effet ; que si la cause cessait, l'effet disparaîtrait naturellement, comme il est arrivé du progrès des améliorations, quand, poussé par un faux calcul, et sous prétexte de laisser libre cours aux efforts privés, l'administration des haras a supprimé d'anciennes stations. Des étalons très-inférieurs ont pris la place des bons, et de mauvais produits sont venus là où les chevaux avaient acquis un certain renom. La question n'est donc pas là tout entière dans un chiffre, elle est surtout dans la qualité, et c'est un bien déplorable résultat que celui qui s'est produit, à savoir : les étalons de pur sang d'un certain ordre, les reproducteurs capables, ont diminué en raison directe de l'accroissement du nombre des existences. L'industrie privée a fait ses preuves ; elle ne fournit guère à la reproduction que des animaux médiocres ou inférieurs ; ceux-ci pullulent à la manière des mauvaises herbes et c'est contre eux que se formule cette conclusion à peu près unanime : l'Etat se doit à la conservation des bons types, les particuliers ne les produisant pas ; il lui appartient d'occuper une place vacante et de combler une lacune préjudiciable à tous les intérêts.

Relativement au demi-sang, la question ne se présente pas tout à fait la même. Convenablement encouragée, judicieusement dirigée, l'industrie privée s'est montrée apte à le faire bien doué à tous égards, là où les races, déjà anciennes, ont un bon fonds, là où les forces naturelles du sol soutiennent les efforts des éducateurs, là où les succès se généralisent parce que le niveau des connaissances pratiques est plus haut que partout ailleurs. Ici l'action des haras est toute-puissante, heureuse ou défavorable, suivant que le système appliqué est raisonné ou irrationnel, suivant que la direction est bien entendue ou vicieuse. Voilà ce que disent encore les faits. En donnant à ces contrées privilégiées des étalons de tête, la production s'élève ; en imposant, par voie d'encouragement, les saines méthodes d'élevage, on pousse à la perfection des produits; en assurant à ceux-ci un débouché avantageux, on stimule puissamment l'intérêt du grand nombre dans un rayon suffisant, et toutes les forces de la contrée convergent vers un seul point, la production intelligente et l'élève réussi de l'étalon. Le reste regarde l'acheteur, dont le rôle a réellement alors une très-grande importance.

Que l'acheteur soit difficile, sévère, exigeant, nul ne se plaindra si, par ailleurs, il a pouvoir de payer cher des animaux chèrement obtenus. Il se trouve en face de chevaux qui valent de 3,000 à 10,000 francs, prix très-supérieur à ce que peut les payer aujourd'hui la spéculation étalonnière. Celle-ci est au rabais et pour le prix d'achat de l'étalon et pour la vente de ses services ; elle est au rabais non par goût, mais par nécessité. C'est l'agriculture qui achète les services de l'étalon ; or l'agriculture n'est pas assez riche pour les payer cher. L'Etat seul, quant à présent, peut donner à la production et à l'élève attentifs de l'étalon de demi-sang la direction et les encouragements nécessaires à leur développement, à leur pleine réussite. Une rémunération insuffisante, un débouché languissant ont des effets contraires. Ce qui se passe depuis 1853 ne le dit que trop clairement. Les producteurs d'étalons sont devenus de simples éleveurs de chevaux ; les efforts ont changé de base ; c'est un grand mal. Par la seule substitution de l'acheteur privé à l'acheteur des haras, on arrive à ce fâcheux résultat, qu'on abandonne l'élevage de l'étalon capable pour celui du cheval ordinaire : la raison est tout uniment dans le prix de vente, gros d'espérance ou de perte.

Le comte d'Aure a fort bien mis en lumière ce point important dans le travail imprimé répandu à profusion en ces dernières semaines. Il réfutait par avance les idées contraires émises dans une autre brochure par son collègue le baron de Pierres.

Ces deux mémoires sont très-curieux à lire, très-curieux à opposer l'un à l'autre : ils se combattent si éloquemment et si complétement dans leurs opinions excessives, qu'un examen de quelques instants suffit à les juger. Evidemment la vérité tout entière n'est ni dans l'un ni dans l'autre ; ils renferment tous deux, parmi des idées justes et bien assises, des énormités dont la véritable industrie du cheval pourrait à bon droit s'effrayer. Les éleveurs instruits, et il y en a beaucoup, sont unanimes pour condamner les vieilles utopies qu'on essaye de rajeunir et pour supplier qui de droit de faire, une fois de plus, que la raison ait encore raison.

M. le baron de Pierres ruine de fond en comble le projet de faire acheter par l'Etat des étalons de demi-sang à deux ans et demi ; mais M. le comte d'Aure montre avec non moins de bon sens et d'autorité que le système des garde-étalons ne supporte pas la discussion. Pourquoi exhumer ces vieilleries, nombre de fois repoussées par les hommes les plus compétents, et, en dernière analyse, loyalement condamnées par leurs propres patrons ?

Il y a sans doute un vice dans l'organisation actuelle du service des haras, puisque tout le monde se donne rendez-vous sur ce terrain afin de le reconnaître et de s'en emparer ; il ne faudrait pas que cela devînt un prétexte ou une facilité de faire passer, à travers la confusion qui en résulte, des mesures ou des systèmes, des hommes peut-être, qui aggraveraient le mal au lieu de le guérir.

La grande voix du pays — *vox Dei* — repousse les doctrines exclusives et absolues du Jockey-club, dont elle voit les œuvres peu méritoires ; elle repousse le système des garde-étalons, qui ne ferait produire que la médiocrité, qui ferait renaître les mille et un abus de l'ancien temps, qui coûterait au pays plus qu'un gros budget annuel, car il ruinerait entièrement son industrie chevaline ; elle repousse, en un mot, toutes les idées malsaines que le bon sens et l'expérience dénoncent à l'esprit clairvoyant des masses comme un danger pour les intérêts généraux ; mais laissant en dehors tous les détails, libre de toute hostilité et de toute préoccupation autre que celle de l'intérêt national, confiant dans la décision qui se prépare, le pays attend du gouvernement qu'il lui rende une administration des haras forte et indépendante.

J'ignore, monsieur, si vous trouverez dans ces notes rapides les armes que vous cherchez ; je le désire sincèrement et je vous prie de vouloir bien agréer, etc.

§ C. — 1861-1863.

Assez de paroles. — Un premier manifeste. — Justice tardive. — Une condamnation équitable. — On revient au passé. — La direction générale. — Splendides promesses. — L'heure n'est pas venue. — Un décret. — Les demi-mesures. — La Tour prends garde... — Le luxe. — Une arme de guerre. — Volte-face. — Enthousiasme des premiers jours. — Vérité hier et aujourd'hui. — Le Jockey-club toujours.

« Le temps de l'étude et de la discussion est passé, celui de l'action est venu. » Tel avait été le dernier mot dit à l'Empereur.

L'Empereur décida que les haras seraient conservés ; il leur rendit un chef et le fit tout-puissant.

L'opinion s'apaisa. L'ère de la discussion fut fermée en effet ; on ne chicana pas sur les mesures adoptées, on accepta les actes, sans même vouloir ouvrir trop grands les yeux, et l'on attendit.

Au bout de l'an, « la direction générale » publia son premier rapport annuel « sur l'ensemble des résultats obtenus. »

Répété avec un très-grand empressement par toutes les voix quelconques de la publicité, ce document fut lu avec soin, avec intérêt, de façon à n'être point oublié.

Ce fut comme une prise de possession de la nouvelle administration par le pays.

Revenant forcément en arrière, le compte rendu se livre loyalement à la justification et à la glorification de l'administration renversée en 1852; par contre il prononce, avec preuves à l'appui, la condamnation de celle qui, pendant dix ans, l'avait remplacée. « Cette période, écrit-il, a été perdue pour le progrès. »

Tel a donc été le bénéfice de toutes les suppressions, de tous les changements effectués à la demande et sous la pression du Jockey-club.

Pour donner une nouvelle impulsion au progrès, on est rentré de plain-pied dans le passé. Le présent lui rend justice et prétend le fortifier. D'ailleurs, ce n'est plus un simple programme qu'il édifie, c'est une déclaration très-formelle et très-accentuée qu'il fait; qu'on y regarde donc, et « on reconnaîtra facilement que la nouvelle administration des haras ne perd pas de vue un seul instant la production générale. Par des épreuves et des prix importants, elle pousse au meilleur élevage des étalons et des pouliches; par des primes nombreuses, par des écoles de dressage, par des courses multipliées, *sous toutes les formes*, elle attache la poulinière au sol, elle propage l'emploi du cheval hongre, elle met en valeur le cheval du pays; au moyen d'encouragements gradués selon les âges et la destination de chaque espèce, elle enveloppe toute la question d'un réseau protecteur.

« C'est à l'aide de ce grand mouvement équestre et commercial que la DIRECTION GÉNÉRALE, profitant des leçons du passé, espère développer l'industrie chevaline en France, créer pour le luxe, par une transformation intelligente, les 12,000 ou 15,000 chevaux qui lui manquent; assurer, par une entente de plus en plus parfaite avec le service des remontes, l'effectif de notre cavalerie sur le pied de paix ; rendre possible celui du pied de guerre ; augmenter, en un mot, notre richesse nationale en nous affranchissant du tribut que nous payons à l'étranger. »

Tout cela, il faut en convenir, fait admirablement sur le papier : voilà certes de splendides promesses; heureuse, trois fois heureuse « la direction générale, » si elle parvient à faire de ce beau programme une vérité.

Nous aurions pu essayer de lui prouver qu'elle n'en prend pas le chemin, mais l'heure n'est pas venue ; « le temps de l'étude est passé, » la parole est aux faits, laissons-la agir comme elle l'entend, dans la plénitude de sa liberté et de sa responsabilité ; elle croit sûrement faire au mieux des intérêts du pays. Notre conviction est qu'elle leur tourne le dos, mais notre conviction est ici sans valeur.

Pour le moment, nous devons nous borner à enregistrer les actes ; disons, par exemple, qu'en 1863 ils sont en opposition formelle avec les déclarations de 1861.

A cette date, nous venons de le dire avec le compte rendu, il s'agissait de créer les chevaux de luxe qu'on achète à l'étranger, d'assurer le service de la remonte de la cavalerie en temps de paix et en temps de guerre, etc.

Voilà, pour répondre à ces besoins et pour concourir à cet important résultat :

DÉCRET.

« ARTICLE 1er. Les dépôts impériaux d'étalons d'Abbeville, de Charleville et de Saint-Maixent sont supprimés.

« ART. 2. Les étalons composant l'effectif de ces établissements seront vendus aux enchères avec prime d'approbation.

« ART. 3. Les directeurs et sous-directeurs des dépôts supprimés sont nommés inspecteurs et sous-inspecteurs départementaux, avec des attributions qui seront déterminées par un arrêté ministériel. »

C'est un premier pas dans une direction que nous croyons mauvaise; on ira jusqu'au bout. Que l'expérience se fasse donc complète ! il y a longtemps que nous l'appelons de nos vœux, car toutes ces demi-mesures ont plus d'inconvénients que d'avantages ; elles ne donnent jamais la solution cherchée, elles ne sauraient conduire à bien.

On a si complétement désintéressé l'agriculture dans la question qu'elle laisse passer ce premier décret de suppression sans lui prêter la moindre attention. On dit même qu'il lui rend tout son libre arbitre en matière de production et d'élève chevalines ; qu'elle ne sera plus contrariée dans ses vues ; qu'elle fera le cheval de ses besoins... C'est à merveille, mais ni le luxe ni l'armée ne seront pourvus...

Le luxe nous touche à raison des gros encouragements qu'il verse, sous forme d'espèces monnayées et ayant cours, dans les mains du producteur ; l'armée nous touche bien autrement, par des considérations d'un ordre plus sérieux.

Le cheval de guerre est une arme de guerre, et nous ne le produisons pas en suffisance. Il y a d'immenses difficultés pratiques autour de la question ainsi posée. Or les difficultés ne seront pas vaincues par des décrets de suppression.

A en juger par ses actes, LA DIRECTION GÉNÉRALE ne paraît guère assise dans ses vues. A deux ans de distance, elle a viré de bord et fait volte-face à l'institution.

« L'Empereur, disait le compte rendu de 1861, en décrétant la réorganisation de ce service, les chambres, en lui allouant une plus large subvention, ont proclamé l'importance de son rôle. Tous les départements, par la voix de leurs conseils généraux, ont applaudi à cette décision souveraine, et nous-même, monsieur le ministre, au bout d'une année d'expérience et dans le cours de l'inspection scrupuleuse que nous avons faite de tous les établissements hippiques, nous avons pu constater combien l'institution des haras a de profondes racines dans les sympathies du pays, et quel prix on attache partout à son maintien. Aussi, sans nous préoccuper davantage du côté théorique de la question, qui nous paraît jugé, avons-nous cru devoir en toute confiance nous maintenir sur le terrain essentiellement pratique. »

Ce qui était vrai en 1861 n'a pas cessé d'être la vérité encore en 1863. Les choses n'ont pas changé, mais la direction générale est définitivement gagnée aux mauvaises tendances et aux idées absolues du Jockey-club.

II.

LES CONCOURS HIPPIQUES EN 1863.

Une exclusion systématique. — Les protestations. — Concours de Nîmes, — de Nevers, — de Rennes, — de Chartres, — de Dijon. — Système d'amélioration de la Côte-d'Or. — La population chevaline ancienne et nouvelle. — Les améliorations agricoles. — Un manteau commode. — Un portrait. — Le gros et le grossier. — Une déception. — Le percheron. — Les prix retenus. — Un nom de fantaisie. — Un échec. — Concours international de Lille. — La grosse espèce. — Les exagérations. — Précocité du boulonnais. — Français et Anglais. — Récentes améliorations. — Variété chevaline du Hainaut. — La graisse. — Pleins comme un œuf. — Les lauréats. — Montebello. — Prétendus carrossiers. — Les croisés. — Etalon de sang et juments de trait. — Une leçon qu'il ne faut pas oublier.

Bien que les réunions hippiques soient très-nombreuses en France, où elles se tiennent un peu partout, où elles existent à l'état d'usage très-ancien, où elles reviennent périodiquement avec une constance singulière, en dépit de la pauvreté des résultats due à leur immuable organisation, à l'absence de toute idée rationnelle, diverses contrées protestent tour à tour et chaque année contre l'exclusion systématique de l'espèce chevaline des grandes assises de l'agriculture. La protestation s'élève sous la forme d'une exposition spéciale qu'on annexe aux concours officiels. Les frais en sont supportés ou par les conseils généraux, ou par les villes, ou par les associations agricoles, et la somme accordée a parfois une réelle importance, comme à Lille, par exemple, où les prix donnés en numéraire formaient un total de 22,000 francs.

Six concours ont été organisés de la sorte en 1863,

à Nîmes, à Nevers, à Rennes, à Chartres, à Dijon et à Lille, où il a été international.

Dans le premier de ces chefs-lieux il n'a eu qu'une importance locale ; on en a si peu parlé, que nous-même nous ne trouvons rien à en dire.

A Nevers, il doublait un concours de bœufs de travail qui a réuni « dix-huit attelages de six beaux bœufs du Nivernais, » auxquels il a été décerné dix prix. Les cinq primes affectées aux attelages de juments de gros trait et de trait léger ont été disputées par vingt attelages. Ces deux réunions paraissent avoir eu un certain succès, mais nous n'en savons pas davantage.

A Rennes, le concours s'étendait aux étalons, aux poulinières, aux poulains et pouliches de tout âge, et la somme à distribuer s'élevait à 6,205 francs. C'est le comité permanent des comices du département qui a pris l'initiative du concours, classe spéciale d'une exposition qui intéressait également l'espèce bovine, à laquelle il n'a été donné que pour 4,570 francs de primes.

Cette répartition n'a pas passé inaperçue ; elle a donné lieu à l'observation suivante de l'honorable M. Jamet :

« Nous ferons observer, dit-il, que les allocations consacrées aux deux espèces bovine et chevaline présentent un chiffre inverse, eu égard à l'importance de chacune d'elles. En effet, d'après la statistique du département, la valeur totale des chevaux, *ânes* et *mulets* est seulement de 10,452,319 francs, tandis que celle du gros bétail est de 15,817,165 francs.

« Nous dirons en outre que l'administration ne comprend pas très-bien les véritables intérêts agricoles du département, lorsqu'elle pousse à la production chevaline ; les prairies naturelles ont peu d'étendue, et l'industrie beurrière, qui donne un bénéfice plus certain et plus élevé, n'a pas déjà trop de fourrage. D'ailleurs *on chasse mal deux lièvres à la fois.* »

C'est tout ce qui nous est revenu de la réunion hippique de Rennes, le peu d'intérêt que trouve le cultivateur à faire des chevaux. S'il en était ainsi partout, il y aurait sans doute lieu d'aviser. Nous pourrons reprendre cette thèse une autre fois. Pour le moment il aura suffi de souligner l'opinion émise par M. Jamet, et d'appeler sur elle la réflexion des parties intéressées.

A Chartres, centre commercial de la race percheronne, on a fait un concours divisé en deux points :

Chevaux et juments de demi-sang ;

Chevaux et juments du *type percheron.*

Les prix paraissent avoir été nombreux, plus nombreux que les concurrents de mérite, car tous n'ont pu être décernés.

« Le concours hippique, dit M. Heuzé, ne comportait pas un très-grand nombre d'animaux ; mais si les étalons, par leur ensemble, ne répondaient pas à l'attente générale, par contre, les juments étaient fort belles. »

L'intérêt des expositions de cette année s'est donc concentré sur les réunions formées dans les départements de la Côte-d'Or et du Nord. Nous avons eu la bonne fortune de les voir et de pouvoir les étudier l'un et l'autre ; nous sommes donc à l'aise pour en parler.

Allons d'abord à Dijon, où la région entière était convoquée.

Le programme offrait trente prix, d'une valeur totale de 5,525 francs, rehaussée par les médailles d'or, d'argent et de bronze qui en sont comme la constatation authentique et durable.

Sur cette somme, plus de 1,800 francs sont restés sans

emploi : ou les sujets ont tout à fait manqué, ou le jury les a trouvés par trop inférieurs dans les deux catégories dites des chevaux légers et des chevaux carrossiers ; celle des animaux de trait était un peu mieux remplie. En tout cependant la liste d'inscription ne contenait qu'une centaine de concurrents, étalons, juments et produits des deux sexes, de deux à trois ans.

C'est peu assurément pour une région composée de sept départements, dont la population chevaline atteint le chiffre considérable de 350,000 têtes environ.

A ce point de vue déjà le concours a eu peu de succès.

Le renouvellement au dixième de cette population suppose le concours de 70,000 poulinières et de 1,400 reproducteurs mâles.

Il est venu de ces derniers vingt-cinq, dont douze appartiennent en toute propriété à la Côte-d'Or et ne concouraient pas.

Voilà qui est significatif : les étalonniers ont fait défaut.

Sous un autre rapport, la réunion nous a paru fort instructive ; nous l'aurions volontiers passée sous silence si elle n'avait porté avec elle un enseignement qui ne sera certainement pas tout à fait perdu pour l'avenir. C'est à ce titre qu'il devient intéressant de parler du concours hippique de Dijon, appellation qui lui convient doublement, car la Côte-d'Or était presque seule représentée.

Aussi bien ce département applique depuis bientôt quarante ans à l'amélioration de ses chevaux les mêmes moyens, les mêmes systèmes. C'est un exemple de persévérance et de suite fort rare en notre pays. Dans ses détails, le système a eu ses variations, mais il est resté ferme sur sa base, l'emploi du cheval de gros trait.

Le mode adopté satisfait d'ailleurs tout le monde, chose plus rare encore. Personne n'en médit ; on le préconise au contraire, et chacun se félicite des résultats obtenus, des résultats qu'on lui attribue. Pour les mesurer à toute leur hauteur, on se reporte à l'état de la population chevaline en 1825, et on le compare avec complaisance à la situation actuelle. L'exposition qui vient d'avoir lieu a eu pour principal objet d'en faire ressortir l'excellence.

« ..... Il est intéressant, dit l'un des considérants de l'arrêté qui a réglé les conditions du concours, de constater, dans une exposition publique, les progrès qu'ont procurés, pour l'amélioration de l'espèce chevaline, les sacrifices consentis depuis trente-huit ans par le département, à l'effet de la régénérer. »

Et pour que rien ne manquât à l'enseignement, l'arrêté ajoutait aussitôt ce corollaire :

« ..... Indépendamment des primes et médailles qui seront décernées dans cette exhibition, pour les chevaux et juments les plus distingués, un certain nombre d'étalons et de juments jugés propres à continuer l'amélioration poursuivie pourront, s'il y a lieu, être achetés au moyen des crédits mis à notre disposition par le conseil général, et placés suivant le mode usité dans la Côte-d'Or..... »

Tout le monde est de bonne foi ici. On se croit dans le vrai ; on croit avoir fait d'immenses progrès, et l'on se plaît à poursuivre une œuvre à laquelle on s'est volontairement consacré en toute liberté, en dehors de toutes entraves et sujétion quelconques. Le moment était favorable pour donner la parole aux faits, pour mettre sous les yeux du public un exemple utile à suivre. C'était moins un concours, en effet, qu'on avait voulu organiser qu'une exhibition régionale profitable aux voisins par son enseignement. La leçon a son prix, non pour celui-ci ou celui-là en particulier, mais pour tous.

La Côte-d'Or dit avoir résolu un très-important problème, celui de la complète émancipation de l'industrie étalonnière. Elle compte y arriver graduellement en passant par un mode d'intervention indirecte assez compliqué sous le rapport administratif : il commence tout au moins par constituer un monopole fort bien conditionné au profit de quelques-uns, mais lorsque le monopole aura produit son plein effet, « l'industrie poulinière » se trouvera en mesure de payer le service des étalons qui lui sont nécessaires à un taux assez élevé pour leur assurer une riche dotation. Bon an, mal an, il lui en coûtera bien de huit à neuf millions ; mais si elle les paye, c'est qu'apparemment elle y trouvera son compte.

Nous laissons de côté toutes les objections administratives qui peuvent être faites au système d'émancipation de la Côte-d'Or, inapplicable tout au moins aux neuf dixièmes de la France ; nous sommes de l'avis de ceux qui pensent que l'administration est faite pour tourner les obstacles et pour vaincre les difficultés. Ceci est son affaire et non la nôtre. En ce moment nous ne voulons dire que quelques mots du but que se propose le système.

Franchement il est, pour commencer, très-modeste en ses prétentions : cela ne l'empêche pas de viser aux plus hautes destinées. Il se rattache directement, assure-t-on, à la méthode d'amélioration dite *par en bas ;* il est conçu à ce point de vue, que le retour de *la race défectueuse au type primitif* ne doit s'accomplir qu'en suivant, mais en sens inverse, *la loi qui a présidé à son éloignement*.

La question chevaline serait donc résolue en traversant les trois phases suivantes :

— Rendre passables les masses aujourd'hui mauvaises ;

— Amener celles-ci à former une généralité bonne ;

— Arriver à la reproduction du type primitif.

Voilà pour la théorie, une théorie que nous ne discutons pas.

En l'état où se trouve actuellement dans la Côte-d'Or le développement de l'amélioration par ce système, on y a, dit-on, réalisé la première de ces phases, et les efforts tendront désormais à obtenir la seconde.

Voyons donc.

La population chevaline de ce département, cela n'est que trop vrai, était fort pauvre vers 1824, quand on a songé à s'en occuper, pauvre surtout en qualité. Elle répondait à tous égards à la rareté des fourrages dans un pays où les prairies naturelles ont peu d'étendue et où les prairies artificielles étaient encore peu répandues, sinon même tout à fait inconnues. Les voies de communication, comme partout à cette époque, étaient très-défectueuses ; bien grossiers enfin étaient aussi harnais et charrettes, instruments agricoles de toutes sortes. On sait quel genre de chevaux correspond à une situation pareille. Ceux de la Côte-d'Or ne formaient pas exception à la règle commune. Chétifs et sans valeur, ils la confirmaient à ce titre. Ils se trouvaient en tout, quant à la taille, quant à la corpulence et quant aux formes, dans le rapport exact de la cause à l'effet. En pareille occurrence, l'élevage a peu d'activité ; il se restreint aux proportions les plus circonscrites, par cela même qu'il n'obtient aucun succès. C'était le cas de la Côte-d'Or, qui empruntait à d'autres une partie des chevaux nécessaires à ses besoins. Elle n'achetait certainement ni les meilleurs ni les plus brillants, et ces importations ne lui procuraient que des moteurs vaille que vaille. En tous points, la masse était mauvaise, il faut le reconnaître.

Est-elle devenue passable ? Oui et non. Oui, pour une partie ; non, pour le reste, surtout en présence des exigences du temps.

En somme, à la considérer au point de vue de l'ensemble, nous ne voyons pas qu'elle occupe aujourd'hui sur l'échelle hippique du pays une place beaucoup plus haute qu'autrefois ; le niveau général s'est élevé, cela est incontestable, pour toutes les régions de la France, mais la Côte-d'Or n'a pris le pas sur aucune et nous paraît avoir conservé son ancien rang. Nous nous expliquons.

Les chevaux de ce département ne sont plus chétifs, petits et minces comme autrefois ; ils ont pris de la taille et du corps, du volume, de la valeur par conséquent. En l'état, ils sont bien plus dans le goût des cultivateurs, grands amateurs ici du gros et du lourd.

Les cultivateurs ont cherché ces dimensions et ce poids dans la transmission de la masse par le père ; ils ne pouvaient l'obtenir ni des mères, ni des propriétés substantielles de la nourriture. C'était poursuivre à rebours la solution du problème. Aussi a-t-on employé près de quarante ans à réaliser au quart ou au tiers un résultat très-impatiemment attendu.

Mais ce résultat incomplet est-il une suite du système, sa conséquence naturelle ou forcée ? Non ; il est dû tout entier aux progrès de l'agriculture, à l'augmentation très-notable des fourrages par l'extension rapide des prairies artificielles, à l'amélioration de l'outillage agricole, au bon état des routes, toutes choses qui ont leur bonne influence sur le développement des animaux, sur l'accroissement de leurs forces, sans pouvoir beaucoup sur la régularisation des formes, sur l'ensemble des qualités physiques qui constituent la beauté et donnent tant de prix aux produits en rehaussant leurs aptitudes. Dans l'œuvre de la reproduction, ceci est la part de l'hérédité qui fait la race. Tout ce que les circonstances extérieures peuvent donner à la nature du cheval lui a été dispensé ici dans la mesure des progrès accomplis par l'agriculture pendant ces quarante dernières années; mais tout ce que la nature du cheval peut recevoir d'un système de reproduction rationnelle lui a été refusé, par la raison que le système employé dans la Côte-d'Or a péché par la base en n'apportant aucun élément à l'amélioration proprement dite, au perfectionnement de la forme et des aptitudes.

L'ancienne population chevaline était chétive et peu capable ; une alimentation plus abondante et plus riche, un travail moins excessif ou moins disproportionné, quant à sa condition nouvelle, l'ont grandie et fortifiée; elle était défectueuse et commune, elle est restée commune et défectueuse au point qu'elle ne trouverait pas emploi en dehors des travaux exclusifs de l'exploitation du sol, à laquelle elle demeure d'ailleurs uniquement consacrée.

Cela fait qu'elle est arriérée à tous égards et, nous le répétons, qu'elle ne répond ni aux besoins généraux du pays ni même à l'état actuel de la vicinalité qu'elle parcourt. En effet, et dès à présent, celle-ci repousse, dans la Côte-d'Or plus particulièrement, le cheval pesant et lent, que n'y comportent davantage ni la nature des terres ni la qualité des fourrages. Les gros corps et les formes développées, qu'on est heureux de trouver dans le cheval d'aujourd'hui, sont malheureusement portés par des membres insuffisants ; la machine manque de proportions et d'harmonie en toutes ses régions ; elle fonctionne pourtant, mais à petits résultats, et n'est capable qu'à raison des exigences peu étendues du cultivateur qui s'en contente. Elle est encore l'esclave de la glèbe ; en rien elle ne se montre propre à une condition supérieure, et celui qui l'entretient et la renouvelle ne songe guère à s'acheminer vers une situation plus haute. Il ne se doute pas qu'il y a de par le monde d'autres besoins que les siens, d'autres services à la satisfaction desquels il trouverait profit à travailler sans se nuire, sans souffrance pour ses propres intérêts. Il reste trop exclusivement le consommateur de ses produits, il ne se fait pas assez le pourvoyeur de ceux qui les lui achèteraient à beaux deniers comptants, à l'âge de la plus grande valeur marchande. Le trop-plein de ses écuries, car maintenant il exporte et ne demande plus rien aux voisins, s'écoule dans sa petite jeunesse et se répand ici et là, aux environs du Perche, où il accroît cette masse flottante d'élèves de toute provenance, cette tourbe de chevaux de tout acabit, qui se vendent ensuite aux grandes foires d'Eure-et-Loir et de l'Eure sous la qualification de percherons, par cela seul qu'ils ont la robe grise.

Ceci est l'histoire chevaline de beaucoup de nos départements. Elle est d'ailleurs fort simple. Effectivement, elle ne crée d'embarras pour personne. L'appellation de percheronne est un manteau commode, elle couvre tous les produits, toutes les marchandises : les pires, les médiocres et les bonnes, quand il y en a. Elle facilite les achats d'étalons qui s'effectuent pour le compte des départements, et leur placement chez les concessionnaires émérites; elle attire aux entiers nombreuse clientèle; elle ouvre aux poulains qu'ils donnent un débouché d'autant plus sûr qu'ils sont plus lourds et d'apparence plus ample.

De tout cela résulte une spéculation aisée pour tous, peu compliquée, à courte échéance, car les animaux qu'on ne vend pas au sevrage travaillent dès le milieu de leur seconde année, petits bénéfices auxquels les agriculteurs s'arrêtent volontiers; mais tout cela ne fait pas une industrie chevaline prospère et surtout ne crée pas, dans l'espèce, ces variétés fortes et rapides au travail, ces chevaux aux actions énergiques et soutenues, aux formes athlétiques et régulières, une famille homogène et puissante, aussi belle que vaillante, bonne à tout, apte à toutes les destinations usuelles, tirant la charrue et la charrette avec ardeur et sagesse, traînant avec énergie le tilbury ou la calèche, portant bellement un cavalier bien équipé, toujours prête et avenante, faisant bonne figure partout, plaisant à tous et satisfaisant le grand nombre.

Nous n'en sommes point là en France, et c'est à notre détriment à tous, producteurs et consommateurs. Tout en élevant beaucoup de chevaux, nous dirions volontiers trop de chevaux, nous n'en avons pas pour tous les services alors que l'agriculture en use trop. Cela vient de ce qu'elle confond le grossier avec le gros et de ce qu'elle se persuade que le gros est incompatible avec la distinction. Mais la distinction n'est pas la finesse, ce n'est même pas, à vrai dire, l'élégance, c'est la symétrie et la force, cet ensemble qui résulte de la régularité des formes et du bon agencement entre toutes les parties d'une constitution riche, d'une solide charpente.

A entendre ce qui se disait des succès obtenus dans la Côte-d'Or, à en croire les considérants de l'arrêté relatif au concours hippique de Dijon, on devait s'attendre à voir une exhibition bien différente. Nous l'avons caractérisée : elle était mauvaise, mauvaise entre toutes et très-inférieure à celles qui ont eu lieu à Charleville et à Châlons, en 1862 et 1861.

En bien des circonstances, et tout dernièrement encore, nous avons dit, établi ce qu'est le cheval entier élevé dans le Perche et vendu comme pur percheron, un animal de toutes paroisses, d'espèce de trait, prenant dans la contrée, d'un mode d'élevage uniforme qui n'a, du reste, rien de particulier, la tournure percheronne et, grâce à l'avoine qu'il mange, devenant plus apte qu'un autre aux services du trait au trot (il y a trot et trot; nous pourrons revenir à ceci un autre jour). En d'autres situations, ce cheval est toujours un bon ouvrier, un moteur commode et docile, si commun et si défectueux que le fasse ou que le laisse un régime insuffisant. Sa beauté — une beauté de convention — est affaire d'hygiène abondante et substantielle, non le fait de la structure, d'une bonne conformation.

Comme animal de travail donc, il n'y a guère que du bien à dire du percheron. C'est là qu'il brille ; c'est là ce qui a fait et un peu surfait sa réputation. On a voulu aller plus loin. On l'a élevé quand même, sans se rendre compte de ses origines, à la hauteur d'un tye de reproduction. L'engouement a été général. On l'a de toutes parts recherché avec un empressement sans égal. Il a obtenu la faveur universelle ; on l'a mis, on l'a transporté sur tous les points de la France, même dans le Midi. C'est lui, est-il besoin de le dire? que nous retrouvons dans la Côte-d'Or. Il y a échoué, comme partout. Nulle part, en effet, il ne s'est répété; nulle part il n'a fait souche, créé l'apparence d'une famille. Il a multiplié la robe qu'il porte, et c'est tout. Mais il n'a fait aucun obstacle à la multiplication des animaux informes et décousus; il a fourni son contingent de gros corps mal faits et de membres grêles. Là où il est venu ont continué à se produire les têtes insignifiantes ou bêtes, les grosses et lourdes encolures, les dos creux, les reins mal attachés, les croupes surélevées en avant et de forme avalée, les queues basses et noyées, les côtes plates et courtes, c'est-à-dire les poitrines inachevées, les flancs longs et creux, les ventres volumineux, les canons minces, les tendons faillis et collés à l'os, les mauvais genoux et les mauvais jarrets, les avant-bras grêles, les cuisses étroites et peu musculeuses, les tempéraments mous..... et le reste.

Mais ce portrait, dites-vous, n'est pas celui d'un pur percheron, d'un percheron bien choisi.

— Précisément.

Ce n'est pas toujours lui qui donne ces imperfections et d'autres encore qu'on retrouve à des degrés divers chez ses fils, mais il ne les corrige pas, *il les laisse se reproduire* sans modifications, parce qu'il n'a aucune influence, aucune autorité sur sa descendance; il ne race point, et là est l'erreur de ceux qui le préconisent comme père.

S'il avait été reproducteur capable, la population chevaline de la Côte-d'Or, entre autres, entre toutes, serait exclusivement percheronne aujourd'hui, car voici trente-huit ans révolus qu'on travaille à la faire telle. On y a mis les deux mains à la fois; on a opéré sur une grende échelle, avec zèle et savoir, très-consciencieusement, à la satisfaction générale, puisqu'au lieu de plaintes on ne recueille sur tous les points que l'approbation la plus complète. Cependant rien ne ressemble moins au percheron, si ce n'est par la robe, que le cheval de la Côte-d'Or. C'est que le percheron produit vaille que vaille et ne fait pas race.

Les prix retenus par le jury appuient en partie l'appréciation que nous avons faite de la réunion ; mais nous trouvons dans le procès-verbal de ses délibérations, publié en entier dans le numéro du 12 mai du *Moniteur de la Côte-d'Or*, un passage dont les termes mesurés pourront être pesés avec fruit par le lecteur.

« En appréciant comme conformation le mérite de la plupart des animaux présentés, et en constatant un progrès sensible, si on s'en rapporte au passé, le jury a remarqué que presque tous laissaient à désirer dans le dessous, ce qui doit être attribué évidemment à un élevage vicieux. Il pense donc que c'est vers un meilleur élevage qu'il faut principalement porter ses efforts. Il pense également qu'il y aurait lieu d'employer un autre moyen d'action, qu'on pourrait expérimenter dans une limite restreinte et avec circonspection ; ce moyen consisterait à faire l'acquisition de quelques étalons ayant un peu moins de masse que ceux employés actuellement, des lignes plus allongées et un influx nerveux plus considérable, en un mot, des étalons de transition propres à amener dans l'avenir l'emploi du carrossier. »

C'est fort bien dit, maintenant reste à savoir où est l'étalon de transition capable de refaire une population aussi arriérée, aussi défectueuse. Celle-ci répond en très-grande partie aux exigences un peu trop limitées de l'agriculture, mais elle laisse beaucoup de services en souffrance. Or l'agriculture a pour mission spéciale de travailler à les satisfaire tous. Ceci est l'un des *desiderata* impérieux de notre temps, car les besoins sont nombreux et pressants ; ceci n'est pas moins l'intérêt bien entendu de l'agriculture que du pays tout entier.

L'étalon de trait rapide, fortement charpenté, régulièrement constitué et sortant de bonne souche, manque à la France. Il n'existe en aucune autre contrée, mais nulle n'en a plus grand besoin que nous, puisqu'il est parmi nous le moteur par excellence.

C'est donc à le créer qu'il faut donner attention et secours efficace. Cette grande œuvre ne saurait s'accomplir sans l'intervention active de l'Etat. Abandonnée à elle-même, l'industrie privée ne l'entreprendrait même pas. Sous ce rapport, le passé n'éclaire que trop le présent.

Nos éleveurs ne feront jamais rien de complet ni même de satisfaisant sans le concours large et soutenu de cette sorte de reproducteurs. On a beau leur parler de l'étalon de sang, ils n'y arriveront qu'en passant par celui qu'on nomme cheval de transition sans bien définir le mot. Nous les approuvons parce qu'avant de songer à donner satisfaction aux besoins des autres, encore faut-il qu'ils réussissent à remplir plus ou moins complétement les exigences de leur propre situation. Quand ils en viendront à utiliser ce cheval de sang vers lequel on les pousse sans beaucoup de succès, ce ne sera pas pour en abuser, il faut le croire, mais pour s'en servir dans la meilleure mesure.

Il serait oiseux de dire qu'aucune offre d'achats ne s'est aventurée à la suite de ce concours, et que la commission compétente n'a point eu à s'occuper de remplir cette partie tout éventuelle du programme.

— Voyons maintenant le concours régional et international de Lille. Il nous met en plein dans la patrie du gros cheval, de cette race puissante par le volume et par le poids, qui fournit aux services du transport des marchandises la force animale la plus considérable qu'ils puissent utiliser avec avantage; race plus industrielle qu'agricole, car l'agriculture se passerait aisément aujourd'hui de ces colosses, mais dont le commerce paye assez cher les produits pour que le cultivateur ait un réel intérêt à les faire.

Voilà donc en ce moment sa raison d'être. Elle est produite en vue de besoins spéciaux vraiment étrangers à l'agriculture, dont celle-ci néanmoins profite avec habileté, grâce aux conditions de sol et de climat particulières à la région.

La production du gros cheval, en effet, offre toutes sortes de facilités à l'éleveur qui est en situation de s'y livrer. Et d'abord la poulinière travaille sans relâche, qu'elle soit vide, pleine ou nourrice. A peine si elle exige un repos complet de quinze à vingt jours à l'époque de la mise bas. Elle a pour les travaux ordinaires de la culture de la force par surcroît, et y suffit dès lors sans gêne, sans fatigue, soit qu'elle porte, soit qu'elle allaite son poulain. A partir du sevrage, celui-ci n'est plus seulement une espérance, c'est déjà une valeur réalisable, immédiatement réalisable à tout âge. Il trouve toujours preneur et peut, dix fois pour une, changer de mains sans perte pour personne. Son développement précoce, grâce aux aptitudes de la race, permet de l'appliquer lui-même de très-bonne heure au travail. Forte nourriture et travail proportionné à l'âge plus qu'aux forces, tels sont les éléments essentiels de son élevage, de la rapidité de sa croissance, pendant laquelle il ne cesse de prendre de la valeur, tout en payant partie d'abord et bientôt la totalité des frais qu'il occasionne, ou plutôt des simples avances qu'on lui fait.

En dehors de ces conditions, le gros cheval disparaît. On ne peut pas le produire sur tous les sols ; il naît et prospère en certains milieux, là seulement où il rencontre les circonstances favorables à sa prompte et large expansion ; nulle part ailleurs on ne réussit à l'implanter. Il n'en est plus de même du cheval léger. A l'exception des marais, où il ne se plaît pas, ce dernier pousse partout, là même où vient le plus naturellement la grosse espèce.

N'a pas qui veut le cheval ample en toutes ses régions, corpulent et membru. Les conditions opposées sont communes, au contraire, et constituent dans l'élevage le plus formidable obstacle que l'éleveur trouve incessamment sur sa route. Le défaut de poids (le poids n'est pas la lourdeur), la gracilité des formes et des membres, sont, dans toutes les races chevalines, des imperfections ou des défectuosités qu'on ne parvient pas toujours à combattre, et qui retirent toujours aux produits de leur mérite intrinsèque, de leur valeur marchande.

Aussi l'éleveur, quel qu'il soit, vise toujours à produire gros, qu'il s'occupe de chevaux de trait, de carrossiers ou de chevaux de selle ; qu'il fasse du pur sang, du demi-sang ou des chevaux communs, c'est toujours, dans sa caste, le gros cheval qu'il voudrait obtenir, et il a pour cela de si bonnes raisons qu'il serait oiseux de chercher à le dire ici. L'animal, mince ou plat, aux formes légères, aux membres grêles, est partout et par tous le moins estimé parmi ceux de sa race.

Cependant, si le gros est un indice de force, il ne prouve rien en faveur de la régularité, de la symétrie, sans lesquelles il n'y a ni beauté, ni distinction, ni durée. Loin de là, gros et grossier se touchent malheureusement de très-près, et se montrent par trop attachés l'un à l'autre dans les produits de nos races les plus hautes et les plus massives. C'est qu'en ce qui les concerne on ne poursuit guère que le développement des plus grandes proportions, en dehors de toute régularité de structure. C'est en exaltant la vitesse, rien que la vitesse, chez le cheval de pur sang anglais, qu'on est parvenu à construire une machine exclusivement propre aux courses excessives, mais incapable de toute action soutenue ; la beauté et la durée, la solidité et la résistance, le gros, le poids, les facultés les plus précieuses ont été sacrifiés à l'exagération d'une seule aptitude, courir vite pendant deux ou trois minutes. La race entière s'est pliée à cette exigence ; elle est sans rivale dans la spécialité qu'on lui a faite, mais cette spécialité, dont l'utilité s'arrête aux jeux de l'hippodrome, l'a détournée de sa voie, lui a enlevé le caractère d'universalité qui a été le sien et qui l'avait faite si précieuse comme type de production et d'amélioration. C'est en s'occupant exclusivement d'affiner la toison qu'on a obtenu des laines superfines et extrafines ; mais tandis qu'on poursuivait avec succès cet important résultat, on oubliait le reste, et la superfinesse, poursuivie à outrance, au détriment de toute autre perfection, avait fini par se trouver sur des bêtes mal conformées, ne valant plus rien absolument en dehors de ce fait unique, exclusif, la production d'une laine extrafine. Appliquant ces données à la production de la grosse espèce dans le cheval, on arrive à la facile interprétation de sa situation actuelle, de sa conformation plus massive que régulière. La seule préoccupation de l'éleveur, attentif aux sollicitations de l'acheteur, a été de pousser au volume, au poids, si bien qu'à la vue des mieux réussis à cet égard, la première question qui se présente à la pensée est celle-ci : Combien pèse cet animal? et cet autre? combien celui-ci? combien celui-là? L'exagération du poids a conduit à la lourdeur, et, pour y arriver, on n'a prêté attention à rien autre. Or l'irrégularité dans les formes, dans la structure, est le premier résultat, résultat forcé d'un développement précipité, et qui se fait de ci, de là, tantôt sur un point de l'économie, tantôt au bénéfice d'un autre.

Une forte charpente, une solide structure, ne perdent rien à être bien agencées en tous leurs points ; elles y gagnent tant, au contraire, que chacun voudrait réunir la régularité des formes à leur ampleur, à leurs plus vastes dimensions. Cela étant, que manquerait-il pour que la perfection fût? Une grande vitalité et l'énergie, caractère et faculté qui donnent à l'animal la puissance vive et soutenue, la résistance prolongée au plus rude labeur.

Là où les conditions d'existence favorisent l'expansion des formes, la production des grosses races, celles-ci viennent pour ainsi dire toutes seules. Elles ont la force d'assimiler les grosses nourritures qu'on leur administre, et elles prennent hâtivement ces dimensions épaisses et hautes qui les constituent. Dans les circonstances opposées, les animaux demeurent petits et plats ; ils n'acquièrent que tardivement le maximum de taille et d'ampleur qui ne les portent pas au delà des proportions exigées des petites races.

Le fait de la précocité de la grosse espèce et de la tardivité des races légères forme un étrange contraste. Il est tout à l'avantage des premières dans notre France, où l'on en tire bon parti sans avoir à redouter les inconvénients que les Anglais lui attribuent chez eux sur les races de chevaux de trait. Il témoigne une fois de plus en faveur de la rusticité beaucoup plus grande des nôtres. Nul, en effet, ne se plaint des travaux que subissent, dès l'âge de dix-huit à vingt mois, nos chevaux de trait : ils achèvent leur développement en travaillant, et à l'âge adulte ils n'en sont que meilleurs, tout en étant *neufs* encore, suivant l'expression consacrée, sains dans les membres et solides dans leurs aplombs. Suivie en Angleterre, la même méthode donne des résultats bien différents. « A trois ans, les élèves les plus forts et les plus précoces n'ont que l'apparence de chevaux faits, et on en abuse alors en leur imposant tous les travaux de la culture. Le labour dans les terres fortes tend à produire, chez les chevaux de deux ou trois ans, la faiblesse des membres, surtout de devant. Quant à ceux de derrière, la flexion excessive du jarret peut forcer cette articulation et occasionner des tares de plus d'une sorte. » Ces inconvénients doivent se produire quelquefois aussi chez nous, mais l'immense majorité ne les subit pas. Cela tient sans doute à une circonstance particulière, à la lenteur ou à la lourdeur de l'allure du pas de nos grosses races. L'éleveur n'a pas à modifier ses produits sous ce raport tant que le consommateur ne lui en imposera pas l'obligation, mais il est certain que des actions vives et allongées, sous un gros poids, sont une cause de ruine prématurée ou tout au moins de fatigue des membres, accusée par la déviation des aplombs ou l'apparition des tares chez les produits très-jeunes qu'on livre sans ménagement au travail.

Nous ne croyons pas qu'il y ait au monde une race plus précoce que la race boulonnaise, dont les produits travaillent presque tous dès l'âge de dix-huit mois. Chez eux, les progrès de la croissance se font assez proportionnellement en hauteur et en épaisseur. L'irrégularité se montre dans les régions comparées entre elles, non dans l'ensemble. Nous n'avons aucune preuve chiffrée à produire quant à l'épaisseur du corps, mais nous en trouvons de certaines dans la mensuration de la taille prise du sommet du garrot à terre, et fournie comme élément signalétique des animaux qui ont figuré au concours de Lille. Cette preuve mérite d'être rapportée en témoignage de la précocité de notre grosse espèce de trait; elle s'attache aux chevaux entiers et juments de trois ans, comparés aux animaux de quatre ans et au-dessus.

Et d'abord les étalons. Ils sont au nombre de 75 : — 24 de l'âge de trois ans et 51 de quatre à douze ans environ.

Pour les premiers, la taille moyenne est de 1^{m},629; la moindre de 1^{m},55, la plus haute de 1^{m},80.

Pour les autres, la moyenne mesure 1^{m},63; la moindre 1^{m},52, et la plus haute 1^{m},72.

Au nombre de 86, 18 de trois ans et 68 de quatre à vingt-deux ans, les juments donnent les résultats que voici :

Pour la catégorie des jeunes, taille moyenne 1^{m},60, extrême 1^{m},50 et 1^{m},80 ;

Pour les autres, taille moyenne 1^{m},62, extrême 1^{m},52 et 1^{m},75.

A trois ans donc, les produits de la race boulonnaise ont atteint ou à peu près toute leur croissance. Ce fait témoigne à la fois de l'abondance et de la qualité substantielle de la nourriture, puis de l'aptitude des animaux à se l'assimiler. Sous le rapport de sa composition, la ration se montre également favorable à ce résultat, savoir : production en proportions très-rationnelles des éléments propres à la fabrication des os et de la fibre musculaire. En effet, le cheval boulonnais a le squelette très-développé et les masses charnues très-fournies. La poitrine est vaste, très-descendue, large, profonde ; le corps est plein ; l'arrière-main est chargée, large, puissante ; le bout de devant est court, très-épais. En somme, l'animal est trapu et commun, en dépit de la netteté des membres, et souvent aussi d'une certaine finesse des crins : il n'a pas ordinairement assez de muscles sur le dos et sur les reins ; cette pauvreté contraste avec les saillies si fortement accusées de la partie antérieure de la croupe ; il n'a pas non plus toujours assez d'ampleur sous le genou, ni assez de caractère dans la tête, dont l'œil est petit, dont le naseau n'est pas assez largement ouvert.

Depuis quelques années, d'importantes modifications se sont réalisées dans cette race, beaucoup moins lymphatique qu'autrefois. Ainsi, la peau est moins épaisse, il y a moins de crin aux extrémités, et celles-ci sont plus nettes, mieux dessinées ; le garrot, toujours épais, s'est élevé et se détache mieux des régions voisines. Ces améliorations reconnaissent pour causes une alimentation plus riche en grains, une agriculture plus avancée et surtout un sol plus assaini, moins humide. Nous aurions bien voulu constater que le choix intelligent des reproducteurs y avait eu sa part ; mais il n'en est point ainsi. Sous ce rapport, le progrès est nul ou si peu apparent, qu'on peut le nier en toute assurance. Le cultivateur qui a ses écuries pleines de juments n'a pas le temps de se mettre en quête du meilleur étalon de son entourage afin de lui envoyer toutes ses mères ; il accepte celui qui vient offrir ses services à domicile, et qui les lui donne sans dérangement aucun. Pourtant, la sorte des reproducteurs est meilleure que dans le passé, par les raisons que nous venons de dire, et qui ont amélioré la race entière. Mais ce n'est pas assez : on voudrait mieux ; rien ne le prouve autant que les efforts soutenus des conseils généraux de la Somme, du Pas-de-Calais et du Nord, en vue de ce grand intérêt, efforts non encore couronnés de succès, il s'en faut.

Le succès ne sortira pas du mode actuellement suivi. Dans toute sa perfection, ce mode n'ira pas au delà d'une sélection très-incomplète, très-limitée ; au delà du choix et de la conservation de quelques-uns dans une région où il faut surtout agir sur les masses et opérer par le grand nombre. Or, déjà très-lente dans sa marche, la sélection ne donne de résultats appréciables qu'en devenant une application générale, la pratique de tous. Il ne faut pas se faire illusion, elle ne conduira ici ni à l'effacement des imperfections, ni au développement des qualités absentes.

Cependant, sur le terrain où nous sommes, c'est-à-dire dans le centre qui leur convient le mieux et où l'on trouve sans conteste les meilleurs, nos chevaux de trait montrent sur tous les autres une très-réelle supériorité. C'est une opinion reçue, c'est surtout un fait indéniable. La Belgique a fini par le reconnaître ; elle qui nous a pendant si longtemps envoyé ses plus mauvais rouleurs, nous emprunte aujourd'hui ses reproducteurs de choix. Voilà du moins ce qui ressort de la composition de la catégorie ouverte aux étalons de trait étrangers. Elle contenait quelques flamands de la variété du Hainaut, plus hauts, plus épais que nos boulonnais, et dont la vaste apparence, dont la prestance, si l'on veut, ne laissent pas que d'en imposer ; mais ils n'ont guère que la beauté du bœuf de Durham, celle que donne les farineux mêlés au tourteau. Ils sont grands, ils sont larges, ils sont gros, ils sont gras, ils pèsent plus que d'autres, mais par les chairs plus que par les os. Fort appréciés chez les animaux de boucherie, ces mérites ne recommandent pas au même degré le cheval, dont la destination n'est pas la même.

Constatons incidemment, au passage, cette singulière aptitude à l'engraissement exagéré des gros chevaux de trait du Nord. Quelques jours de repos dans une écurie assombrie, peu aérée et chaude, sous l'influence d'une ration dans laquelle entrent abondamment les farines d'orge et de seigle et le tourteau, suffisent pour les faire passer d'une condition ordinaire au fin gras. Alors la peau est tendue, le poil est lisse et luisant, les crins sont souples et légers, la robe prend de l'éclat, la physionomie s'éclaire; ce gros animal a certainement embelli : à le considérer en cet état, on se rend bien compte des motifs qui poussent l'éleveur et l'étalonnier à engraisser les produits, les étalons et les poulinières, toutes les fois qu'il s'agit de les exposer, de les envoyer à un concours, de les soumettre au jugement d'un jury ou à l'appréciation du public. La graisse cache bien des imperfections. Aussi l'art de préparer le gros cheval à la vente, et surtout à une montre avantageuse, est-il universellement connu, très-soigneusement appliqué. Il faut avouer que le gros cheval amaigri ou mal en point devient affreux, si beau qu'on l'ait connu en son bon temps. Cette remarque dépose contre les imperfections de la forme, contre les irrégularités de la structure. Or, cette preuve a son prix ; elle montre à quel point l'esprit s'égare lorsqu'il demande au gros cheval, moteur puissant, tout son effet utile aux grandes proportions, à la masse, au lieu de le demander à une judicieuse combinaison des forces vives et du poids. Mais étant données les conditions actuelles, le cheval de trait gagne beaucoup, cela est certain, à ce que l'abondance du régime augmente le plus possible son volume, sa pesanteur.

Il n'en est pas ainsi du cheval de pur sang, ni même du carrossier bien conformés. Ceux-ci, au contraire, apparaissent d'autant plus beaux et se font d'autant plus admirer qu'ils s'éloignent davantage de l'obésité. La maigreur leur sied mieux; la graisse leur nuit autant à l'extérieur qu'au dedans; elle les « avachit, » et ce mot en dit long, elle leur enlève partie de leur distinction et leur énergie, elle fait disparaître les angles au profit d'une rondeur de formes qui déplaît à bon droit, elle remplit de lymphe la machine entière, et l'œil cherche en vain, à la surface du corps, sous la peau, les divers signes de la force, c'est-à-dire les saillies musculaires, le volume des tendons, la preuve de la solidité des attaches, les véritables proportions du squelette. Par l'accumulation de la graisse, tout est nivelé à l'extérieur; les plus précieux indices, les caractères de la beauté physique disparaissent sous une vaine enflure, et l'on ne sait plus rien des rouages profonds, de l'animal interne, de l'être moral. Or, c'est particulièrement la valeur de celui-ci qui importe chez le cheval qu'on veut fort et résistant, indépendamment de son poids.

En résumé, la graisse embellit le gros cheval préposé aux lourds transports et ajoute à sa valeur en cachant ses défectuosités tout en lui donnant la vaste apparence dont nous avons déjà parlé ; elle nuit, au contraire, au cheval dont toutes les actions doivent être rapides et par le poids inutile qu'elle lui impose et par la distinction qu'elle lui enlève. La maigreur rend toujours laid le premier : elle découvre chez l'autre les imperfections qu'il porte, mais elle le sert davantage en mettant en relief toutes ses beautés, toutes ses perfections, même les plus profondes.

Il serait bien inutile à présent de dire que tous ces gros et grands chevaux de l'espèce de trait, qui remplissaient la première division du concours de Lille, y compris ceux venus de la Belgique, avaient été préalablement préparés pour la circonstance. Ils étaient donc ce qu'ils devaient être en pareille occasion, soufflés comme pour un jour de gala, pleins comme un œuf, et ils avaient bien raison d'être ainsi, car ils n'empruntent que trop encore leur principal mérite à leur volume, à leur poids. Combien pèsent-ils? avons-nous dit plus haut. Complétons la pensée par cette autre question : Combien mangent-ils? Il n'est pas aisé d'être édifié ni sur l'un ni sur l'autre point. Les gens à qui l'on s'adresse ainsi sous cette forme vous trouvent un peu bien curieux et répondent de façon à ce qu'on n'en ignore pas.

Toutefois, c'étaient des animaux bien choisis dans leur caste que ceux que le concours avait ainsi réunis à Lille. La plupart, même parmi ceux de trois ans, étaient des lauréats des concours précédents. Plusieurs sont chargés d'un grand nombre de médailles de toute valeur. Cela prouve au moins que les occasions de se montrer ne manquent pas. Cependant, si les encouragements, ou plutôt si les distinctions s'attachent si nombreuses aux mêmes individualités, ne serait-ce pas que les bons sont rares, très-rares? Si vraiment, telle est la raison. Le reproducteur capable manque partout; les sollicitations qu'on adresse aux étalonniers font qu'ils se mettent en quête et qu'ils recherchent avec plus de soin que de succès les étalons de mérite. C'est bien d'encourager cette recherche, mieux vaudrait encore organiser les choses de façon que le bon étalon fût quelque part et chez quelqu'un. Le prix n'y fait rien ; tout le monde est disposé à le payer cher, mais où est-il ? où le prendre ? qui songe à le faire naître?... Les mêmes questions se reproduisent en tous lieux, et, partout, demeurent sans réponse. On s'occupe de tous les détails quelconques de l'industrie chevaline en France, moins celui-ci, qui prime et domine tous les autres : la production réussie des pères.

Il y avait à Lille une centaine d'étalons de trait. Combien, dans ce nombre, étaient vraiment dignes de cette appellation ? A notre tour, nous n'osons pas répondre. Mais nous dirons qu'entre tous au moins il y en avait un d'un modèle accompli, mieux que cela, d'une perfection rare, d'une conformation accentuée et régulière ; il était inscrit au Catalogue sous le numéro 54 et sous le nom de *Montebello*, fils de *César* et de *Bijou* ; âgé de sept ans, il a déjà remporté huit prix et il est, cela va de soi, approuvé avec prime. C'est un type, un reproducteur très-précieux, un animal exceptionnel. Les meilleurs, parmi les autres, ne lui vont pas à la cheville. Que de bien ne feraient pas, en dix ans, dix étalons de cette valeur ?

Ce mot valeur réveille en nous une préoccupation déjà ancienne : à quelle somme se totalisent les divers encouragements déjà remis aux éleveurs ou aux possesseurs actuels des quelques étalons présentés au concours de Lille ? La recherche aurait sans contredit son grain d'intérêt et surtout une signification très-haute. On serait peut-être bien surpris que tant d'argent dépensé n'ait abouti qu'à pareil résultat, et l'on arriverait sans doute à cette conclusion un peu inattendue, qu'il y a lieu d'aviser à faire meilleur emploi, placement plus profitable des fonds destinés à imprimer une bonne direction à la production améliorée de nos chevaux de trait.

La seconde division du programme appelait au concours les carrossiers et les carrossières : 47 inscriptions pour les animaux de la région, et 11 seulement pour les étrangers, chiffres un peu atténués par les abstentions.

Bien vague aujourd'hui, cette dénomination nous avait causé quelque surprise. Sur un champ de foire, dans une écurie de marchands, elle est encore de mise jusqu'à un certain point ; mais où est sa raison d'être dans un concours de reproducteurs organisé sur un terrain particulièrement propre à l'éducation du cheval de trait ? Nous avons la manie de tout embrasser à la fois, de tout mêler et de tout confondre ; nous avons la passion du chaos et l'horreur de l'ordre.

Que l'on fasse des concours de carrossiers en Normandie et en Poitou, chacun les y trouvera à leur place ; mais dans la région du Nord, seul le cheval de trait doit attirer l'attention et recevoir des encouragements bien entendus, tant que la production de cette espèce, répondant à un besoin sérieux, offrira une spéculation profitable à l'agriculture.

Un concours régional n'est pas une exposition universelle.

Qu'est-ce cependant qu'un carrossier à Lille ? Est-ce le demi-sang léger importé d'Angleterre ? ou le demi-sang anglo-normand ? ou bien un pur percheron, un anglo-normand-flamand, un boulonnais-percheron, un barbe, né à Blidah, un pur sang anglais ?... Il y a de tout cela au Catalogue, il y avait de tout cela et bien autre chose encore dans les stalles et dans les boxes du concours. Quelle macédoine ! et comme cette appellation de chevaux carrossiers se trouvait justifiée ! Quelle ressemblance et quelle homogénéité dans une classe d'animaux dont la dénomination seule appelle l'idée de l'appareillement, de la similitude, l'association par paire d'animaux pareils quant à l'origine, quant à la conformation, aux aptitudes, aux qualités !...

Une réunion aussi hétérogène porte néanmoins avec elle son enseignement : c'est qu'il faut spécialiser les concours, ne s'occuper dans chaque région que des intérêts dominants, que des industries qui lui sont propres. C'est le meilleur moyen d'en faire bien apprécier les produits, tout en excitant les producteurs à les pousser ou à les maintenir au plus haut degré de perfection qu'ils puissent atteindre. De la sorte, chaque chose serait toujours à sa place, et les encouragements auraient nécessairement signification précise, haute portée. Que les régions appropriées à l'éducation du cheval de trait rapide organisent des concours de carrossiers, que dans la patrie du gros cheval on fasse des réunions hippiques exclusives à la grosse espèce, et tout sera pour le mieux, car des deux côtés on s'acheminera d'un pas également sûr vers un but défini, c'est-à-dire vers le progrès.

Cependant, les rédacteurs du programme de Lille ont eu leur visée en formant une division pour les carrossiers. Nous la trouvons, sauf erreur, dans le besoin, chaque jour croissant, du cheval propre au trait rapide, du cheval de trait léger, car c'est ainsi qu'on le désigne. Sans être un carrossier, il s'en faut, celui-ci se rapproche du type par ses aptitudes, sinon par sa conformation. A tout prendre, c'est une sorte nouvelle qui devrait être au cheval lourd, ou de trait au pas, ce que le cheval de pur sang est à celui de demi-sang, ou, si l'on veut bien nous permettre de parler encore le vieux langage de la pratique, ce que le cheval de selle était à l'ancien cheval de carrosse.

Il faut aller vite aujourd'hui. C'est une nécessité non plus pour quelques-uns, mais pour tous, pour les agriculteurs autant que pour tous les autres. Le cheval de gros trait, celui dont nous venons de parler, si leste qu'il se montre à la main, sous l'influence du fouet, n'est rien moins que le serviteur capable de tenir la route à une allure vive et allongée, sa spécialité est le tirage au pas, non le travail au trot, qui est devenu un besoin pressant et universel. C'est une autre spécialité. On ne commet pas la faute de l'infliger au cheval construit pour marcher au pas ; on le ruinerait prématurément sans en obtenir un service suffisant. *Suum cuique;* à chacun selon ses aptitudes. On ne touche pas à l'industrie, fort bien entendue, fort bien organisée du gros cheval, mais on s'est mis à produire, à côté, des animaux d'un autre acabit, d'une conformation plus ou moins heureuse, plus légers de corps et d'allures, capables en un mot de remplir d'une manière plus ou moins satisfaisante les exigences nouvelles.

C'est dans cette classe que viennent se ranger les soi-disant carrossiers. On y trouve donc et les étalons de sang qui, alliés à une jument quelconque, donnent des trotteurs d'un ordre plus ou moins élevé, et les poulinières, nées de ces alliances, qu'on croit les plus propres à reproduire l'aptitude cherchée. Ceci n'est plus une industrie régulière, mais un accident. Le cultivateur aime mieux faire naître et élever chez lui un « cheval croisé » que de l'acheter tout fait. Il ne l'obtient pas à moindre prix, mais il vient par surcroît, sans qu'on y pense, en quelque sorte, et lorsqu'il est venu, il prend et occupe utilement une place qui ne peut plus rester vide.

C'est ainsi, nous le répétons, que s'est introduite, dans

la région, la production du prétendu carrossier, du cheval de trait léger, qui se transformera un jour ou l'autre en trotteur digne de ce nom.

Il naît du croisement de la grosse jument avec un étalon de sang ou de demi-sang. Très-incertaine dans ses résultats, sous le rapport de la structure, de la conformation extérieure, cette opération donne pourtant des chevaux moins lourds, plus allants. Ici, on ne demande encore que cela, et le but proposé se trouve ainsi atteint. Le croisement ne dépasse le premier degré que par exception, et la consommation détruit invariablement les produits. C'est bien vu, car il ne s'agit de former ni une race, ni même une sous-race quelconque.

Le trait le plus saillant dans les suites de l'alliance de l'étalon de sang et de la grosse jument, c'est l'allégissement immédiat et considérable du poids de la mère, c'est la réduction, chez le métis, du volume du corps et de l'ampleur des membres. Ce résultat est si fortement accentué qu'il se présente à l'éleveur comme un écueil très-difficile à éviter. L'étalon de sang exerce donc sur ses fils une influence prépondérante en l'espèce, nonobstant la participation de la femelle à l'œuvre de la génération et malgré la nourriture forte et substantielle qui a créé le colossal développement de la souche maternelle. Le fait est plus saillant avec la jument belge des Flandres qu'avec nos diverses variétés du Nord dont la jument boulonnaise est la plus haute expression, mais il se reproduit avec toutes d'une manière constante et très-remarquable. Il n'y a point à nier l'évidence ; nous sommes ici en pleine lumière du jour.

Rien ne serait plus aisé que de transformer toute notre grosse population chevaline en une espèce légère et très-mince : en trois générations l'entreprise serait achevée, la destruction de nos puissantes races serait consommée. Ce serait tout à la fois un grand malheur et une immense perte, un appauvrissement pour l'agriculture, une diminution notable pour la fortune publique.

Nous n'avons pas dit, nous ne voulons pas dire que nos grosses races soient la perfection ; nous reconnaissons, au contraire, qu'elles réclament d'intelligentes améliorations, mais telles quelles, nous n'hésitons pas à l'avouer, elles sont une grande force et une grande richesse pour le pays. Entre un gros cheval et un cheval amoindri par le croisement, il y a, à l'âge de quatre ans, une différence de valeur de 200 francs au minimum. C'est quelque chose, ce n'est pas tout. Le premier aurait trouvé preneur facile à tous les âges, l'autre ne peut trouver acheteur qu'à quatre ans au plus tôt ; le premier a commencé à travailler à dix-huit mois, tandis que l'autre doit être attendu jusqu'à trois ans au moins, sous peine d'accidents, de tares ou d'usure prématurée. Dans la région du Nord, tout se prête à l'éducation du gros cheval qui l'enrichit ; les conditions de l'élevage du cheval moyen, du carrossier, de l'espèce de demi-sang sont tout autres. Pour se convaincre du fait, il n'y a qu'à voir ce qui se passe en Normandie et à le comparer aux circonstances agricoles et économiques des contrées au gros cheval.

Ceux-là qui, en l'état actuel de nos besoins si variés, pousseraient par de fausses mesures à la transformation de nos grosses races en chevaux d'espèce moyenne, commettraient une faute dont le pays porterait longtemps la peine.

Mais autre chose est de se préoccuper de la situation de ces races et d'imprimer à leur élevage une direction judicieuse qui les conduirait au degré de perfection dont elles sont susceptibles.

C'est de l'argent bien dépensé que celui qui vient d'être distribué au concours hippique de Lille, s'il reste un enseignement dont on sache tirer parti. La leçon qui en ressort porte plus haut que l'élection de un sur cinq ou sur six parmi les deux cent cinquante têtes environ qui ont pris part à la lutte.

III.

LE CHEVAL HONGRE.

Les circulaires préfectorales. — Les encouragements de la remonte. — Une campagne infructueuse. — Un cercle vicieux. — Production et débouchés. — Une opération hardie. — « La plus noble conquête que l'homme ait jamais faite. » — Problème proposé à l'élevage du cheval. — Considérations physiologiques. — Observations pratiques. — Une excellente manière pour faire des rosses. — Les premiers venus et les pires. — Tournure marchande. — Entier et hongre. — Une question d'âge. — Les objections. — Les éléments de reproduction. — Hors la loi. — Opinion isolée et pratique usuelle.

Les achats de chevaux de troupe donnent lieu à de fréquentes communications de la part des préfets. Tous les recueils des actes administratifs contiennent à ce sujet de nombreux renseignements utiles aux producteurs, aux vendeurs; entre autres, ils répètent souvent celui-ci, par exemple : « Lorsque l'éleveur pourra justifier que son cheval a été castré avant l'âge de deux ans, il sera tenu compte, à son avantage, de cette utile mesure par le comité de remonte, dans la fixation du prix d'achat de cet animal. »

Il y a des années que l'administration des remontes

offre sans résultat le même encouragement à l'élevage, et l'on doit se rappeler avec quelle ardeur, il y a moins de trois ans, la nouvelle administration des haras a ouvert infructueusement la campagne en vue du même intérêt. Elle s'était flattée de remporter une victoire prompte et décisive, mais elle avait compté sans les vieilles habitudes et sans le préjugé, qui, en notre pays, sont particulièrement favorables à l'emploi du cheval entier ou tout au moins à sa castration la plus reculée.

Il y a ici un cercle vicieux, dont il sera malaisé de sortir. Tant que l'éleveur ne sera pas contraint et forcé par le consommateur, il ne modifiera en rien ses us et coutumes. Or, en l'espèce, comme on dirait au palais, le consommateur est en plein dans les eaux du producteur, il préfère le cheval entier, convaincu qu'il est qu'en cet état il reste plus énergique, moins maladif, plus adroit et plus résistant. Il a tort, c'est très-vrai, mais il ne partage pas cette opinion et croit de bonne foi qu'il a raison contre tous ceux qui le prêchent en sens inverse. Quant aux administrations de la remonte et des haras, elles n'exercent ni l'une ni l'autre une influence appréciable sur le commerce des chevaux. A ceux-ci, l'industrie de l'élevage livre à peine annuellement une centaine d'étalons, et nul encore n'est assuré que cet imperceptible débouché ne doive pas être fermé sous peu ; à l'autre, elle vend, bon an, mal an, aux environs de 7,000 têtes de tout acabit, de quatre à sept ans, et choisies parmi les fruits secs de leur génération respective.

Qu'est-ce que cela relativement aux 300,000 chevaux qui entrent régulièrement en service chaque année?

Cependant, les deux administrations n'en sont pas moins dans le vrai lorsqu'elles poussent les éleveurs à adopter, comme règle générale, la pratique d'une opération nécessaire pour toutes les sortes de chevaux, moins peut-être pour la plus forte, la plus puissante, dans la catégorie spéciale du gros trait.

Ç'a été sans doute une grande hardiesse que d'essayer d'un semblable moyen sur les animaux domestiques, et plus encore sur les femelles que sur les mâles. Pourtant, si délicate que soit réellement l'opération en elle-même, un peu d'habitude, joint à un peu d'habileté, conduit à la pratiquer sans encombre, car rien n'est simple vraiment comme le fait de l'extinction des facultés génératrices par un procédé manuel quelconque. Si simple que ce dernier paraisse néanmoins, quant à l'existence même des individus, il a sur leur manière d'être et sur leur structure une telle influence que l'animal mutilé, celui qu'on appelle *hongre,* devient tout autre que ses congénères laissés intacts ou entiers.

L'opération n'a pas d'autre but. Elle prend sa raison d'être, son excuse, son incontestable utilité dans les modifications générales ou spéciales qui, grâce à elle, naissent et se développent au sein de l'organisme dont le travail change et prend sous son influence une direction nouvelle. En effet, le caractère, les formes, mieux que cela encore, les forces nutritives, s'en ressentent à un degré tel que les aptitudes sont changées, que les sujets en sont beaucoup mieux appropriés à des usages particuliers, aux conditions qui résultent de l'état de civilisation.

On a pu s'élever autrefois contre la mutilation des animaux, et plus particulièrement encore du cheval, « la plus noble conquête que l'homme ait jamais faite. » Les poëtes et une certaine philosophie l'ont fort anathématisée, mais les besoins parlent haut dans une société nombreuse et pressée. Laissant dire ceux-ci et se lamenter les autres, on a poussé droit à l'utile, et les plus ardents à la critique ont profité, les premiers, des avantages variés que parvient à développer la saine et judicieuse application des principes éprouvés de la zootechnie.

L'opération dont nous parlons est un moyen d'obtenir de certains animaux, à moindres frais, des services plus faciles et plus durables, et de certains autres, des produits plus abondants ou de qualité supérieure; dans tous les cas, elle enlève à l'élevage une partie de ses mauvaises chances.

Un pareil résultat a son prix. Il concourt pour sa part à la solution de l'important problème de l'existence humaine rendue et plus large et moins chère.

Mais il nous faut rétrécir l'immense horizon que la question ainsi posée déroule devant nous ; nos observations doivent, pour le moment, se restreindre au cheval.

Sauf quelques exceptions exclusives au cheval de gros trait, tous les mâles de l'espèce chevaline devraient être livrés au bistouri. Cette nécessité, maintenant admise, est un premier pas vers la complète solution du problème proposé à l'élevage. On ne discute plus guère les effets mêmes de l'opération, ils sont sûrs ; les résultats en sont désormais et pour toujours acquis à la bonne pratique comme aux saines idées d'éducation du cheval, mais les masses ne sont pas gagnées, elles restent dans la routine, redoutent les suites de l'opération et ne s'y décident que le plus tard possible. Il y a là, d'ailleurs, un reste de préjugé à combattre. On est si accoutumé au cheval entier, à l'animal complet, que cette opinion s'est formée, à savoir : plus tard on l'opère et plus il conserve de feu, de véritable énergie, de beauté. L'opération détermine donc de grands changements dans l'organisation. On le sait; on s'y attend; ils portent tout à la fois sur les formes et sur les qualités, mais ils sont bien divers, plus ou moins heureux, suivant que le hongrage est pratiqué à une époque plus rapprochée ou plus éloignée de la naissance.

C'est ce point qu'il s'agit de bien mettre en lumière.

A quel âge donc convient-il de hongrer le poulain, en vue d'obtenir *ipso facto,* pendant la croissance et le développement, les modifications de formes les plus favorables à l'élevage, c'est-à-dire aux aptitudes de l'animal et aux intérêts de l'éleveur?

Opéré à quatre ou cinq ans, le cheval n'est vraiment pas hongré suivant la bonne et juste acception du mot, il est, à proprement parler, mutilé.

Voyons comment et pourquoi.

A cet âge, l'animal est fait. Les grands changements que la puberté provoque ont eu lieu sous l'influence des organes générateurs, les parties antérieures du corps se sont très-développées comparativement aux parties postérieures; la force et la vigueur sont presque à l'apogée; le caractère est formé et porte presque toujours un cachet d'indépendance et de fierté qui souvent le rendent difficile ou vicieux. Alors la croissance étant achevée, l'organisme ayant revêtu tous ses attributs, le mouvement progressif d'assimilation, ou, pour être plus clair, *d'augmentation,* s'arrête, et le mouvement contraire va commencer.

Qu'on opère le cheval alors, voici ce qui arrivera : le volume, le poids des régions antérieures diminueront aux dépens des parties molles : c'est la masse charnue de l'encolure qui s'amincira, et aussi celle des épaules et du poitrail, tandis que la tête, principalement formée d'os, restera forte et lourde. Supportée par un cou trop grêle, cette dernière donne du décousu et nuit beaucoup à la régularité des allures. Cependant, chez le cheval qu'on a laissé croître entier, les régions antérieures ne paraissent prédominantes que parce que celles de l'arrière ne se sont pas développées autant, dans un rapport proportionnel égal; alors on lui voit la croupe étroite ou pointue, couverte de muscles trop minces, et tout le reste de l'arrière-train participe de cet état, notamment la culotte, qui manque d'ampleur, de volume, de force. Eh bien ! tandis que les parties charnues de l'avant se réduiront, celles des régions postérieures ne grossiront pas; l'animal se déformera par un bout sans s'améliorer de l'autre, et, dans toute l'économie, se trahira le défaut de proportions, l'absence de ces formes harmonieuses qui constituent un bon cadre, un bon ensemble. Ajoutons que le cheval entier, en croissant avec l'inégalité que nous venons de dire, fatigue beaucoup sur ses membres antérieurs, presque toujours grêles et faussés dans les aplombs.

Ce n'est pas tout. Cet animal passe sans transition de cette énergie factice, de cette fierté brillante empruntée à la seule présence des organes générateurs, à un état de mollesse et d'atonie fort remarqué. C'est un résultat inévitable, puisque les organes supprimés avaient déjà profondément réagi sur la machine entière. Ce qu'il garde seulement, c'est son caractère; tant pis donc s'il était auparavant difficile ou dangereux. La vérité est qu'on obtient rarement un bon service du cheval hongré après que toute vitalité s'est éveillée, lorsque la vie presque tout entière a été concentrée dans les organes préposés à l'importante fonction de reproduction.

Un écrivain de beaucoup de sens, observateur judicieux et bon praticien, disait : « L'opération tardive est excellente pour obtenir des rosses. « L'expérience s'est chargée de démontrer la justesse du mot ; en s'y tenant, l'éleveur va par le chemin le plus court à l'encontre du but qu'il se propose. Le raisonnement, en ceci, est en accord parfait avec l'observation, puisque, d'un côté, l'opération ainsi reculée ne peut influer avantageusement sur les formes ou les dispositions à jamais fixées du squelette, et que, de l'autre, elle nuit essentiellement à la vigueur, à l'énergie, sans modifier le caractère, s'il est déjà vicieux.

Voilà pour l'individu ; voyons maintenant pour les populations, pour l'espèce.

Au lieu de n'employer, comme il le faudrait, que les meilleurs parmi les bons, à la reproduction, on trouve plus commode d'y utiliser ceux qu'on a sous la main, les premiers venus et souvent les pires. Ces étalons de hasard, c'est le grand nombre malheureusement, sans qualités, sans adhérence avec les bonnes races, plus ou moins défectueux, issus eux-mêmes d'accouplements fortuits, transmettent à leurs produits leur mauvaise structure, les tares qui les déshonorent et, donnant semblables à eux, ils retiennent les générations nouvelles sur les degrés inférieurs de l'échelle.

Nos habitudes sont faciles à juger par les résultats qu'elles déterminent. Certes, ces derniers laissent beaucoup à désirer aux moins exigeants. Que si nous considérons ceux qu'obtiennent nos voisins d'outre-Manche et d'outre-Rhin, nous trouvons en eux une contre-partie féconde en enseignements. Des milliers et des milliers de chevaux nous viennent depuis nombre d'années de ces deux côtés, qui n'auraient point été de défaite sans le hongrage en bas âge. Ils ne sont ni meilleurs au fond, ni souvent mieux élevés que les nôtres, et pourtant ils ont une tournure marchande qui les fait passer et même rechercher.

« Le cheval entier ou hongré à quatre ans seulement, dit un agriculteur éminent, M. L. Moll, devient, toutes choses égales d'ailleurs, plus lourd, plus massif, moins propre aux services rapides, à la selle, ou au trait accéléré, que le poulain opéré avant l'âge de deux ans. Tel limonier serait devenu cheval de cuirassier ou de voiture, s'il avait été castré à cette époque. » Ajoutons que le poulain entier est d'un élevage plus embarrassant et plus cher, d'un dressage plus malaisé que l'autre.

Ainsi, nous insistons à dessein sur ces divers points : développement irrégulier, conformation défectueuse, tournure plus commune et moins marchande, force et vigueur amoindries, caractère moins docile ou vicieux, difficultés au dressage, prix de revient plus élevé sans compensation à la vente, inconvénients pour l'amélioration : telles sont les conséquences naturelles de la castration tardive ; elles la suivent avec une constance désespérante, elles la condamnent et doivent la faire abandonner comme nuisible à tous égards, nuisible à la valeur des races et des individus, à la quantité du travail, à la durée du service, au bénéfice de l'élevage.

Que de motifs pour renoncer à l'opération tardive. Pour les faire mieux apprécier encore, il faut mettre en regard les avantages qui résultent du hongrage pratiqué, non plus seulement avant l'âge de deux ans, mais à l'époque la plus rapprochée de la naissance, tandis que le jeune animal est encore à la mamelle. Nous sommes très-explicite, comme on voit, nous donnerons nos raisons.

Mais avant de passer outre, concluons relativement à ce qui précède : Tardivement pratiquée, la castration amollit et abâtardit le cheval par les profondes modifications qu'elle imprime à un organisme développé pour une fin qu'il devient impuissant à remplir, par la soustraction de l'influence énergique et vivifiante d'un organe qui imprègne toute la substance vivante d'un principe désormais nécessaire aux manifestations de son activité. Il n'en sera plus de même si elle supprime l'organe alors qu'il n'a pas encore pu contracter des liaisons synergiques étroites avec aucune autre partie de l'économie. Dans ce cas, l'animal opéré, désormais être neutre, se développera exclusivement sous l'influence des conditions que lui auront transmises ses ascendants et que les agents hygiéniques de toutes sortes favoriseront dans leur expansion. En d'autres termes : l'animal émasculé très-jeune, tandis qu'il tette encore, vit par ses ascendants dont il répète les qualités. Plus tard, lorsqu'il a commencé à vivre par lui-même, un foyer propre d'activité s'est allumé en lui, et, si on vient à l'éteindre, on éteint en même temps les facultés qui n'en étaient que le rayonnement.

En Angleterre et dans la plus grande partie de l'Allemagne, il est de règle de hongrer les poulains aussitôt que l'opération est faisable. On y a depuis longtemps et complétement abandonné le préjugé de la castration tardive, encore si général et si puissant parmi nous. Or, les Anglais et les Allemands pratiquent judicieusement le cheval ; ils n'auraient pas réformé la vieille coutume de l'opération éloignée si l'expérience ne leur avait démontré jusqu'à l'évidence l'utilité, les avantages de la réforme. Ils ne sont pas plus que nous des partisans forcenés ou enthousiastes des innovations ; ils tiennent, eux aussi, à leurs idées, aux habitudes anciennes, à la tradition, mais ils les répudient plus facilement que nous lorsqu'ils trouvent profit à s'emparer d'une amélioration. Ils sont, moins que nous, réfractaires au progrès et ne le repoussent pas de parti pris. En bien des points ils nous ont devancés; nous les rejoindrons à la longue, mais que de temps perdu, que de temps et que de profits ?

Quoi qu'il en soit, nombre d'éleveurs français ont fini par imiter ceux des contrées voisines; ils sont encore en minorité, mais une fois donné chez nous, l'élan se propage plus rapidement qu'ailleurs. Ce qui a décidé les premiers, ce qui en décidera bien d'autres à la suite, c'est que l'opération faite de très-bonne heure est alors sans danger. Hongrés sous la mère, les poulains guérissent vite, sans éprouver jamais aucun des accidents sérieux qui suivent si souvent l'opération pratiquée sur les adultes. Ce qui fait l'innocuité de l'émasculation chez le nourrisson, c'est qu'elle s'attaque à des organes rudimentaires dont la vitalité sommeille et n'a encore aucun rayonnement; elle n'occasionne aucune souffrance appréciable et ne détermine aucun trouble quelconque au sein de l'organisme. En cela vraiment le cheval ne fait point exception à une règle commune; tous les animaux quelconques supportent d'autant mieux les effets physiques de la castration et en témoignent d'autant moins, par une démonstration extérieure quelconque, qu'ils la subissent à une époque plus rapprochée de la naissance. Nous ne disons pas une nouveauté, ceci au moins est de science certaine et vulgaire; ajoutons que c'est aussi, dans la question, affaire de la plus haute importance. A ce point de vue donc, le hongrage à la mamelle sauvegarde les intérêts des éleveurs; il conserve pour tous les services, et notamment pour l'armée, un plus grand nombre de chevaux qui en deviennent meilleurs, qui rendront de plus longs services.

En effet, si l'on opère avant que les organes éveillés à la vie aient pu exercer une première influence sur l'économie, on voit les régions dont l'existence de ces organes aurait activé le développement conserver, chez le hongre, les caractères qui les distinguent chez les femelles. La tête reste légère, elle serait devenue prédominante ; l'encolure et les épaules n'attirent point à elles un excès de nourriture plus nuisible qu'utile. Au lieu des formes lourdes, disgracieuses, disproportionnées qui s'accusent chez le cheval mutilé trop tard, on observera des conditions de souplesse et d'élégance qui ont leur prix. Or, tandis que le développement exagéré des parties antérieures se trouve ainsi enrayé au grand avantage des membres antérieurs qu'un poids inutile ne chargera pas et ne fatiguera pas, l'arrière-main, au contraire, acquiert une ampleur trop rare, une richesse musculaire que tout le monde recherche à bon droit et qui n'existe jamais chez le cheval entier ou chez celui qui a été hongré de deux à cinq ans.

On a fait à la castration à la mamelle deux objections que l'expérience a promptement et victorieusement réfutées. N'est-elle pas, a-t-on dit, une opération prématurée et ne nuira-t-elle pas à la croissance régulière des parties antérieures du corps, des membres et de la poitrine surtout ? Sous son influence généralisée, l'avenir des races ne serait-il pas compromis s'il est vrai qu'on ne peut juger sûrement du mérite du père, du futur étalon dans le poulain qui vient de naître ou qui n'a encore que quelques semaines ?

A vrai dire, la première objection n'en est plus une, et nous y avons répondu à l'avance en constatant que les forces nutritives, que les causes mêmes du développement de la machine entière sont beaucoup plus régulièrement, beaucoup plus harmonieusement réparties entre les diverses régions de l'animal, lorsqu'il est émasculé tout petit que lorsqu'il est mutilé aux approches de la puberté ou postérieurement à cette époque. Pourquoi donc les membres antérieurs auraient-ils à souffrir de l'opération ? Rien ne saurait justifier cette crainte ; elle est toute gratuite, et nous venons de démontrer comment, soulagés par l'allégissement du poids de la tête, du volume disproportionné de l'encolure et des épaules, ils n'éprouvent plus cette fatigue permanente qui les fausse, les surplombe, les ruine et met l'animal hors de service avant l'âge. Ceci même est le cas particulier des chevaux des Ardennes que le dépôt des remontes de Villers envoie dans nos régiments de cavalerie : la plupart de ceux que la réforme atteint sont renvoyés pour usure prématurée des membres antérieurs.

L'influence sur le développement de la poitrine est-elle plus réelle ? Ici, nous ne voyons même pas matière à discussion. On fait une objection en l'air, qui ne s'appuie sur aucune base. Où sont les faits qui lui donneraient seulement l'apparence de la raison ? Pris en masse, les chevaux hongrés tout jeunes se développent mieux, plus vite, plus complétement, plus régulièrement que les entiers, mieux souvent aussi que les femelles. Nous le savons pertinemment, nous qui avons spécialement étudié les faits à ce point de vue ; nous le savons pertinemment parce que, en suivant de près de nombreuses générations, nous avons pu nous convaincre que, partout, les poulains hongrés de très-bonne heure, mieux réussis en tout que les autres, obtiennent à la vente des prix supérieurs. Ceci est un *criterium* assez sûr. Nous savions ce que nous disions tout à l'heure lorsque nous écrivions : faite à la mamelle, l'opération sauvegarde tous les intérêts de l'éleveur.

Non, cent fois non, elle ne crée pas des sujets malingres ou inachevés, mais des animaux dont aucune force ne sera plus détournée au profit d'une agitation stérile, d'une activité de toupie, dont aucune force ne s'évaporera dans les airs, qu'on nous pardonne l'expression, et dont toute la vitalité, au contraire, profitera au but proposé, au résultat cherché, savoir : une croissance rapide et complète, un bon ensemble, une structure solide, des formes harmonisées, moins communes, une nature plus facile. Est-ce que tous les chevaux anglais ou allemands qui entrent en France n'attestent pas nos propres déclarations ? L'homme de cheval peut facilement se représenter ce que seraient ces animaux s'ils avaient été conservés entiers jusqu'à deux et trois ans ; en cet état, nul n'en voudrait, nul ne les aurait jamais acceptés chez nous, où ils sont si communs, où ils se placent si facilement et avec tant d'avantage pour le marchand qui a nécessairement laissé entre les mains du producteur un prix suffisamment rémunérateur de l'élevage. Laissés entiers, la plupart de ces chevaux ne seraient ni mieux conformés, ni plus distingués, ni plus dociles, ni plus développés que les nôtres, leur supériorité apparente est tout entière le bénéfice d'une castration très-précoce.

L'expérience et l'observation, lorsqu'elles ne demeurent pas lettres closes, sont les juges suprêmes. Ici, elles démontrent que, loin de nuire en rien à la conformation des diverses régions de l'ensemble, l'émasculation pratiquée pendant l'allaitement donne, ou si l'on veut, n'enlève pas aux jeunes élèves la faculté de prendre toutes les conditions de taille, d'élégance et de force, qui font les bons chevaux de service, et nous ne disons pas assez, car tout éleveur qui a essayé de la castration précoce, ne revenant jamais à la pratique abandonnée, témoigne, par cela même, de la valeur de la première, des avantages incontestables qu'elle présente sur l'autre.

En peut-il être autrement? En castrant sous la mère, nous voulons encore le répéter, on ne dérange aucun équilibre, on ne détruit aucune harmonie dans les fonctions vitales ; car dans les organes supprimés il ne réside encore qu'une force latente, force inerte et passive qui ne pourra plus s'éveiller. En opérant tardivement (et à notre avis, c'est déjà trop tard après six mois), on détruit subitement un équilibre en voie de formation, sinon établi, et l'on apporte une grave perturbation dans la répartition harmonique des forces vitales sur les diverses fonctions dont on supprime tout à coup l'une des plus considérables et des plus importantes.

Par cette seule raison physiologique que l'émasculation à la mamelle ne peut nuire à la conformation des produits, ni contrarier en rien leur développement, il faudrait l'adopter à cause des avantages économiques qu'elle entraîne ; il faudrait l'adopter du moment que les poulains se font mieux, que leur dressage est plus facile, leur caractère plus souple, leur éducation moins onéreuse et plus profitable, leur vente plus assurée et plus fructueuse, moins grand le nombre des accidents qui les déparent. A ces motifs, ne l'oublions pas, s'en ajoutent d'autres non moins essentiels ; ainsi la légèreté de la tête, l'élégance de l'encolure, la finesse des crins et de la peau, la souplesse des épaules, la hauteur du garrot, c'est-à-dire la distinction des parties antérieures, la force et le développement des régions postérieures, développement et force qui sont presque la caractéristique de l'opération pratiquée de très-bonne heure et qui donnent tant de prix à l'animal à vendre. Un dernier avantage enfin est celui qui résulte de la douceur du caractère, de la docilité de se prêter à toutes choses, condition particulièrement heureuse pour le dressage, auquel tout cheval entier ou tardivement mutilé se montre si généralement et si fâcheusement réfractaire en notre pays. Dépouillé, dès le commencement de son existence, de l'ardeur des désirs, de la volonté que la nature lui a départie, le jeune poulain ne songe point à se révolter ; il accepte, obéissant et maniable toujours, toutes les impulsions du maître ; attentif aux enseignements, il profite des leçons qu'on lui donne et son éducation devient réellement très-facile. Il n'est pas besoin de l'isoler, il vit paisiblement de la vie commune, parmi les pouliches et les poulinières ; il ne se livre à aucun écart, à aucun ébat violent ; il ne court pas ainsi au-devant des mille et un accidents qui atteignent le poulain entier dans le cours de l'élevage, et bien des tares sont évitées qui retirent à un animal une si grande partie de sa valeur marchande.

La seconde objection repose sur une base plus ferme, et, sans compliment comme sans hésitation, nous ajouterons qu'il est très-regrettable qu'elle n'offre pas chez nous plus de surface. Malheureusement, parmi nos diverses races équestres, fort peu sont assez avancées, assez bien douées pour fournir beaucoup d'étalons capables à leur bonne reproduction. C'est par exceptions bien clair-semées qu'elles en donnent pour la plupart, et alors ces exceptions sont faciles à spécifier à l'avance. Les juments de toute conformation, de toute provenance, qu'on livre habituellement à la serte, sont en général de formes plus ou moins défectueuses et sans origine constatée, sans filiation connue, sans lien avec une souche d'élite par les qualités. Elles sont par elles-mêmes, elles n'ont aucun bon précédent ; rien ne les recommande sérieusement au choix raisonné de l'éleveur. Leurs fils, nés pour le grand nombre aussi du hasard ou d'accouplements mal entendus, ne pouvant offrir aucune ressource à une reproduction intelligente, moins encore à l'amélioration, doivent être tous livrés au bistouri dès le premier âge. C'est la masse, il faut le dire, et malheureusement encore notre assertion n'est pas contestable.

Immédiatement au-dessus de cette classe s'en présente une autre, beaucoup moins nombreuse, composée de poulinières de diverses castes, lesquelles, mariées avec entente à des étalons bien choisis, peuvent donner des poulains d'espérance. Elles sont bonnes dans les parties essentielles, convenablement racées, éprouvées dans leurs qualités. Il ne faut pas livrer indistinctement à l'opérateur tous leurs produits. On doit attendre, pour juger les meilleurs, qu'ils aient au moins un an ; mais à cette époque, et tout en se montrant un peu moins sévère que pour des animaux plus âgés, on peut déjà se prononcer contre ceux qui n'ont pas tenu les promesses des premiers mois et les hongrer avec la certitude qu'ils réussiront mieux que si on leur laissait leur intégrité. Parmi ceux qu'on gardera entiers, ce ne sera encore que le plus petit nombre qui arrivera à bien.

Quant aux contrées de bonne production, à celles où la race est avancée pour fournir quantité de pères de choix, elles doivent simplement suivre l'exemple des Allemands et des Anglais, c'est-à-dire conserver largement pour l'étalonnage tous les produits bien venants nécessaires aux besoins locaux ou extérieurs et soumettre tous les autres au bistouri, sans attendre.

Ces conseils n'ont rien d'insolite. Nous les puisons dans les pratiques les plus usuelles de l'élevage des autres espèces domestiques. On a mis sans motif celle du cheval hors la loi commune, et l'on s'en est mal trouvé. Plus judicieux que nous, nos voisins sont sortis de l'exception non justifiée pour rentrer dans la règle posée par l'expérience. Nous ne saurions faire mieux que de les imiter en cela, puisque les bons résultats se produisent chez eux à notre propre détriment.

Un vétérinaire anglais, M. Brettargh, écrivait en 1829 :

« J'ai pratiqué la castration sur un grand nombre de poulains, depuis l'âge de dix jours jusqu'à celui de quatre mois, et je suis convaincu que c'est l'époque de la vie la meilleure pour la complète réussite de l'opération, qui, alors, a peu d'influence sur la santé, car au bout de dix jours le petit animal ne s'en ressent plus. Castré à cette heure, il se développe dans de plus grandes proportions que ceux que l'on taille plus tard. »

Ceci n'est point une opinion isolée, mais le langage de la pratique usuelle en Angleterre et en Allemagne, le langage aussi de nos éleveurs les plus expérimentés, des hippologues qui font autorité, des officiers de cavalerie et de tous les consommateurs qui ont porté leur attention sur les conditions les plus favorables à l'éducation du bon cheval de service.

Pour le cheval propre aux travaux agricoles, dit le livre anglais qui a le plus pratiquement parlé de l'élevage rationnel, il ne faut pas attendre au delà de quatre à cinq mois.

Nous avons dit les avantages de l'émasculation dès les premiers temps de la vie; un grand pas aura été fait vers l'éducation profitable du cheval en France le jour où les éleveurs se seront décidés à s'en assurer le facile bénéfice.

IV.

CHARRETIER ET COCHER.

Définitions. — Trois chefs d'emploi. — Une pensée de Montesquieu. — *Primus inter pares.* — Trois professions qui se valent. — Maître ou valet. — Sujet d'élite ou rossard. — Les qualités du cheval français. — Anglais et normands. — Les mérites du bon charretier. — L'état brut et la condition civilisée. — Le cocher. — Les éleveurs capables. — Les vingt règles du cocher. — *Four in hand.* — Les écoles de dressage. — Le cocher campagnard. — La tenue de l'écurie.

Charretier, bouvier, berger sont des appellations parfaitement définies : le charretier s'occupe des chevaux ; les bêtes bovines sont du ressort du bouvier, du pâtre ou du vacher ; le gouvernement des troupeaux de bêtes à laine est du domaine spécial du berger.

Ce sont des hommes à gages à qui l'on applique ces dénominations : malheureusement ces dénominations ne réveillent pas toujours dans l'esprit la pensée d'utilité pratique qui s'y rattache.

En effet, les charretiers habiles sont rares, non-seulement parmi les domestiques, mais aussi parmi les petits tenanciers qui conduisent eux-mêmes leurs chevaux. La grande culture ne trouve pas déjà si aisément des agents capables à qui elle puisse confier en toute sécurité le gros bétail dont elle peuple ses étables ; mais parmi les femmes ou les filles des petits exploitants, qui soignent elles-mêmes la vacherie, combien savent tirer de leurs bêtes le meilleur parti, le profit le plus élevé ? Les bons bergers ne sont pas communs non plus, et cependant la prospérité des troupeaux est tout particulièrement en leurs mains.

On ne se fait pas, en général, une très-haute idée de ces trois professions. Elles nécessiteraient néanmoins chez ceux qui les exercent des connaissances pratiques d'une certaine étendue. Quand l'agriculture sera plus avancée, lorsque les animaux qu'elle produit, qu'elle élève, qu'elle engraisse ou qu'elle use, auront acquis plus de valeur, toute leur perfection, sans demander aux aides de chaque jour, aux auxiliaires de passage plus de savoir qu'ils n'en ont aujourd'hui, elle exigera du charretier, du bouvier et du berger, chefs d'emploi, une science plus vraie, une entente plus complète des choses sur lesquelles chacun, en particulier, est appelé à exercer une très-notable influence.

Ici donc le niveau doit s'élever : la loi du progrès le veut ainsi. Les laboureurs d'il y a vingt à trente ans n'auraient pu lutter d'habileté avec la généralité de ceux de l'époque actuelle. Les concours de labourage ont rendu de grands services à la société sans que celle-ci leur ait prêté le moindre appui, leur ait accordé le moindre intérêt. « Dans le midi de l'Europe, a dit Montesquieu, où les peuples sont si fort frappés du point d'honneur, il serait bon de donner des prix aux laboureurs qui auraient le mieux cultivé leurs champs... » Le conseil avait du bon ; chacun sait parfaitement aujourd'hui quels progrès ont été accomplis depuis un petit nombre d'années sous l'influence des concours dont le germe était contenu dans cette phrase. L'habileté du laboureur ne restera point isolée ; elle se fera tout aussi marquée chez le charretier, chez le bouvier et chez le berger.

Ceux-ci, constatons-le, ne sont point de simples ouvriers. Ce sont des maîtres en leur genre, ce sont les employés les plus capables, les mieux rétribués, par conséquent, parmi les agents de la culture ; ce sont des spécialistes qui s'enferment dans leurs attributions et qui se garderaient bien d'empiéter les uns sur les autres. Le charretier, *primus inter pares*, croirait sottement déroger en s'occupant du bœuf ou de la vache ; refoulé dans sa modestie, le bouvier n'est pas estimé à tout son prix ; mais le berger, quelque peu étrange et bizarre, forme caste et se tient à l'écart ; on le juge très-diversement ; il n'est pas autant sorcier qu'on pense.

Ces idées de hiérarchie, mal fondées en ce qu'elles s'étayent sur des préjugés, tendent heureusement à s'effacer ; elles doivent se perdre avant peu. Les trois professions se valent, si on les mesure à l'importance des services qu'elles sont appelées à rendre. Le cheval, le bœuf, le mouton sont des éléments considérables de la richesse agricole, de la fortune publique. Il y a un mérite égal à s'occuper de l'un et de l'autre, car il ne faut ni moins d'entente, ni moins de science acquise, ni moins de véritable sollicitude pour faire prospérer celui-ci que celui-là. Maître ou valet, propriétaire ou salarié, ceux qui s'adonnent, qui se vouent aux fonctions de charretier, de bouvier ou de berger devraient aujourd'hui en savoir plus long, connaître mieux l'utile métier qu'ils exercent, les importantes fonctions qu'ils remplissent. Les animaux ne réussissent qu'en raison des soins éclairés dont on les entoure. Il est bien facile au berger de faire d'un magnifique troupeau une collection de bêtes chétives et sans valeur. L'incurie du bouvier, la brutalité de la trayeuse ou simplement leur ignorance font à coup sûr d'un bon bœuf une mauvaise bête, d'une laitière abondante une vache pauvre et d'un entretien onéreux.

La main de l'éleveur ou du charretier est toute-puissante sur le caractère, sur la nature essentiellement impressionnable du cheval. Le même animal, selon qu'il est traité avec douceur ou malmené, devient un sujet d'élite ou, qu'on nous passe le mot, un affreux rossard.

Nous n'avons point à faire la preuve de ces assertions; elles sont l'évidence même non plus pour quelques-uns, mais pour tous, en ce qui regarde au moins les espèces bovine et ovine..Pourquoi seraient-elles moins vraies pour l'autre? Les préjugés qui ont nui au cheval français ne sont plus de mise. On l'a trouvé moins beau que d'autres; c'est qu'il était moins soigné, plus inculte. En toutes circonstances cependant, nous l'avons vu supérieur à ceux que nous avions eu la sottise de lui préférer. Les guerres d'autrefois nous l'ont montré vaillant et résistant, celles de l'époque actuelle n'ont pas dit qu'il ait perdu ses qualités fondamentales : la rude campagne de Crimée, au contraire, l'a réhabilité dans l'opinion de ceux qui en faisaient le moindre cas, et une expérience comparative toute récente, suivie pendant une année entière à l'Ecole de cavalerie de Saumur, sur dix chevaux anglais et dix chevaux normands, a encore permis de conclure à l'avantage des produits français. Il s'agissait de se rendre compte de la valeur réelle des uns et des autres sous le rapport des allures, de la vigueur et du fond. L'étude et l'observation se sont prolongées, nous le disions, pendant une année entière, et l'épreuve a été le service assez pénible, le travail assez violent parfois de la carrière.

« Pendant le premier mois d'examen, lisons-nous dans le rapport officiel adressé par le commandant de l'école au ministre de la guerre, la supériorité semblait acquise aux chevaux anglais, parce que, habitués au travail et à peu près dressés au moment de l'achat, ils ont pu être mis en service quelques semaines après leur arrivée ; mais à mesure que les influences du régime et de l'acclimatation ont disparu, les chevaux normands ont pris peu à peu le dessus, et aujourd'hui, quoique ces derniers, âgés de cinq ans en moyenne, n'aient pas atteint tout à fait leur complet développement, il est facile de conclure en faveur des chevaux français; car les anglais, plus âgés, ne peuvent que perdre, tandis que les autres ont encore à gagner.

« En résumé, comme vigueur, allures et énergie, les chevaux normands me paraissent l'emporter jusqu'à ce jour sur les chevaux anglais. »

Faite entre anglais et normands, cette étude est une manière de type. On n'aurait pas songé à l'établir entre allemands et français. Le cheval allemand, si usuel chez nous, ne supporte en aucun point la comparaison avec nos produits, sous le rapport de la résistance et de la durée ; il travaille peu à la fois, et, malgré cela, se trouve vite usé ; mais familiarisé dès sa naissance avec l'homme et, qu'on nous permette l'expression, avec sa future destinée, il est docile et maniable, il a été « éduqué, » il est instruit, dressé, soumis ; il se présente avec avantage et en impose à l'acheteur, sauf à ne pas le satisfaire longtemps. Le cheval français, au contraire, toujours négligé, ne sachant rien de ce qu'il devrait savoir, se présente au consommateur sous l'apparence la moins favorable, sous la forme la moins heureuse et la moins séduisante, plus effaré et plus craintif que tranquille et rassuré, plus insoumis que doux, ou bien, ce qui ne vaut pas mieux, déjà taré par l'abus de ses forces, déformé sous les efforts d'un travail excessif et prématuré. Nous ne connaissons pas de milieu en France. Nous élevons le cheval dans une oisiveté complète et sans rien lui apprendre, ou bien nous lui infligeons, avant l'âge, une tâche déraisonnable, une activité irréfléchie que ne soutient même pas une alimentation substantielle, un régime fortifiant. Dans les deux cas, l'animal est insuffisant et déplaît. Il se présente mal, disgracieusement ; s'il n'est pas toujours laid, il est rarement beau, et sa laideur tient particulièrement à son défaut de culture ou aux défectuosités acquises par un mauvais emploi, par un usage forcé. Ceci n'est pas son fait, mais celui de l'éleveur ou du charretier auquel il nous faut revenir.

Un bon charretier est précieux. De lui dépendent en grande partie, a dit un savant agronome, l'abbé Rozier, la santé des bêtes de charge, l'économie dans le service des fourrages et la multiplication des engrais. Il doit être doux, actif, vigilant, sobre, patient et fort. S'il est brusque, s'il bat les animaux, renvoyez-le aussitôt; ils doivent obéir à sa voix et non à son fouet ; bientôt ils deviendront en ses mains rétifs, mutins et méchants. Tout animal se soumet par la douceur, et toute contrainte l'irrite. Un bon charretier ne pense qu'à ses chevaux, et n'est content que lorsqu'il sait qu'il ne leur manque rien.

« Le maître charretier doit savoir labourer, herser, etc.; il doit se connaître en chevaux, savoir distinguer leur âge, les signes de leurs bonnes ou mauvaises qualités, leur pansement et le traitement de certains maux qui exigent de prompts secours; il doit, par sa conduite, se faire aimer et respecter, etc. »

Ce n'est pas seulement le charretier à gages qui doit avoir cette réunion de qualités et ce savoir, mais tout cultivateur quelconque faisant lui-même son travail, soignant et conduisant lui-même son attelage, élevant et dressant ses jeunes chevaux pour les utiliser avec modération en attendant l'âge de leur plus grande valeur, l'époque à laquelle il pourra les vendre le plus avantageusement. Ceci est un art à la fois bien négligé et bien ignoré en France, tandis qu'il est bien compris, judicieusement appliqué en Allemagne et en Angleterre, où le cultivateur se pique d'être encore plus cocher que charretier. Entre ces mots la distinction n'est pas spécieuse, mais réelle et fondamentale; elle a sa part d'influence sur la condition du cheval, condition inséparable de sa nature et de ses aptitudes. Le charretier aime le commun et le gros ou plutôt le grossier; le cocher a plus de recherche et se rapproche plus volontiers de ce qui est propre et distingué. N'est-ce pas le signe caractéristique des races chevalines en Angleterre, en Allemagne et en France? Tel cheval, qui, en nos mains, reste à l'état brut et ne semble pouvoir être appliqué qu'à des services inférieurs, devient, chez nos voisins, bête de luxe ou à peu près : il acquiert, par cela même, la plus-value qui résulte d'une condition plus élevée. Ainsi, il paraîtra plus beau alors même qu'il sera moins solidement conformé; il semblera meilleur par cela seul qu'il se montrera plus docile et plus prêt à tout faire; il plaira plus par cela même qu'il se présentera sous une forme plus dégrossie par un travail ménagé, qu'il aura été débourré, qu'il saura se tenir, qu'il paraîtra plus propre, qu'il aura pris, en un mot, ce cachet particulier aux animaux habituellement soumis aux soins de la main, qu'il aura répudié, au contraire, l'air farouche ou bête de ceux dont la civilisation ne sait pas s'emparer au profit du vendeur, de ceux qu'une éducation intelligente et rationnelle n'a pas su transformer.

Voilà ce que renferme d'essentiel la distinction établie

par les faits entre le charretier et le cocher, et ce qui doit nous faire désirer qu'en France l'éleveur de chevaux prenne plus des talents propres à celui-ci qu'à celui-là ; car il est aisé de faire d'un bon cocher un bon charretier, tandis que le meilleur charretier ne fait d'ordinaire qu'un cocher très-insuffisant.

En Allemagne, tous les cultivateurs sont cochers, tous montent à cheval avec une certaine aisance : aussi tous les chevaux se montrent aptes à toutes les exigences des services les plus variés. En Angleterre, les éleveurs poussent plus loin encore l'art de monter et d'atteler le cheval. Les éleveurs et les amateurs en France, les uns et les autres, à de très-rares exceptions près, ne savent ni équiter ni conduire. Il en résulte que ceux-ci ne peuvent acheter que des chevaux faciles et maniables, et que ceux-là ne savent pourtant pas les leur préparer. De là l'engouement pour les chevaux étrangers qui nous arrivent tout prêts, complétement familiarisés avec tous les services auxquels on désire les appliquer, et la recherche si peu active des produits nationaux, qui ont presque tous besoin d'un apprentissage spécial pour le mode d'emploi auquel on les destine. Dans ce fait gît une cause de très-réelle infériorité, à mérite égal ou même supérieur, une cause de perte par conséquent pour l'élevage insuffisant qui s'arrête au dressage exclusivement.

C'est un écrivain allemand, très-judicieux, qui a écrit et tracé les vingt règles du cocher. Les cultivateurs les apprennent théoriquement et s'appliquent à ne point s'en écarter dans la pratique. La connaissance, l'art du manége, s'est répandue en Angleterre d'un centre unique, d'un club spécialement fondé pour l'enseignement du cocher, *four in hand* (quatre dans la main, attelage à quatre chevaux), telle est l'appellation de cette grande école de manége qui a exercé une très-salutaire influence sur l'élevage et la bonne éducation du cheval dans le pays. Le club des cochers, fréquenté par des hommes de toutes les classes, conserve les bonnes traditions, et ceux qui vont les puiser à cette source épurée deviennent eux-mêmes d'utiles moniteurs. C'est ainsi que le savoir et la pratique intelligente, appuyés l'un sur l'autre, se transmettent et se vulgarisent jusque dans les petites écuries.

En France, pour revenir aux bonnes traditions, pour rappeler les connaissances éteintes, on a créé des écoles pratiques de dressage dans lesquelles on forme ce qu'on appelle des hommes de cheval, c'est-à-dire des piqueurs capables, des dresseurs intelligents. En multipliant les courses au trot, les primes de dressage, on stimulerait, par l'appât du gain, l'éleveur à apprendre tout ce qu'il faut savoir pour donner au cheval une instruction très-suffisante, et, par cette voie, on arriverait assez vite au but proposé.

Il ne s'agit en effet que de connaissances élémentaires. Le cocher de campagne, l'éleveur, le dresseur de jeunes chevaux n'est pas tenu d'avoir l'un de ces talents incomparables qui viennent seulement aux grandes vocations. Il n'a même pas besoin de toute l'habileté nécessaire au cocher des villes populeuses, où la conduite d'un attelage rencontre soudain des difficultés très-diverses. Qu'il évite seulement l'indolence, défaut qui le rapproche trop de certains charretiers, et qui fait qu'il se tient sur le siége comme s'il conduisait une charrette. Ne le voyez-vous pas d'ici, les mains sur les genoux et les coudes écartés, le corps ployé en deux, la tête pendante, tandis que les yeux errent à l'aventure, fixant tout, excepté les chevaux qu'il doit pourtant surveiller? Les rênes flottent, le fouet, au manche raccommodé et à la batte écourtée, menace la terre. Alors les chevaux ressemblent au conducteur qui les a faits à son image. Ils ont le poil long, rude, épais, et l'allure traînante ; l'encolure est allongée, la tête est basse. Les harnais et la voiture n'ont pas meilleure façon ; ils sont ternis, roussis et brûlés par le soleil. L'écurie, toujours en désordre, présente un assemblage informe d'objets utiles et inutiles, de fragments de toutes sortes ; rien n'y est à sa place, rien n'y est complet.

Les habitudes d'ordre et d'activité sont indispensables au cocher. Il faut tâcher de les imposer à soi-même et de s'y façonner de bonne heure afin d'en donner toujours l'exemple aux gens auxquels on est appelé à commander.

V.

LES CONCOURS DE MARÉCHALERIE.

L'ignorance se dissipe. — Pratique du ferrage. — L'habileté manuelle. — Un apprentissage forcé. — *Fit fabricando faber*. — Charrons et forgerons. — Importance d'une bonne ferrure. — Petite cause et grands effets. — *No foot, no horse*. — Le cheval ferré et le cheval sans fers. — La ferrure devant l'histoire. — Les clous à glace. — La retraite de Moscou. — Influence de l'état des routes sur le cheval. — Influence de la ferrure sur l'emploi des chevaux. — But des concours de maréchalerie. — Premiers résultats. — Le savoir manque. — Écoles de maréchalerie. — Les livres spéciaux. — *Petit traité de la ferrure du cheval*. — M. William Miles et M. le docteur Guyton.

Un immense travail s'accomplit au sein de l'agriculture. Chaque jour la voit s'éloigner de la routine et se rapprocher de la pratique éclairée. L'ignorance se dissipe : de proche en proche, la lumière se fait sur tous les points, et le moindre détail est appelé à prendre désormais dans l'ensemble toute l'importance qui lui appartient.

Les nouveautés n'ont plus seules le privilége d'exciter l'attention ou d'éveiller la curiosité. On revient volontiers aux pratiques journalières, non pour les continuer aveuglément, non pour y demeurer obstinément attaché, mais pour les soumettre au raisonnement, pour les modifier, pour les améliorer. Si toutes étaient bonnes, en effet, rationnellement établies, il y aurait peu à demander au progrès, tandis qu'il y a réellement une somme de bien plus considérable à attendre du perfectionnement des choses dont on use habituellement que de celles qui restent peut-être encore à découvrir.

La plus féconde de toutes les découvertes qu'on puisse rêver ou désirer serait incontestablement l'élévation de chacune de nos pratiques à son plus haut point de perfection. C'est vers ce résultat que tendent tous les efforts de l'époque. Les concours qui se multiplient, et qui finiront par se perfectionner, eux aussi, ne sauraient se proposer un autre but, y compris ceux qui s'ouvrent un peu au hasard, par imitation, et qui vont deçà delà, touchant à tout sans rien définir, sans fixer suffisamment l'esprit de recherche et d'émulation sur les objets, qu'ils désignent plus vaguement qu'ils ne les spécialisent.

Tels ne sont pas, assurément, les concours de maréchalerie, que nous croyons devoir faire connaître en vue de leur extension prochaine et rapide, en vue de leur réelle utilité.

Ces concours se proposent l'amélioration nécessaire de la pratique du ferrage du cheval et du bœuf, art difficile entre tous, et malheureusement plus routinier que savant dans son application vulgaire.

Les bons maréchaux sont rares non-seulement dans les campagnes, mais encore à la ville. Comment en serait-il autrement? La maréchalerie n'est pour ainsi dire enseignée nulle part ; nulle part, au moins, les connaissances qu'elle comporte n'arrivent jusqu'au praticien. Or ces connaissances sont de deux sortes : elles se composent de savoir et d'habileté.

L'habileté manuelle s'acquiert. Comme point de départ, elle impose un apprentissage auquel nul ne saurait se soustraire, attendu que personne n'oserait se risquer ici avant d'avoir appris quelque chose, si peu que ce soit. Si insuffisant donc qu'il soit partout, l'apprentissage est de force majeure, et tous ceux qui veulent devenir maréchaux s'y soumettent et le subissent. Il est long et difficile pour ceux qui ont la prétention de passer maîtres. On les voit alors manier « avec aisance et facilité, » soit les outils du forgeron, soit le jeu des instruments à ferrer, mais ceux-là même sont presque toujours d'une ignorance extrême sur tout ce qui constitue la science du maréchal ; ils n'en ont que des notions très-vagues, heureux quand elles ne sont pas complétement fausses, sur l'art d'appliquer méthodiquement le fer au pied. C'est que, répétons-le, la science n'est point enseignée aux apprentis maréchaux : la tradition erronée qui passe des uns aux autres n'est jamais rectifiée par aucun, dans aucune circonstance. Aussi voit-on des forgerons habiles, et des ferreurs ignorants. L'ouvrier s'est fait dextre par l'intelligence doublée d'habitude ; à force de forger il est devenu forgeron, mais il n'est pas devenu savant, parce qu'il n'a pas cherché à apprendre ce qu'on ne lui a pas montré, parce qu'il ne sait rien ni des parties constituantes ni du mécanisme du pied. Dès lors il est resté ferreur inintelligent, insuffisant et maladroit.

Les charrons et les forgerons étaient naguère bien étrangers aux connaissances du génie rural. Aussi étaient bien défectueux, bien grossiers les quelques outils qui sortaient de leurs mains. Les choses fussent restées longtemps en l'état, au grand préjudice de l'agriculture et de la société, si la mécanique savante ne s'était enfin occupée des engins nécessaires au progrès agricole.

Les nouveaux instruments, construits avec art, ont pénétré partout, et partout ont porté aux ouvriers intelligents des campagnes des modèles bien faits qu'ils ont étudiés avec soin, qu'ils ont été appelés à réparer, et qu'ils ont fini par construire, eux aussi, dans les meilleures conditions. Sans devenir des savants, ils ont cessé d'être ignorants; leur bagage scientifique s'est accru, grâce aux bons modèles qu'ils ont eus sous les yeux, et à l'excitation produite par les concours de mécanique agricole.

On a pu espérer que des concours de maréchalerie donneraient des résultats analogues. La pensée en a été suggérée par le besoin de remédier à l'insuffisance actuelle de ceux qui exercent cette profession, insuffisance moindre autrefois qu'aujourd'hui dans nos campagnes, et bientôt plus grande encore par suite de l'avancement des travaux d'empierrement de toutes nos voies de communication. A ce point de vue, en effet, considérable est l'importance d'une bonne ferrure.

Voyons donc si par hasard on n'était pas disposé à lui accorder toute l'attention qu'elle comporte.

Remontant à son origine, on peut bien le dire, c'est l'art de ferrer qui a transformé le cheval en moteur puissant pour le transport des fardeaux à longues distances. Il serait oiseux d'en rechercher les preuves lorsque chacun les touche. Il suffirait de comparer avec lui-même le cheval en marche sur un terrain rocailleux, sur une route pavée, avec ou sans ferrure, pour juger, par la différence de l'allure, de l'utilité de protéger ses pieds par l'application d'une armature en fer. On le voit libre ou empêché dans ses mouvements, hardi ou hésitant, suivant qu'il est pieds nus ou ferré. Que si l'expérience était prolongée, les faits s'accuseraient plus fortement encore, et à l'hésitation, au simple défaut de franchise succéderait bientôt l'impossibilité d'avancer, par suite de l'usure du sabot et du froissement douloureux des parties vives qu'il recouvre. Bien plus, certains vices de conformation, des déviations d'aplomb, d'où que viennent les unes et les autres, assez graves néanmoins pour nuire beaucoup à la durée des services du cheval, sont fortement atténués par les effets d'une ferrure méthodique, par la simple mais judicieuse application d'un fer protecteur.

Sans la ferrure, nous ne parviendrions à utiliser les forces du cheval ni d'une manière complète ni d'une façon profitable ; sans cette invention, en apparence si humble, l'élève du précieux animal n'aurait plus de raison d'être parmi nous, ou bien il faudrait renoncer à le faire cheminer, pesamment chargé, sur des routes solides et ferrées. Que deviendrait alors notre civilisation ? Elle n'aurait pu se développer ; nous ne la connaîtrions même pas. Les voies de communication nombreuses et faciles sont le véhicule puissant du progrès, l'élément essentiel de la prospérité publique ; mais combien parmi elles seraient inutiles, si le cheval ne pouvait les parcourir ? C'est pour lui, en effet, pour lui exclusivement ou à peu près, qu'on les a établies, qu'on les a rendues carrossables et qu'on les entretient à grands frais. Rien de cela ne serait sans la ferrure : petite cause et grands effets. La ferrure, c'est la conservation du pied du cheval ; or, *pas de pied, pas de cheval*, vérité reconnue de tout temps et dont les Anglais ont fait une maxime populaire, *no foot, no horse*.

L'emploi large et continu des forces du cheval a permis à l'homme de s'affranchir d'une très-notable partie des travaux les plus pénibles qui lui incombaient forcément quand il se trouvait seul en présence des résistances inertes qu'il avait à surmonter. Le cheval ferré, par cela même devenu son auxiliaire énergique et capable, a considérablement élevé sa puissance et multiplié ses profits, en accomplissant pour lui des tâches auxquelles il n'aurait jamais pu suffire. Appliquant dès lors son compagnon aux transports éloignés sous de lourds fardeaux, il a pu, en vue même de cette destination nouvelle, en modifier la structure et transformer les races plus ou moins légères et sveltes des temps antérieurs en ces races corpulentes et massives que nous connaissons, et dont l'aptitude au gros trait est si productive encore à côté des forces nouvellement conquises de la vapeur. Avant l'invention de la ferrure, cela est certain, les races de trait n'auraient pu être d'aucune utilité pratique pour les transports sur les routes de terre. Elles sont déjà si lourdes par elles-mêmes qu'elles ne sauraient marcher longtemps nu-pieds sans être vite hors de service sous la seule action de leur poids, *à fortiori* sous les puissants efforts que nécessite une difficile traction. A côté de ce fait vient tout aussitôt se placer l'exemple non moins frappant des races intermédiaires, de celles qui ont à traîner des fardeaux moins pesants, mais qui doivent les transporter avec une grande rapidité. Si donc, à la rigueur, l'homme pouvait, dans certaines conditions de la civilisation, se servir, dans une certaine mesure, du cheval en le montant ou en lui plaçant une charge quelconque sur le dos, il ne pouvait en user largement, comme il est arrivé depuis l'application de la ferrure.

Bien des questions d'économie politique se rattachent à l'existence des armées et aux expéditions militaires : eh bien ! la ferrure joue encore un grand rôle ici. Alors qu'elle n'était pas connue, de grands capitaines, Alexandre entre autres, furent arrêtés dans leurs entreprises par l'impossibilité de pousser plus loin, vu l'état de la cavalerie, dont les chevaux avaient les pieds endoloris ou usés. En 1812, nos désastres ont été accrus par un tout petit fait raconté comme il suit par M. Thiers, dans sa magnifique histoire du *Consulat et de l'Empire :*

« Napoléon quitta Dorogobouge le 6 novembre. Toute l'armée suivit le 7 et le 8. Le froid, devenu plus sensible, fit ressortir de nouveau l'oubli bien regrettable des vêtements d'hiver, et un autre oubli plus fâcheux encore, *celui des clous à glace pour les chevaux.* La saison dans laquelle on était parti, la croyance où l'on était en partant d'être de retour avant le mauvais temps, expliquaient cette double omission... A chaque montée, rendue glissante par la glace, *nos chevaux d'artillerie, même en doublant et en triplant les attelages, ne parvenaient pas à tirer les pièces du plus faible calibre.* On les battait, on les mettait en sang ; ils tombaient, les genoux déchirés, et ne pouvaient surmonter l'obstacle, privés qu'ils étaient de forces et de *moyens de tenir sur la glace.* On avait abandonné les caissons, au point de n'avoir presque plus de munitions ; bientôt il fallut abandonner des canons, trophée que notre brave artillerie ne livra aux Russes que la douleur et la confusion sur le front... »

Nous aurions d'autres faits, considérables aussi, à citer et à invoquer en témoignage de l'utilité grande, effective de la ferrure. A quoi bon ? on ne songe point à nier cette utilité, et nous ne voulons rappeler nous-même qu'un point, la nécessité pour l'agriculture de voir la ferrure s'améliorer, nécessité plus pressante d'année en année, en raison de l'état plus complet du dernier réseau de notre viabilité de terre.

On sait bien aujourd'hui quelle influence exerce sur la structure du cheval le bon état des routes et des chemins. Plus s'étend le parcours de ceux-ci, mieux est entretenue leur surface, et plus s'accroît la vitesse imposée au cheval, dont les formes et les aptitudes se modifient assez promptement dans le sens des nouveaux besoins. Or, plus le cheval est contraint d'aller vite sur des routes dures et ferrées, plus ses pieds subissent de chocs, de violence, de fatigue, de souffrance même, si le travail devient excessif ou par sa durée ou par sa rapidité. Il en résulte que la ferrure grossière, dont les inconvénients se faisaient à peine sentir lorsque l'animal cheminait habituellement au pas, *lento gradu*, sur des terres en culture ou sur des chemins non empierrés, n'est plus supportable dans les conditions actuelles de la viabilité, et que le pied doit en éprouver de pénibles atteintes.

Ceci est grave, ceci demande qu'on y remédie.

On ne saurait y remédier qu'en donnant une instruction professionnelle plus sûre et plus complète aux maréchaux. Les défectuosités du pied, ses vices de conformation, dont la source est dans la souffrance, d'où qu'elle vienne, d'une mauvaise ferrure ou du travail, ne s'arrêtent guère à la génération qui passe, ils s'incrustent facilement dans l'organisme et deviennent héréditaires. Une fois fixées de cette façon dans une population entière, ces imperfections disparaisssent malaisément en dépit des soins qu'on apporte à les affaiblir, à les combattre par un bon choix des pères. La cause qui les a déterminées devant agir pendant toute la vie de l'animal, la petite amélioration qu'on a pu obtenir sur le produit naissant ne persiste pas.

A cela, nous venons de le dire, il n'y a qu'un remède efficace, l'application d'une bonne ferrure par des maréchaux instruits. Ayons-les habiles, mais avant tout faisons-les instruits.

Les concours pousseront à l'habileté manuelle, c'est incontestable. Il faut aller plus loin, y introduire les éléments indispensables de la science, et arriver à élever le niveau des connaissances professionnelles. Ceci doit être l'œuvre des associations agricoles, dont le bon vouloir et l'activité peuvent retomber en pluie d'or sur l'agriculture elle-même.

Jusqu'ici deux concours de maréchalerie seuls existent. L'initiative en a été prise par la société d'agriculture de Valenciennes, dont les réunions publiques, annuelles, sont nomades. C'est en 1858 qu'elle a fondé cette utile institution, imitée depuis par la société d'agriculture de Joigny, qui a ouvert son premier concours en 1862. Celui-ci et les autres ont obtenu un plein succès en témoignant de la nécessité de les continuer. 26 concurrents sont entrés en lice à Joigny; il y en avait 51 à Condé, chef-lieu choisi en 1862 par la société de Valenciennes pour la tenue de sa séance solennelle. Pendant six heures consécutives, les concurrents ont forgé et ferré sous les yeux d'un jury spécial, sous les regards encourageants d'un public nombreux, fort intéressé d'ailleurs aux résultats de l'épreuve.

« On peut affirmer qu'il y a progrès, dit le rapporteur du concours tenu dans le Nord, et une fois de plus il nous est permis de constater que si les institutions les plus utiles en agriculture comme en toute chose ne fructifient qu'avec le temps, si les améliorations ne s'accomplissent qu'au prix de longs et patients efforts, l'action finit par s'engager, surtout lorsque des primes et des encouragements officiels viennent exciter l'émulation. En maréchalerie comme dans les autres concours, il n'est pas une de nos communes dans laquelle on ne puisse compter quelques individus qui ne soient résolûment entrés dans la voie du progrès : c'est le petit nombre, il est vrai, mais le bon exemple est contagieux, et il importait essentiellement qu'il fût donné. Peut-on espérer des résultats encore plus satisfaisants ? Dès aujourd'hui nous pouvons dire que toutes les probabilités se réunissent en faveur de l'affirmative, car le chiffre des concurrents a suivi dans ce concours, aussi bien que dans les autres, la même progression ascendante. »

Mais tous les éloges donnés ne sont réellement justifiés que pour *l'habileté manuelle* des maréchaux ; nous insistons sur ce point. Partout le vrai savoir fait défaut et annihile en grande partie les bons effets de l'habileté du praticien. On peut chausser de magnifiques bottines, des souliers confectionnés avec art, et se trouver très-mal d'en user. Un fer habilement forgé, habilement appliqué et attaché au pied peut gêner beaucoup celui-ci, l'altérer dans ses parties constituantes et le déformer peu à peu au point de diminuer très-notablement la somme des services que peut rendre un moteur énergique et bien doué par ailleurs. Le mal alors n'est pas individuel ; il s'étend à tous les animaux qui forment la clientèle du maréchal, et si ce maréchal n'est ni plus ni moins ignorant que tous ses confrères, c'est donc la population entière qui est atteinte. La nécessité de remédier efficacement à ce mal vient surtout de sa généralisation.

On s'est donc demandé avec une sollicitude bien légitime par quel moyen on parviendrait à donner aux maréchaux les connaissances qu'ils n'ont pas, et qu'il est si important qu'ils acquièrent. On a proposé la création d'écoles de maréchalerie ou des apprentissages spéciaux dans les meilleurs ateliers...

En ce qui nous concerne, nous ne repousserions aucune voie profitable, nous accepterions tous les moyens quelconques d'enseignement, mais nous compterions beaucoup sur la propagation des bons livres sur la matière.

Il y en a peu en France, où les traités de maréchalerie n'ont été écrits que pour les hommes de science. Il en résulte qu'aujourd'hui les ouvrages élémentaires ne trouveraient même pas de lecteurs. Que si les lecteurs existaient, les livres se multiplieraient à l'envi.

En voici un pourtant, qu'on ne connaît point assez, et que les associations agricoles devraient porter chez tous les maréchaux qui savent lire. Il s'appelle : *Petit traité de la ferrure du cheval*, par William Miles, traduit de l'anglais par M. le docteur Guyton, un spécialiste intelligent, qui s'est voué à l'étude dù pied du cheval. Cet ouvrage, qui contient seulement 60 pages du format in-12, est tout bonnement un petit chef-d'œuvre. Écrit dans un style très-simple, il est à la portée de tous ; il s'appuie sur les meilleurs principes ; il est le fruit mûr, excellent, de la saine observation, d'une expérience consommée.

En l'état, c'est une bonne fortune qu'un pareil ouvrage. Nous sommes convaincu qu'il ferait merveille entre les mains des futurs compétiteurs des concours de maréchalerie. Il ouvrirait leur intelligence au désir d'apprendre et leur donnerait la partie la plus solide, la plus essentielle des connaissances qu'ils n'ont pas, et qu'ils ne savent où aller prendre. Nous aurons jusqu'au bout le courage de notre opinion, et nous dirons, sans aucune intention de réclame : Le *Petit traité* que nous recommandons chaleureusement à qui de droit se trouve à Paris, chez Asselin, place de l'École-de-Médecine.

La méthode de ferrure qu'il enseigne et qu'il conseille diffère de celle qui est le plus généralement adoptée, mais le ministre de la guerre vient d'ordonner qu'elle soit essayée sur un grand nombre de chevaux de l'armée, et nous avons tout lieu de croire que l'exemple sera prochainement suivi par les administrations d'omnibus et des voitures de place à Paris et ailleurs. La science pratique de l'utilisation du cheval aura fait un grand pas chez nous le jour où nous serons pénétrés de cette maxime placée en tête du *Petit traité de la ferrure*, de Miles : « Les minuties font la perfection ; mais la perfection n'est pas une minutie. » Cette maxime s'adresse à tous ceux qui ont une action quelconque sur le cheval, sur le producteur, au consommateur et à leurs auxiliaires, hommes d'écurie, maréchaux et autres.

VI.

LA VIGNE.

§ A. — DE CECI ET DE CELA.

Une révélation. — Mieux vaut tard que jamais. — Une place au soleil. — Les concours viticoles. — Le comité d'agriculture de la Côte-d'Or. — Qui veut la fin veut les moyens. — Les liquides dans la division des produits aux expositions régionales. — École de viticulture. — Le ban des vendanges.

La vigne tient une place considérable et vraiment distinguée parmi les faits agricoles les plus marquants de l'année. On dirait que ceux qui en connaissent le prix se sont tout à coup éveillés au bruit de cette révélation : « La culture de la vigne n'a encore été l'objet d'aucun classement officiel, d'aucun enseignement, d'aucun encouragement, d'aucune direction, et son nom ne figure spécialement ni dans la Société impériale et centrale d'agriculture de France, ni dans les programmes des concours régionaux, ni parmi les chaires de l'enseignement supérieur. » C'est un oubli coupable, c'est de l'ingratitude ; car son produit est de ceux qui rendent le plus à l'impôt.

Il ne faudrait pourtant pas trop regretter qu'il en ait été ainsi jusqu'à présent, si les hommes de cette industrie allaient s'entendre et s'arranger de façon à se passer de tout concours officiel, de façon à faire leurs affaires eux-mêmes. Ils peuvent être assurés d'une chose au moins, c'est que, du jour où ils auront su mettre en évidence leur réelle importance, ce sera à qui viendra au-devant d'eux pour s'en prévaloir ; alors on classera à son rang une culture dans laquelle le Trésor puise à quatre mains ; on organisera à son intention un enseignement à tous les degrés ; on lui fera mille offres de services, on la comblera d'honneur. Ce sera bien un peu tard, mais les proverbes, qui sont l'éternelle sagesse, donneront le moyen de tout excuser, et chacun se consolera d'un passé pénible en songeant aux riantes promesses de l'avenir. La vigne a donc toutes chances de conquérir sa place au beau soleil de France et de figurer un jour, quelque part, parmi les privilégiés et les parvenus.

En attendant, elle fait de louables efforts pour sortir d'embarras ; elle crée des concours de diverses sortes ; elle fonde des écoles ; elle combat ses ennemis ; elle aspire à la liberté ; elle cherche, elle apprend à se connaître et s'affirme.

Les concours viticoles ont porté spécialement sur les instruments de la culture et sur les vins : les extrêmes se touchent.

C'est dans l'Hérault, croyons-nous, à Montpellier, qu'ont pris naissance les concours spécialisés d'instruments propres à la culture de la vigne, et cette utile innovation remonte déjà à quelques années. Elle poursuit sa tâche sans retentissement, mais elle fera son œuvre tout doucement et sûrement.

La Côte-d'Or possède un comité central d'agriculture qui s'occupe avec intelligence de tous les intérêts du sol. Il a pris, cette année, l'initiative d'une création semblable, en tout justifiée par les besoins du moment. « Prenant en considération le prix de plus en plus élevé de la main-d'œuvre, et les efforts tentés dans le département et dans les départements voisins pour substituer, dans la culture de la vigne, l'emploi de la charrue aux méthodes actuellement suivies, il a décidé que dans le courant du mois d'octobre prochain (1863) il y aurait, à Dijon, une exposition de tous les instruments de labour, tels qu'araires, charrues, houes, etc., employés dans les différents vignobles pour cultiver la vigne.

« A cette exposition seront également admis les instruments dont on fait usage dans les localités où les différentes façons se donnent à bras d'homme.

« Tous les constructeurs de la France et de l'étranger sont appelés à prendre part à cette exposition. L'appel du Comité d'agriculture s'adresse également aux propriétaires, qui seront admis à présenter les charrues vigneronnes qu'ils emploient, et à lui envoyer les notes et les renseignements nécessaires pour faire bien connaître leur système de culture.

« Le jury chargé d'examiner les instruments envoyés

au concours s'assurera de leur valeur et de leur mérite par des essais qui seront ensuite répétés en public, et permettront ainsi de bien fixer l'importance des résultats obtenus et la possibilité de leur application pratique. »

Entre autres récompenses, il y aura un prix de 500 fr. pour la meilleure charrue applicable à la culture de la vigne dans les vignobles de la Côte-d'Or et des autres départements de l'ancienne Bourgogne.

A la bonne heure! qui veut la fin veut les moyens. C'est la solution d'un problème important qu'on cherche; on la trouvera par cela seulement qu'on emploie le véritable moyen d'appliquer sérieusement à sa recherche les esprits compétents. Honneur et profit attendent les lauréats du concours; les compétiteurs ne lui feront pas défaut.

Ils ne brillent, au contraire, que par leur absence dans la division des produits, par laquelle on complète le programme des concours régionaux, sans réussir pour cela à compléter ces derniers.

Nous ne voulons pas rouvrir une discussion oiseuse ou stérile à ce sujet. Des représentations ont été faites; elles se renouvelleront ou elles ne se reproduiront pas, mais il n'y a rien de bon, rien d'utile à attendre de l'organisation actuelle, surtout en ce qui concerne les vins et les liquides de toutes sortes.

Il y a cependant beaucoup à faire ici, et nous conseillerions volontiers aux intéressés d'aviser. La force d'inertie est insuffisante; l'abstention n'est pas chose efficace; mais on peut bien, aux pays de production, organiser avec entente, d'une manière à la fois judicieuse et profitable, des concours spéciaux qui auront retentissement et succès. Le lieu et le moment sont toujours faciles à choisir, et des comités locaux valent mieux que ces esprits à vaste envergure qui planent dans les nues en se heurtant au sol, ou que ces grands faiseurs qui embrassent tout et n'étreignent rien.

Les expositions de vins, eaux-de-vie, bières, vinaigres, etc., etc., ont été absolument manquées jusqu'ici; elles sont à reprendre en sous-œuvre, si on veutl eur faire rendre un peu d'utilité.

On oublie trop qu'elles portent en soi d'immenses services et que les plus hautes considérations d'économie publique se rattachent à la prospérité des diverses industries, qu'elles mettraient, qu'elles replaceraient ou qu'elles maintiendraient dans la voie du progrès.

Loin d'effrayer personne aujourd'hui, le progrès attire; loin de chercher à s'y soustraire, chacun le provoque ou le cherche. En voici un nouvel exemple :

Le comice agricole de Blois, la presse a joyeusement annoncé cette bonne détermination dans le courant d'août, le comice agricole de Blois a accepté la proposition qui lui a été faite par un pépiniériste, M. Pion, d'établir une école de viticulture. Pour qu'elle fût complète, M. Arnaud Tison, s'associant aux vues judicieuses de M. Pion, son collègue, a offert de disposer, à quelques kilomètres de la ville, un hectare de vignes où l'on réunirait des spécimens des divers modes de plantation et de culture déjà éprouvés, et où l'on expérimenterait avec suite les méthodes nouvelles.

Il y a quelques années seulement on n'aurait pas songé à créer une pareille institution sans le concours de l'État. Félicitons le comice de n'avoir pas accueilli la double proposition par une fin de non-recevoir ou, ce qui eût été même chose absolument, de ne l'avoir pas ajournée sous prétexte d'implorer une subvention tout à fait inutile. Rappelons-nous en toute circonstance que nous sommes majeurs, et faisons hardiment nos affaires nous-mêmes ; nous ne nous en trouverons pas plus mal.

Il y a dans la fondation viticole de Blois les germes d'une institution que son utilité développera rapidement pour la porter à la hauteur des besoins.

Le ban des vendanges a, paraît-il, produit de bons résultats autrefois ; aujourd'hui il n'est plus qu'un usage gênant contre lequel on réclame de toutes parts, contre lequel s'est organisée une croisade qui a son principe dans la saine raison et dans le droit sacré de la propriété, usage tombé en désuétude partout où l'intelligence ne fait pas absolument défaut, partout où la petite autorité n'a pas soif de pouvoir, partout où le progrès a pénétré par un coin quelconque. Rien ne justifie plus le maintien d'une coutume surannée, qui ôte à chacun son libre arbitre, et dont les effets nuisent à la récolte au lieu de la servir. Il y a longtemps qu'on l'a supprimée dans le haut Médoc, où la culture de la vigne et la vinification sont à leur apogée ; mais il est très-remarquable que là où elle a été routinièrement et abusivement conservée, elle s'exerce inintelligemment, en sens inverse de la qualité du vin.

Espérons que ce vieux reste du droit romain, qui n'est vraiment plus applicable aux faits et gestes de l'époque actuelle, cessera d'avoir parmi nous des partisans ou des représentants. Plusieurs localités l'ont tout récemment renié ; les autres les imiteront avant peu. Les derniers tenants n'apparaîtront que pour témoigner une fois de plus de l'influence des us et coutumes sur l'esprit des populations, et de la nécessité de frapper fort lorsqu'il s'agit d'en finir avec un abus ou des pratiques surannées.

De ce côté pourtant nous marchons, et nous allons le

dire plus spécialement, en ce qui concerne la vigne, dans le paragraphe suivant.

§ B. — PLUS SPÉCIALEMENT EN 1863.

Une mission spéciale. — Un travail de géants. — Ce que nous ne savions guère, mais ce que nous savons tous aujourd'hui. — Un aliment précieux. — Les progrès dans la plantation. — Assolement et taille. — La branche à fruit et la branche à bois. — Le véritable enseignement viticole. — Une grande œuvre troublée. — Ignorance et charlatanisme. — Un singulier brevet. — Un abaissement géométrique pour faire suite à un abaissement moral. — Ici la sottise, là le bon sens. — Mensonge et vérité. — Commissions et commissionnaires. — Le flagrant délit. — Les preuves indéniables. — Un homme qui n'a rien fait et qui ne sait rien. — La science de tous. — La folle du logis. — Attendons 1864.

Nous devons le répéter, l'agriculture, en 1863, a joué un grand rôle dans le drame agricole ; ou plutôt le grand rôle qu'elle joue et qu'elle a toujours joué dans l'agriculture de France s'est dégagé tout à fait des ténèbres où il s'accomplissait de temps immémorial.

Depuis deux ans et demi, quarante départements viticoles ont été étudiés et mis en rapport d'enseignement mutuel par mission spéciale du ministère de l'agriculture ; et, avant que deux autres années soient écoulées, l'étude des pratiques de viticulture et de vinification des quarante autres départements où la vigne est cultivée sera accomplie et publiée.

Ce travail gigantesque et inouï, par sa rapidité, dans les fastes de l'agriculture, appartient vraiment et s'associe parfaitement à la période des chemins de fer et des télégraphes électriques.

Nous savons tous déjà que la vigne est le plus riche produit de notre sol, dont elle fournit le tiers sur la vingt-septième partie seulement ; nous savons que les vins de France sont un aliment précieux qui sustente le corps à l'égal du pain, mais qui, de plus, fortifie le cœur et stimule l'esprit, en même temps qu'il éloigne les fièvres, guérit le crétinisme et préserve d'une foule de maladies.

Nous savons que la vigne peut être plantée à boutures peu profondes, et même semée par les yeux de ses sarments, et qu'avec les pratiques les plus simples, elle peut être mise à fruit dès la deuxième année de sa plantation ; nous savons que la vigne, comme la plupart des autres plantes, doit être assolée, et que sa période la plus rémunératrice est comprise entre vingt-cinq et quarante ans. Nous savons que la vigne peut être taillée et conduite sous deux modes différents : tout à courts bois pour les gros cépages, et à longs bois pour les fins cépages ; que les pineaux, les carbenets, les chiraz, les carignanes, les vionniers, les verdots, les muscats, les clarettes, les tokais, les rieslings, les savagners, ne donnent des fruits abondants que sur de longs bois, renouvelés chaque année ou tous les deux ou trois ans. Nous savons qu'il faut diviser chaque année la production du fruit, d'une part, et la production des bois de remplacement de l'autre ; favoriser le fruit en pinçant les bois, d'un côté, et laisser croître les bois, de l'autre, sans s'occuper du plus ou moins de fruit et sans pincer les bourgeons de renouvellement.

Nous savons que la première base du vin c'est l'espèce de raisin, la variété de cépage ; en second lieu, le climat ; en troisième lieu, le terrain ; en quatrième, les amendements et engrais.

Nous savons tout cela, parce que tout cela est démontré de temps immémorial par les pratiques isolées, pratiques qu'il suffit d'étudier, de rapprocher et de faire connaître pour rendre ces vérités évidentes : c'est cette étude, ce rapprochement, cette mise en lumière, qui constitue le véritable, le seul enseignement viticole; c'est l'œuvre qui s'accomplit aujourd'hui [1].

Mais cette œuvre est troublée, menacée, elle sera peut-être détruite par un fait étrange, par une personnalité singulière, évoquée sans cause explicable et sans effet apparent, de la banlieue de Vienne, en Autriche.

Le 15 mars 1860, le journal *la Bourgogne* publiait un système de taille et de conduite de la vigne tout à fait impraticable, sous le nom de M. Daniel Hooïbrenk: ce système n'était qu'une détérioration, un déguisement d'une théorie et d'une pratique françaises décrites, deux ans auparavant, dans les colonnes de notre grande tribune agricole.

Ce système était si bien impraticable, que son auteur l'a de suite abandonné, sur l'avertissement du *Journal d'Agriculture pratique*. C'était si bien un déguisement, que son auteur est revenu nettement aux gravures et au texte donnés par la même feuille, et appliqués dans vingt départements de France : branche à bois, branche à fruit ; abaissement des branches à fruit, avec pincement des bourgeons; élévation verticale des bourgeons pour bois de remplacement, sans pincement.

Toute la France avait depuis cinq ans les yeux et les oreilles fatigués de cette taille et de cette conduite de la vigne, lorsque M. Daniel Hooïbrenk, appelé, soutenu, mais bien mal conseillé, est venu dire qu'il en faisait sa propriété : M. Hooïbrenk ne s'est pas contenté de le dire, il a consacré sa prétention d'exploitation in-

[1] Voir les très-remarquables rapports adressés au ministre de l'agriculture par M. le docteur Jules Guyot.

dustrielle en prenant un brevet d'*invention*, le 27 janvier 1862.

Il ne s'agissait point là de prétention scientifique, car il avait pris un brevet en Italie et un autre en Autriche, où il a publié son prospectus industriel, avec les prix de 10 florins par seize cents toises carrées, à lui payer par an, pendant toute la durée de son privilége. Pour fonder son droit, ses associés ne pouvaient invoquer que l'idée d'un abaissement géométrique de vingt-deux degrés et demi au-dessous de la ligne horizontale.

Comme la ligne horizontale, les lignes à dix degrés au-dessous, à vingt, à trente, etc., étaient notoirement appliquées, on lui a attribué vingt-deux degrés et demi, comme on fixe les objets de vente à dix-neuf sous ou à vingt-neuf sous ; et, chose extraordinaire, cette invention industrielle plus qu'étrange a été accueillie, soutenue, vantée par les petits et les grands personnages, par les petits et les grands journaux, comme une découverte sublime. Toutefois, cette découverte fut remise à sa place par la Société impériale et centrale d'horticulture, par le *Journal d'Agriculture pratique*, par tous les hommes compétents et par toutes les sociétés agricoles de France : mais M. Hooïbrenk n'en continue pas moins ses expériences avec commissions sur commissions des plus grands personnages, pour les arbres fruitiers, les céréales, les légumes, etc., et déjà il a reçu les arrhes de ses succès futurs ; car jusqu'à la fin de 1863 les commissions n'ont encore rien constaté de positif, pas plus que le futur inventeur avec lequel et pour lequel elles travaillent ardemment.

En ce qui concerne la vigne, M. Hooïbrenk n'avait absolument rien expérimenté ; un simple rapprochement de dates suffit à le démontrer.

Le 15 mars 1860, il publiait et recommandait un système de viticulture qu'il a abandonné parce qu'en effet il n'était pas pratique ; mais, s'il était mauvais et impraticable, il ne l'avait donc pas pratiqué et expérimenté auparavant ? Il l'avait donc essayé seulement au moment où il le vantait ? ce n'est donc qu'à la fin de 1860 qu'il a appris qu'il était mauvais et impraticable ? car enfin la vigne ne pousse qu'une fois par an pour M. Hooïbrenk comme pour tout le monde.

Ainsi, M. Hooïbrenk était sans système à la fin de 1860. Admettons qu'il n'ait pas même songé à l'expérimenter une seconde fois, tant son système était absurde ; il en a donc cherché un autre pour l'essayer en 1861 ? mais, pour trouver que la meilleure inclinaison à donner à la branche à fruit était cent douze degrés et demi, il a donc établi de suite trois cent soixante ceps bien préparés, tous de même sorte, dans le même lieu, ayant chacun un long sarment de même force, qu'il a fixés géométriquement à chacun un demi-degré d'inclinaison différente, depuis la verticale supérieure jusqu'à la verticale inférieure? Et, sur ces trois cent soixante inclinaisons, il a donc trouvé que la branche à cent douze degrés et demi donnait des raisins plus nombreux et plus beaux que les autres inclinaisons ?

Mais une branche et une année ne prouvent absolument rien : il aurait fallu trois mille six cents ceps en présence, pour avoir au moins dix branches à cent douze degrés et demi, donnant les mêmes résultats supérieurs aux dix branches des autres séries : cette uniformité sur dix branches aurait été déjà une présomption favorable ; et si, pendant cinq à six ans, cette supériorité s'était soutenue, on aurait été fondé à supposer qu'on approchait d'une vérité.

M. Hooïbrenk n'a rien fait de cela ; il n'a eu ni le temps ni les vignes nécessaires : s'il l'avait fait, il l'aurait dit ; mais il ne pouvait pas le dire, puisqu'il ne connaissait pas son système en 1861, et qu'il s'en est fait breveter le 27 janvier 1862. Il n'en sait pas davantage en 1863.

Ce qu'il ne sait pas, nous le savons heureusement, car depuis des siècles le département de l'Isère conduit ses treilles de façon à placer ses longs bois à fruit successivement à peu près à tous les degrés d'inclinaison, depuis l'horizontale jusqu'à la verticale inférieure ; et les viticulteurs de l'Isère n'ont remarqué de différence de production que par le nombre et la longueur de leur bois à fruit, la jeunesse et la vigueur de leurs ceps, les bonnes et les mauvaises années ; assurément si cent douze degrés et demi étaient une condition de production supérieure, ils l'auraient constaté et s'y seraient arrêtés.

Nous ne chercherons donc pas à expliquer ce qui se passe en 1863, ni ce qui se passera plus tard à l'égard des idées agricoles de M. Hooïbrenk ; mais, si les commissions et le gouvernement ont la prétention de suivre son imagination, nous ne doutons pas qu'il ne leur fasse parcourir un grand chemin.

Dieu veuille que la viticulture française ne meure pas d'isolement et d'abandon pendant ce temps-là : *nous verrons bien en* 1864.

§ C. — L'OIDIUM.

Persistance de l'oïdium. — Les parasites. — Un infiniment petit. — Une organisation complète. — Mode de reproduction. — Conditions favorables ou nuisibles. — Un ennemi à combattre. — Les cantons de Beaulieu et de Mercœur. — Un enseignement qui porte ses fruits. — Délicatesse de cœur. — Un long itinéraire. — Une mission noblement remplie. — Les conférences. — Nouveau mode d'exploitation d'un brevet. — Les recettes et leur destination. — Les propagateurs du soufrage de la vigne.

La persistance de l'oïdium a fini par lasser les plus indifférents ou les plus patients. Beaucoup s'étaient imaginé que le mal s'en irait comme il était venu : la vigne malade guérirait...

Ceux-là trouvaient commode de se croiser les bras et d'attendre ; de laisser faire et de laisser passer.

Le cultivateur, le jardinier qui raisonneraient de la sorte, à la vue des champs ou des jardins envahis par les mauvaises herbes, feraient de maigres récoltes dès la première année, et de plus pauvres encore à la suite : pour éviter la ruine, pour s'assurer de riches produits, ils arrachent sans relâche, ils détruisent, sans se fatiguer jamais, les parasites qui repoussent sans cesse et dont la végétation, toujours luxuriante, affamerait les bonnes plantes et rendrait improductives les sueurs de l'homme.

L'oïdium n'est pas une maladie, un accident, un fléau passager ; quelque chose qui s'use et qu'emporte le vent qui souffle ; c'est un végétal, un champignon, une plante qui se sème, qui germe, qui fructifie, qui se reproduit à sa façon, suivant les grandes lois de la vie : il a ses racines, ses tiges, ses semences, ses habitudes, son existence particulière. On en connaît plusieurs variétés.

Celle qui est propre à la vigne, qui se développe aux dépens de celle-ci, qui vit de sa substance, qui l'affaiblit et qui en altère les fonctions, la stérilise et la fait périr à la longue, se divise elle-même en plusieurs sous-variétés, suivant les cépages. Ce n'est pourtant qu'un infiniment petit, un être microscopique, mais sa reproduction n'en est que plus active et mieux assurée.

« La moisissure blanche ou grise qui se montre par plaques sur les parties vertes de vos vignes depuis 1852 est formée des organes d'un petit champignon qui parut pour la première fois en Angleterre sur une treille de serre chaude, et qu'on a nommé *oïdium*, ou plus exactement *érysiphe* de la vigne.

« Ce petit végétal a des filaments blancs qui rampent à la surface des sarments verts, des feuilles et des verjus ; ce sont ses racines, dont l'ensemble est appelé *mycelium* par les savants.

« De la face supérieure de ces filaments ou racines naissent et se dressent des tiges extrêmement courtes, formées de six ou sept cellules ajustées bout à bout, qui, à leur maturité, se trouvent pleines chacune de plusieurs centaines de graines appelées scientifiquement *sporules*.

« Les petites tiges de l'oïdium étant blanches ou grises, suivant qu'elles sont de formation plus ou moins récente, se trouvant très-rapprochées les unes des autres, et n'étant pas plus hautes que des grains de farine ou de poussière, donnent aux parties de la vigne, là où elles sont établies, un aspect poudreux ou enfariné.

« Les filaments rampants ou racines de l'oïdium, quand ils existent seuls, ne sont pas visibles sans le secours de verres grossissants. A cet état, cependant, ils peuvent déjà nuire à la vigne. Mais ils sont nuisibles surtout lorsqu'ils ont produit à leur face supérieure les tigelles blanches qui rendent l'oïdium visible à l'œil nu. A ce degré de développement, le parasite forme un réseau à mailles serrées, une sorte de feutre qui s'oppose au contact immédiat de la peau du verjus avec l'air atmosphérique, et détermine, aux places qu'il occupe, des altérations qui causent l'atrophie ou le fendillement et, par suite, la destruction des grains de raisin.

« Ce n'est qu'au moyen de verres très-grossissants qu'on peut voir séparément une racine, une tigelle, une graine d'oïdium.

« On comprend facilement que des graines qui sont contenues par milliers dans une tigelle haute comme un grain de poussière, doivent être elles-mêmes d'une excessive petitesse, d'une prodigieuse légèreté.

« Les courants d'air transportent ces germes à de grandes distances et les disséminent en tous lieux. Il n'est pas donné à l'homme de les saisir tous, ni, par conséquent, de les anéantir. L'oïdium d'ailleurs fructifie aussi bien sur les vignes sauvages que sur les vignes cultivées.

« On ne pourra donc jamais empêcher que les vignobles ne soient plus ou moins envahis par des semences oïdiques, et l'oïdium vivra aussi longtemps que la vigne qui le nourrit.

« A des époques distinctes, plus ou moins éloignées de celle où nous vivons, on a vu des variétés d'oïdium ou plutôt d'érysiphe se former et s'établir sur des plantes d'un ordre élevé, telles que l'érable, l'épine, le pois vert, le trèfle, etc., etc. Depuis leur avénement, aucune de ces moisissures n'a disparu.

« Toutefois, en s'opposant assidûment à la fructification de l'oïdium sur les vignes cultivées, si, ce qui est probable, les graines déjà formées perdent à la longue, et dans certaines conditions, leurs facultés germinatives, on verra devenir plus faibles et moins générales les attaques du parasite.

« Cette hypothèse passe pour vérité aux yeux de l'observateur qui compare, à la fin de mai, alors que l'oïdium reparaît, le nombre et l'état des ceps oïdiés dans une vigne qui a été défendue l'année précédente et dans une vigne qui ne l'a jamais été.

« L'oïdium est donc un tout petit végétal qui se reproduit de graine, qui germe et se développe dans des circonstances particulières, mais naturelles, lorsque, sous l'influence du sol, du sous-sol, du cépage, de la chaleur et de l'humidité, la vigne transpire, exhale ou excrète des substances propres à le nourrir.

« Il n'est donc pas nécessaire, pour expliquer l'avénement et la durée de l'oïdium, de supposer que la séve de la vigne soit viciée, ou qu'un insecte ait préalablement piqué la peau des organes verts sur lesquels la moisissure se développe.

« Ces deux opinions, émises d'abord légèrement, ont été abandonnées à la suite d'une observation plus exacte des faits.

« L'humidité, si la température des surfaces de la vigne est nuit et jour au-dessus de vingt degrés centigrades, favorise la germination et le développement de l'oïdium.

« Cette moisissure se forme surtout par un temps chaud, après une petite pluie. Une sécheresse prolongée, comme on l'a vu en 1858 et en 1861, est contraire à l'oïdium.

« Il faudra combattre le champignon de la vigne chaque année, comme on combat chaque année le champignon du blé. » (*Instruction pour servir au soufrage de la vigne*, par M. de La Vergne.)

Voilà l'oïdium de la vigne, un ennemi bien connu à

présent de la plupart des vignerons, un ennemi fortifié par dix-huit années d'une fructification prodigieuse, mais dont on peut prévenir les ravages, et qu'on se trouve fort mal de laisser vivre en paix.

Dans *l'Agriculture en* 1862, nous avons rapporté l'histoire lamentable de deux cantons viticoles de la Corrèze, ceux de Beaulieu et de Mercœur, complétement ravagés pendant onze années consécutives d'apathie et de vaine attente, et dont les vignerons ruinés s'étaient mis à crier : à l'oïdium ! comme on crie au feu ! Nous avons dit comment les secours leur sont venus, et les témoignages d'affectueuse reconnaissance qui ont suivi.

Nous avions espéré que cette grande leçon ne serait pas perdue, que tous ceux qui pourraient en invoquer le bénéfice ne s'oublieraient plus eux-mêmes, qu'ils se décideraient enfin à courir sus à l'ennemi, à le frapper et à le détruire avant qu'il ait fait aucun tort à la future récolte.

1863 nous a donné raison : cinq départements ont imité les cantons de Mercœur et de Beaulieu, sollicitant l'administration départementale et le gouvernement d'intervenir auprès de M. le comte de La Vergne et d'obtenir qu'il voulût bien faire une nouvelle campagne contre l'oïdium.

A un fonctionnaire on donne des ordres ; on s'adresse hardiment, l'argent à la main, à un homme qui exerce un métier, une profession ; dans les deux cas, la chose est bien simple. On est obligé à plus de façons, on est moins osé là où il n'y a pas de subordination, là où il n'y a aucune rémunération pécuniaire à offrir. Mais il y a des délicatesses de cœur qui lèvent tous les obstacles en les prévenant ; le dévouement a l'intelligence vive, le désintéressement est particulièrement ingénieux. Celui-ci et celui-là comprennent à demi-mot ; ils vont au-devant des désirs et leur donnent pleine satisfaction au moment même où ils naissent. C'est ainsi que les choses se sont passées entre M. de La Vergne et ceux qui l'attendaient comme un messie.

Le ministre n'a point eu à regretter de n'avoir pas d'ordres formels à donner, d'instructions à rédiger ; les préfets n'ont rien perdu de leur prestige pour avoir à faire accueil aimable et gracieux à qui, ne devant rien à personne, se donnait généreusement et chaleureusement à tous ; les bureaux des associations agricoles ont été pleins de zèle avant, d'empressement, de courtoisie, de gratitude après.

Un long itinéraire, concerté à l'avance, a été ponctuellement suivi : l'exactitude est aussi la politesse du cœur. Vingt-deux stations ont marqué cette utile pérégrination à travers les vignes et dans les centres viticoles d'Indre-et-Loire, de Maine-et-Loire, du Cher, de la Marne et de Loir-et-Cher. Parti le 9 avril, M. le comte de La Vergne n'est rentré chez lui que le 18 mai, après quarante jours d'absence et de fatigues, heureux pourtant d'avoir pu montrer aux autres ce que douze années d'études patientes et d'expériences répétées lui ont appris de l'oïdium.

Nous laisserons dire par un autre, par M. Guillory aîné, le dévoué président de la Société industrielle d'Angers, quelles ont été la nature et la portée de l'enseignement de l'éminent viticulteur de la Gironde, dans les vingt-deux conférences qu'il a faites en avril et en mai derniers.

« Angers, le 21 avril.

« M. le comte de La Vergne vient d'accomplir la première partie de la mission toute de dévouement qu'il avait acceptée de si grand cœur dans le département de Maine-et-Loire.

« Pendant deux jours, nos propriétaires de vignobles, nos vignerons et aussi nos cultivateurs maraîchers, dont les treilles autrefois formaient une ressource si importante, étaient venus se masser dans le bel établissement de M. A. Leroy, si bien approprié à une telle réunion, pour entendre la parole persuasive du dévoué propagateur du soufrage.

« Fort d'études et d'expériences de douze années, entreprises dans les vignobles renommés du Médoc, tout à la fois savant et praticien, l'éminent viticulteur a tenu pendant plus de trois heures consécutives, chaque jour, sous le charme de sa parole et la netteté de ses démonstrations, un auditoire avide d'un enseignement qu'il s'efforçait de rendre intelligible à tous les travailleurs, pour lesquels il professe une si généreuse sympathie.

« M. le comte de La Vergne a donné à son programme des développements du plus sérieux intérêt. Il a initié ses auditeurs à l'histoire de l'*oïdium,* dont le fléau de la vigne n'est qu'une variété, divisée elle-même en plusieurs sous-variétés, suivant les cépages ; il a cherché à prouver que ce végétal microscopique, dont il a décrit les diverses phases de végétation, ne devait pas disparaître de lui-même, et qu'ainsi il fallait se résoudre à le combattre énergiquement.

« A l'appui de cette thèse, il a révélé les désordres causés par l'oïdium sur la vigne, qu'on dit à tort *malade,* tandis que ses fonctions sont seulement paralysées par ce cryptogame.

« Les auditeurs, édifiés sur la gravité du mal, ont accueilli avec une vive satisfaction la consolante assurance que ce fléau dévastateur pouvait être sûrement conjuré par le soufre, dont les propriétés antioïdiques sont aujourd'hui généralement reconnues.

« M. de La Vergne, voulant rendre chacun capable d'apprécier la qualité du soufre de commerce, a fait connaître les pays de production, les moyens d'extraction et de fabrication du soufre sublimé, du soufre trituré et des divers mélanges sulfureux. Il a signalé leur adhérence respective comme type de leur qualité, et par suite ce que pouvaient avoir de décevant toutes les préparations enfantées plutôt dans l'intérêt des inventeurs que dans celui des viticulteurs.

« Arrivant à la pratique du soufrage, il a décrit les divers appareils employés jusqu'à ce jour, en recommandant, comme le plus expéditif et le plus économique, le soufflet perfectionné par lui et auquel on a donné son nom, quoique l'idée première en appartienne à un viticulteur de l'Hérault, M. Vergnes, qui avait eu recours au simple soufflet de cuisine. Puis il a défini les trois ou quatre soufrages au plus qui, rationnellement appliqués, doivent sauver les récoltes et fortifier la vigne en lui rendant sa puissance de fructification.

« Le savant viticulteur a insisté sur les signes qui donnent la possibilité de reconnaître le moment opportun de soufrer, aux points de vue de l'efficacité, de la facilité et de l'économie. Il a indiqué les moyens de prévenir le mauvais goût du vin, en faisant remarquer que celui du soufre n'agit jamais sur la qualité, tandis que l'oïdium introduit dans la liqueur un principe de ferment qui, à la suite de divers accidents, perd entièrement le vin.

« Après chacune de ces conférences, M. de La Vergne s'est approché des principales treilles de l'établissement, où le public, réuni sur le milieu de la grande allée, a pu l'examiner à loisir pratiquer lui-même cette importante opération du soufrage, sur laquelle il donnait, avec la plus exquise aménité, les explications que de toutes parts on sollicitait de son obligeance inépuisable.

« Ainsi, après deux séances, dont chacune n'a pas duré moins de quatre heures, la foule s'est écoulée, chaque jour, ravie d'un enseignement qui lui avait été donné avec une bienveillance si intelligente.

« Aujourd'hui, le digne initiateur au soufrage de la vigne va porter à Saumur sa bienfaisante expérience. Il est accompagné par MM. Hanry, président, et Viel-Lamare, secrétaire du comité de viticulture et d'œnologie de la Société industrielle, et il sera reçu par les membres du comice agricole de l'arrondissement. Nous serons heureux de voir nos voisins recueillir, comme nous, les fruits de cette mission de savoir et de dévouement. »

Ce qui s'est fait à Angers s'est répété sur tous les autres points avec le même entrain, avec le même succès, d'une manière tout aussi large et magistrale. Partout il y a eu mêmes services rendus et partout des marques non équivoques de reconnaissance. En gagnant des adeptes au soufrage, M. de La Vergne ne s'est fait que des partisans, que des amis. Après la vendange ainsi assurée, les médailles d'or et les diplômes honorifiques sont venus de tous côtés. Comme à Beaulieu, l'an passé, les réunions agricoles ont été l'occasion de manifestations éclatantes.

Comme Beaulieu encore, Angers a institué des « prix de La Vergne » pour encourager le soufrage; partout on a demandé et reçu des instructions pratiques; partout, frappé dela perfection achevée du soufflet breveté qu'emploie le maître, on lui a demandé et on a tout aussitôt obtenu l'autorisation de le faire fabriquer sur place.

Mais alors M. de La Vergne impose deux conditions :

1° la fabrication sera surveillée par les comices agricoles ou les sociétés d'agriculture, de peur que l'instrument ne perde de ses avantages aux mains de fabricants plus soucieux du gain que de la perfection du travail; 2° un prélèvement de 50 centimes sur le prix du soufflet se fait par les soins du trésorier de la compagnie, qui en devient comptable envers M. de La Vergne.

Les recettes effectuées ont une double destination : partie est consacrée à la distribution de primes aux meilleurs soufreurs, partie est directement envoyée par les trésoriers à Mgr l'évêque de Rodez, qui doit l'employer à la reconstruction de l'église d'un pauvre village dont M. le comte de La Vergne porte le nom.

A Saumur seulement, ce prélèvement a fait encaisser 1,700 francs. A tous les points de vue, les conférences contre l'oïdium portent des fruits abondants.

Les hommes qui, cette année, ont le plus aidé à la propagation du soufrage de la vigne, et que nous devons nommer à côté de M. de La Vergne, sont ses amis du lendemain, M. Planchard de La Grèze, membre du conseil général de la Corrèze et président du comice agricole de Beaulieu; M. Guillory aîné, à qui nous avons emprunté un passage du consciencieux rapport lu à la Société industrielle d'Angers, sur les conférences viticoles de Maine-et-Loire, et M. Victor Duchataux, le digne président du comice agricole de Reims, à qui le département de la Marne a dû l'intéressante et profitable visite que lui a faite M. de La Vergne.

Nous sommes heureux d'associer ces quatre noms dans un même éloge, comme ils ont été associés dans un immense service à rendre au pays.

VII.

LE MÉTAYAGE.

La presse agricole. — Une mauvaise réputation. — Un bon principe faussé dans son application. — Le capital et le travail. — La lumière se fait. — Un intérêt considérable. — Un sombre tableau. — La dîme. — Barbe de fer. — Les abus. — L'autre côté de la médaille. — *Country-gentleman*. — Le pour et le contre. — Une intéressante étude. — L'agriculteur de Théneuille. — Haute visée et noble tâche. — Plus de servage.

L'une des questions les plus intéressantes qui aient été soulevées, cette année, dans la presse agricole est sans contredit celle du métayage.

A ce propos, nous regrettons vivement que l'espace nous manque pour passer rapidement en revue les travaux les plus considérables des écrivains spéciaux. Livres et journaux ont à l'envi rempli leur tâche et mené dignement leur œuvre. Ils grandissent, ils créent des lecteurs de plus en plus nombreux.

Sous ce rapport, la situation aussi se modifie. De tous ceux qui lisent, le cultivateur est bien celui qui lit le moins en notre pays, où les autres classes de la société ne s'occupent pas assez d'agriculture; mais l'instruction se répand, mais le désir d'apprendre croît en raison des efforts qu'on tente pour l'exciter. Si donc livres et journaux agricoles se vendent si lentement et avec si peu de profit que ce soit, c'est la science qui va se propageant et se vulgarisant; ce sont les bons germes qu'ils disséminent un peu partout afin de multiplier la richesse. Or la richesse qui vient du sol profite à tous de près ou de loin.

Mais nous ne voulons parler que du métayage, et nous y revenons.

Ainsi qu'on l'a déjà fait remarquer, ce genre de contrat a une très-mauvaise réputation ; il la doit, non à son principe, qui est excellent, mais à son exécution défectueuse. Si, dans maintes contrées où il est usuel, il coïncide avec une grande pauvreté des exploitants, on le voit ailleurs porter les meilleurs fruits et enrichir en même temps propriétaires et métayers. En sa condition vraie, lorsqu'il n'est point faussé dans son application, le métayage constitue bien, selon l'heureuse définition de M. Léonce de Lavergne, « une association véritable, une harmonie vivante qui, réunissant l'intelligence et le capital du maître avec l'expérience et le travail de l'ouvrier, amène des résultats de plus en plus profitables pour tous deux, et entretient, par la solidarité des intérêts, l'affection et la confiance réciproques. »

Malheureusement il n'en est pas toujours ainsi, et tout le mal qu'on a dit de ce genre de contrat entre preneurs et bailleurs n'est réellement que trop fondé.

Naguère cependant aucune voix ne se fût hasardée à prendre la défense du métayage ; aujourd'hui, au contraire, de très-bons esprits mettent en relief ses avantages, et ceux-là qui ne voient que ses défauts seront tenus désormais d'en rechercher les causes, d'en décharger le contrat en lui-même et de les imputer à qui de droit.

La statistique porte à onze millions d'hectares la superficie territoriale de la France vouée au métayage. C'est donc un grand intérêt pour les contrées où ce mode de location est particulièrement usité, c'est-à-dire pour nos départements du centre et du midi.

On a souvent tracé le tableau un peu sombre des inconvénients du bail à moitié fruits ; voyons donc :

« En première ligne, dit-on, on doit placer la nécessité de faire le partage. Il faut pour cela rester sur les lieux la plus grande partie de l'année. Il faut être présent quand on fauche les luzernes, puis les prés. Quelques semaines plus tard vient la moisson, puis la vendange, puis la récolte des fruits. Pour n'être pas frustré, on a besoin d'exercer une surveillance continuelle.

« On sait à combien de difficultés donnait lieu le prélèvement de la dîme. Le décimé, avant la récolte, parcourait les sillons, égrenait les épis et enlevait une partie du grain ; en sorte que le décimateur ne trouvait plus dans sa part que des javelles sans blé ou sans avoine. Cette fraude était si commune qu'elle était passée en proverbe, et l'on disait : faire la gerbe de fer à Dieu. Le mot *fer*, en vieux français, signifie *paille*. Puis, le langage s'étant corrompu, on a dit : faire la *jarbe de fer*, puis la *barbe de fer* à Dieu ; ce qui, suivant Nicot, dans son Dictionnaire, s'applique aux gens de mauvaise foi qui retiennent le bien d'autrui. Cet abus s'est perpétué dans les pays de métayage ; il n'est pas de ruse que n'emploie le colon partiaire pour grossir sa part aux dépens de celui qu'il appelle le maître. Si cet abus était le seul auquel donne lieu ce mode de location, on pourrait peut-être trouver quelque expédient pour l'éviter. Mais si vous passez dans une campagne et que vous voyez des champs de même nature chargés de récoltes dont les unes sont bonnes et les autres mauvaises, vous pourrez dire, sans crainte de vous tromper : Voici un champ en bon état, il a été cultivé et ensemencé par le propriétaire ; celui-là produira peu de chose, il est entre les mains d'un métayer. Il ne saurait en être autrement. Dans presque toutes les terres soumises au métayage, le propriétaire garde les meilleurs champs : c'est ce que l'on appelle sa réserve. Afin de s'éviter la fatigue de la cultiver, il impose aux métayers l'obligation de remettre à sa disposition, quand il l'exigera, les bestiaux dont est garnie la métairie, de travailler eux-mêmes pour lui chaque fois qu'ils en seront requis. De cette manière, ses labours, ses semailles, sont toujours faits en temps utile. Le métayer ne peut travailler pour son compte que quand la besogne du maître est finie. Si le sol se compose de ces terres dures, qu'on ne peut labourer utilement par les temps humides, qu'il est absolument impossible d'ouvrir par la sécheresse, l'instant favorable pour cultiver ne se représente pas ; il ne donne que de mauvaises façons, et le grain jeté dans des sillons mal préparés ne produit que des moissons grêles et des épis avortés. Quelquefois, dans ce mode de location, le propriétaire fournit la semence. Il est nécessaire alors qu'il soit présent quand on la répand, car le métayer hésiterait rarement à s'approprier une partie du grain qu'on lui aurait confié ; c'est un bénéfice qu'il croit faire immédiatement, sans courir les chances d'une récolte bonne ou mauvaise ; il ne sème plus qu'une quantité insuffisante pour couvrir le sol. Il ne pousse que des épis clair-semés, que la première sécheresse a bientôt flétris. Lorsqu'il est chargé de fournir une partie ou la totalité des semailles, il n'apporte que des grains de mauvaise qualité. Ses blés sont remplis d'herbe ; il est si pauvre, qu'il n'a pas le moyen de payer les ouvriers nécessaires pour les héserber ; le plus souvent, ni lui, ni ses enfants, ne peuvent le faire. Plongés dans une misère profonde, lui et les siens se trouvent souvent malades ; d'ailleurs, il n'a point de courage, et se dit : « Que la récolte soit bonne ou mauvaise, j'aurai toujours ma part; et si ma part ne suffit pas à faire vivre moi et ma famille, le maître, qui a besoin que sa terre soit cultivée, sera bien forcé de me nourrir. » Sans prévoyance de l'avenir, sans souci du lendemain, le métayer gaspille comme un enfant une récolte abondante. A-t-il tué un porc, il ne s'arrête que quand le saloir est vide. A-t-il recueilli du vin, il boit jusqu'à ce que le tonneau soit à sec; puis viennent les mauvais jours, les années de pénurie, il se trouve plongé dans la plus affreuse détresse. Il ne peut faire sur sa terre aucune amélioration ; la moindre avance excède ses moyens : d'ailleurs il ne connaît que la routine ; mais s'il comprenait ce que c'est qu'une amélioration, voudrait-il l'entreprendre? Il n'est pas maître sur sa métairie. « Je crois, dit-il, qu'il serait bon de semer du froment sur ce champ. — Non, dit son copartageant, le froment se récolte trop tard, j'ai besoin d'argent de bonne heure, je veux des avoines hâtives. » Veut-il convertir un champ en prairies artificielles, son copartageant lui dit : « Je veux le mettre en pommes de terre. » Il n'est libre en nulle façon. Ajoutez à cela que son bail a toujours une durée très-courte; il n'a le temps de s'attacher ni au sol ni au propriétaire; il vit au jour le jour, et néglige tout ce qui peut se faire dans un intérêt d'avenir. Cependant, quelquefois l'intelligence, la douceur, les exhortations du propriétaire atténuent une partie de ces inconvénients. Mais dans ce cas même le bail à métairie est bien loin de mériter les pompeux éloges que lui ont donnés quelques écrivains, parce que c'est, disent-ils, une association entre le maître et le cultivateur. Lorsqu'on a sérieusement examiné ce mode de culture, on ne saurait méconnaître combien il est défectueux même dans les circonstances les plus favorables. Ce n'est pas à dire pour cela qu'il n'existe pas encore un mode de location plus désavantageux.

« Il faut que le propriétaire ait des granges pour mettre à l'abri sa part de la moisson, des greniers pour conserver son grain, qu'il prenne l'embarras de le faire vendre. S'il ne lui est pas possible de se charger de ces soins, s'il vit à la ville et loin de sa terre, il faut qu'il ait recours à un intermédiaire entre lui et le métayer. Il peut avoir un régisseur ; mais un régisseur coûte toujours très-cher, un semblable luxe n'est permis qu'aux personnes favorisées d'une grande fortune. On traite alors avec un individu qui s'arroge le titre de fermier, bien qu'il ne cultive pas. Il donne à bail à des métayers la terre qu'il vient de louer ; il est seulement interposé entre le propriétaire et celui qui laboure ; il est en quelque sorte un simple assureur de revenu. Il est certain que celui qui accepte une semblable position n'entend pas se donner la peine de faire les partages, de vendre les grains et les bestiaux, sans qu'il lui reste entre les mains un bénéfice. Alors le revenu, qui devrait uniquement se partager entre celui qui cultive et celui qui possède, se divise en trois parties : une pour le propriétaire, une pour le laboureur, et l'autre pour l'intermédiaire. La tâche de celui-ci, ce n'est pas d'améliorer la culture, mais de restreindre autant que possible la part des autres personnes. Il harcèle sans relâche le propriétaire pour en obtenir quelque délai ou quelque abandon dont il puisse profiter. Il pressure le métayer pour lui faire rendre le plus qu'il peut, sans s'embarrasser de la misère où il concourt à le plonger chaque jour davantage, sans s'occuper de l'avenir de la terre, dont il n'est que l'administrateur très-provisoire. Ce mode de location est pitoyable ; cependant il est des contrées où l'on est forcé de le subir, mais il faut l'éviter autant qu'on le peut, et chercher continuellement à en atténuer les mauvais effets. »

Il est impossible d'être plus explicite et de condamner le métayage d'une manière plus absolue. Tel il est donc lorsque les conditions en sont mal posées par les parties, et lorsque l'une d'elles ou toutes les deux à la fois s'appliquent également à en vicier le principe.

Mais si nous retournons cette médaille dont nous venons d'examiner le revers, nous dirons avec M. Léonce de Lavergne :

« Il est très-difficile, sinon impossible, de trouver en économie rurale un modèle à recommander partout, à cause de l'extrême diversité des circonstances; s'il y a cependant quelque part une organisation qui puisse être citée comme un type réalisable en France dans le plus grand nombre de cas, c'est celle-là. La petite propriété ne réussit que dans des conditions déterminées; la grande aboutit presque toujours au luxe et à l'absentéisme qui la dévorent; la moyenne présente à la fois plus de ressources que la première et moins d'entraînements que la seconde. C'est dans les familles qui jouissent de 5,000 à 10,000 francs de revenu qu'il faut chercher le véritable *country-gentleman* français, si toutefois cet être précieux et rare doit un jour se généraliser. Pour le moment, il se rencontre surtout en Anjou et dans tout l'Ouest. La vie rurale s'y présente à la fois dans les conditions les plus accessibles et les plus utiles. La culture y prend les proportions qui paraissent les plus appropriées au génie national : point de grands entrepreneurs, de fermiers capitalistes, mais aussi peu ou point de journaliers vivant uniquement de salaires ;

des exploitations limitées par l'étendue que peut cultiver une famille ; le cultivateur associé aux bonnes chances et défendu autant que possible contre les mauvaises par la nature de son contrat, qui l'identifie en quelque sorte avec la propriété elle-même. Ce mécanisme, qui est ici le produit naturel des circonstances, peut se produire à peu près partout ; il n'exige, pour prospérer, que la condition première de toute richesse rurale, un large débouché, et c'est en même temps, de tous les systèmes, celui qui s'en passe le plus. »

Voilà le pour et le contre.

Le métayage est en quelque sorte la perfection du genre en Anjou, et même dans la plus grande partie de l'Ouest ; tandis que dans le centre, en Bourbonnais par exemple, il serait essentiellement défectueux, et constitue « un mode de location déplorable. » Est-ce à dire qu'il ne saurait fonctionner ici et là de la même façon, avec des avantages équivalents ?

C'est ce point que M. Bignon, l'intelligent agriculteur de Théneuille, dont nous avons fait connaître, en 1862, les travaux agricoles dans le livre auquel celui-ci fait suite ; c'est ce point important que M. Bignon a particulièrement soulevé dans une étude qui n'est pas encore achevée, et qui lui a déjà valu les honneurs d'une polémique qu'il soutient sans effort, et dont il aura facilement le dernier mot.

Nous devrons revenir sur cette question en 1864 ; mais nous pouvons dès à présent dire ce que M. Bignon s'est judicieusement proposé de prouver par des faits, en Bourbonnais autant qu'ailleurs :

« 1° Que le métayage permet de mettre dans un bon état de production des domaines jusque-là peu cultivés, et qu'il est seul susceptible de rendre promptement à la culture de grandes étendues de terrains incultes, en faisant un beau placement de capitaux;

« 2° Qu'aucun mode d'exploitation de la propriété rurale ne se prête aussi bien à améliorer le sort des ouvriers des campagnes et à les attacher à la culture du sol, parce qu'aucun ne leur offre des avantages de participation aussi considérables dans les résultats obtenus;

« 3° Qu'il y a des abus qui maintiennent les colons dans une sorte d'état de servage, et que c'est un devoir de les signaler afin de les faire disparaître. »

On voit à quelle hauteur de vue s'élève M. Bignon dans son intéressante étude pratique. Il appartenait à un homme qui doit tout au travail de racheter de la misère ceux qui, moins bien doués et moins heureux, n'ont pu la vaincre personnellement. M. Bignon s'est donné une noble tâche, il saura la mener à bonne fin : le servage n'est plus de notre temps, et il aura beaucoup fait contre ce qui en reste encore en notre beau pays. Qu'il avance donc ferme et droit dans la route qu'il a si largement ouverte; sa récompense se trouvera dans la conscience des services rendus.

VIII.

LE BLÉ ET LE PAIN. — LIBERTÉ DE LA BOULANGERIE.

Importance de la culture du froment. — *Panem quotidianum...* — Un grave intérêt. — Ignorance et confusion. — La bonne chose qu'un préjugé! — Production, législation, boulangerie. — Le progrès est la loi du monde. — Saint Louis et les marchands de blé. — Les achats par-devant notaire. — Le commerce des grains sous Louis XVI. — L'échelle mobile. — La loi de 1861. — Comment les fausses lumières se dissipent. — Sottise et suffisance. — La machine aux règlements. — Grandeur et simplicité de la question. — Étude analytique sur le blé, — sur la farine, — sur le son. — La science et la pratique. — Le vrai. — L'art de faire le pain. — Les erreurs économiques ; — les mauvaises mesures. — La science a repris ses droits. — La liberté de la boulangerie. — Les documents officiels. — Un succès facile à prévoir.

Tel est le titre d'un beau volume de près de 700 pages publié par M. Barral, directeur du *Journal d'Agriculture pratique*, à la librairie agricole de la *Maison rustique*, rue Jacob, n° 26.

Le blé et le pain! deux choses de tous les jours : le blé, précieuse céréale, culture capitale de la France, dont il occupe, chaque année, le quart des terres arables; le pain, l'aliment par excellence des populations européennes, que rien ne remplace; le blé, dont l'abondance ou la rareté font l'aisance ou la misère; le pain, dont la mauvaise qualité ou la succulence font le régime alimentaire insuffisant ou riche et que, dans ses prières, le chrétien demande instamment à Dieu de lui donner chaque jour : *panem quotidianum da nobis hodie;* le blé et le pain, que personne n'oublie jamais, qui occupent les populations, qui préoccupent à juste titre les gouvernants; le blé, visée la plus haute de l'agriculture à tous les âges, base de la subsistance publique, premier et important objet des échanges, régulateur principal des prix de tous les produits naturels ou manufacturés ainsi que des salaires; le blé et le pain, question de vie ou de mort dans le passé, intérêt toujours grave et prédominant, que chacun devrait connaître à fond et que très-peu ont approfondi, même en présence des besoins les plus pressants.

Il est sans doute étrange que les sujets qui nous touchent le plus, dont l'utilité est universelle et l'usage permanent, ne soient ni les mieux étudiés ni les plus connus. Pour étrange que soit le fait, il n'en est pas moins réel.

Ce ne sont pourtant pas les discussions qui manquent parmi nous; les discoureurs ne faisaient pas défaut non plus dans la Babel antique. Or, la confusion y fut grande.

Ce qui nous manque à nous, disons-le nettement, c'est l'étude consciencieuse et sérieuse, celle qui mène au vrai savoir, celle qui donne la connaissance exacte et permet tout au moins un examen réfléchi. Le préjugé fait mieux notre affaire; nous nous en accommodons si bien qu'il constitue, en toutes choses, il faut l'avouer, le fond même de nos croyances. Ce mot rend parfaitement notre pensée. Il ne dit pas que nous ayons souci de nous former sur chaque chose une opinion raisonnable ou sensée, il dit que nous la prenons toute faite autour de nous, sans y regarder de plus près, dans le vague de la tradition, et sans la redresser jamais lorsque le temps et les circonstances l'ont peu à peu faussée.

Cette accusation n'atteint en particulier ni vous ni moi; elle nous atteint tous ou à peu près au même degré, car tel qui ne l'a pas méritée dans un cas se donne en général le tort de la justifier doublement dans un autre. Eh bien! et c'est à ceci que nous voulions en venir : parmi les questions les plus graves de l'économie sociale qui aient été agitées en ce temps-ci, il n'y en a peut-être pas qui se soient montrées plus fortement entachées d'erreurs préjudiciables à tous que celle du blé et du pain. C'est pour combattre des erreurs et des préjugés, c'est pour dissiper d'épaisses ténèbres et éclairer d'une vive lumière un point qui ne doit plus rester obscur, que M. Barral a fait et a publié son livre.

Nombre de questions de science transcendantale et de pratique usuelle gravitent et s'enchevêtrent autour de cet important sujet — le blé et le pain.

La production du blé et la législation dont on l'a presque toujours entourée forment un premier groupe considérable, dont on trouve le pendant dans toutes les opérations comprises dans le mot *boulangerie*.

Un jour viendra certainement où l'on ne voudra pas croire que tant de lois, de décrets, d'ordonnances, de règlements aient pu être rendus à l'occasion d'un produit qui doit aller de soi, car il ira de soi, il ne faut pas en douter, sous l'ère de liberté qui s'est ouverte pour lui en 1861. N'oublions pas cependant que les temps ne sont plus les mêmes et que la civilisation, c'est-à-dire le perfectionnement de toutes choses, est avant tout l'œuvre du temps : la civilisation peut être entravée momentanément dans sa marche, mais elle surmonte les obstacles qu'on accumule sous ses pas ; les fausses mesures l'arrêtent et ne l'empêchent pas : le progrès a toujours été, il sera toujours la loi du monde.

La production des grains n'est touchée, n'est influencée que par les dispositions législatives ou réglementaires qui en affectent le commerce et les transformations diverses par lesquelles passe le blé avant d'arriver au consommateur.

Sous le règne de saint Louis, les marchands de blé avaient à se conformer à des statuts particuliers; ces statuts au moins avaient été rédigés en vue d'un régime de liberté favorable au développement commercial de cette denrée. Mais depuis, que d'entraves, que de précautions ridicules; combien de prescriptions inexécutables ou fatales aux approvisionnements! D'après une vieille ordonnance, par exemple, reproduite et remise en vigueur en 1661, il y a juste deux cents ans, on ne pouvait acheter, dans un certain rayon autour de Paris, un sac de blé sans passer le marché par-devant notaire. Les dispositions à la suite étaient bien autrement absurdes encore. Le contre-coup des rigueurs exercées contre les commerçants retombait nécessairement sur les cultivateurs, c'est-à-dire, en fin de compte, sur les consommateurs eux-mêmes, qu'on aurait cependant bien voulu mettre à l'abri des disettes.

Sous Louis XVI, en 1774, on revint au régime de la liberté; malheureusement, la porte aux exceptions, laissée entr'ouverte pour les cas extrêmes, donna peu à peu et successivement passage à des mesures restrictives qui étouffèrent la liberté du commerce des grains; il en résulta pour l'agriculture de nouvelles souffrances et pour les populations tous les maux qui accompagnent des chertés très-douloureuses.

Il fallut bien essayer de remédier encore à cette situation défectueuse. C'est alors qu'intervint, en 1832, cette loi de bascule, devenue si célèbre sous le nom d'échelle mobile, et qui, à son tour, dut disparaître en 1861 pour faire place à une loi franchement libérale, qui a déjà fait de bonnes preuves sans avoir eu le temps encore de porter tous ses fruits. Elle a été vigoureusement combattue dans son principe ; elle a encore des détracteurs, mais les faits ont déposé en sa faveur, et, tout porte à le penser, avant quelques années elle aura certainement rallié ceux qui en ont le plus redouté les effets.

Cette fois, la porte a été bien et dûment fermée à l'arbitraire. Chacun sait désormais à quoi s'en tenir. Le commerce des grains est complétement libre aujourd'hui à l'intérieur et à l'extérieur, comme l'avait voulu Louis XVI, mais sans réserve, sans menace aucune de suspension. On est revenu ainsi à l'application des saines idées émises par le roi dès « les premiers instants de *son* avénement au trône. »

« Il n'est pas rare, disait Sa Majesté, que les vérités politiques aient besoin du temps et de la discussion pour acquérir une sorte de maturité ; ce n'est qu'insensiblement que les préjugés s'affaiblissent, que les fausses lumières se dissipent... » Ces paroles seront éternellement vraies. On pourrait encore les méconnaître, on ne ferait pas, en les oubliant, qu'elles ne restent vraies encore et toujours. Mais il est permis de croire que la liberté de vendre les grains n'a plus rien à redouter des fausses lumières dissipées aujourd'hui. La production n'est réellement libre que lorsque libre est le commerce. L'usage de la jambe gauche, répéterons-nous, est peu profitable, tandis que la jambe droite, les bras et le reste demeurent garrottés et emmaillottés.

Pour ceux qui n'y ont pas réfléchi, qui n'ont même pas cherché à apprendre et qui, par conséquent, ne savent pas cette grande question du blé et du pain, le sujet est simplement « grave, très-grave. »

Grave, sans doute, mais en quoi, mais comment ? Ils seraient fort en peine de le dire, car ils n'en tiennent pas le premier mot. Ils n'en démordront pas cependant, le sujet est « grave, » ceci du moins est indéniable, et c'est assez. Jamais la suffisance, jamais la sottise n'ont été plus allègres : or, sottise et suffisance sont ici dans les masses et dans toutes les têtes. Les masses diront : Nous avons des croyances sur cette grosse affaire qui nous regarde; n'y touchez pas, ou sinon... A la bonne heure ; ceci est péremptoire ; laissez passer le torrent, comme jadis on laissait passer la justice du roi. Mais les fortes têtes ont toujours en réserve quelque ingénieuse conception ; c'est alors qu'elles se montrent et que la machine aux règlements, montée à sa plus haute puissance, fonctionne avec hardiesse, sans peur et sans reproche, comme Bayard, d'illustre mémoire. Faut-il rappeler cette singulière prétention du maire de l'une de nos villes de l'Ouest, de vouloir exiger que les boulangers fissent deux sortes de pain, l'une avec des farines indigènes, l'autre avec des farines provenant des blés importés ? Il y en a eu bien d'autres. Pour ne pas apparaître aussi étranges à la surface, elles n'en étaient pas moins mauvaises au fond ; les plus ridicules n'ont jamais été les plus dangereuses ; ce sont les fausses lueurs qui égarent.

M. Barral prend ce sujet corps à corps, il l'expose avec le talent qui lui est habituel, il l'examine avec soin, l'analyse avec un sens droit et pratique, avec une haute et saine raison. On lit sans effort, on apprend à son insu, et, prévenu ou non, on est tout surpris et de la grandeur et de la simplicité de la question. On la sait alors ; alors aussi on voit clair dans ses propres idées et l'on s'avoue, sans aucun froissement d'amour-propre, à quel point on l'ignorait : on est gagné, non subjugué ; ce n'est pas une opinion qui triomphe, c'est une vive lumière qui éclate et devant laquelle aucune négation ne saurait se produire.

La production abondante du blé, sa libre répartition entre toutes les contrées qui en ont besoin, tel est l'objet de la première partie du livre de M. Barral.

La seconde est remplie par une étude analytique sur le blé, la farine et le son, travail considérable et intéressant au plus haut degré, non-seulement pour les savants, mais surtout pour les praticiens. Un temps viendra où cette distinction ne sera plus qu'une injure ou un non-sens. L'époque actuelle travaille heureusement, efficacement, voulions-nous dire, à la faire disparaître : la science observe les faits et en donne l'explication rationnelle; la pratique profite de ses enseignements et améliore par eux tout ce qui est de son domaine.

Tout est bien quand vont de pair la science et la pratique ; tout est au pire, au contraire, lorsqu'elles ne s'entendent point ou fonctionnent à l'encontre l'une de l'autre. Entre elles, il n'y a qu'un lien possible — le vrai. Or, pas plus que la fausse science, la mauvaise pratique n'est le vrai.

Dans les ouvrages spéciaux et dans les traités de chimie, que ne connaissent guère — même de nom — les praticiens, on ne trouve que des renseignements incomplets sur la composition et l'analyse du pain. Les lacunes sont considérables. Par suite, l'art de faire, de bien faire le pain, est fort arriéré. Cependant, le pain est l'aliment principal des populations européennes, et nous avons dit à quel point son prix de revient influe sur le prix de toutes choses.

Toucher au pain, c'est donc toucher à la vie commune.

En réalité, je ne vois pas de question ou plus haute ou plus large. Aucune assurément ne présente autant de surface, et l'on a bien droit de s'étonner qu'elle n'ait pas été, avant toute autre, soigneusement approfondie, complétement élucidée. Elle appartenait de tous points à la science expérimentale ; c'est l'économie politique ou l'administration publique qui en ont fait leur chose au détriment de tous, pendant des siècles. Qu'on ne prenne pas ceci en mauvaise part ; loin de nous toute pensée d'accuser, toute idée d'incriminer ou de récriminer : là où tout le monde se trompe il n'y a pas de coupable ; pour être générale cependant, l'erreur n'en est pas moins l'erreur, et le mal qu'elle engendre, chose toujours regrettable. A la fin, la science a repris ses droits, la voilà qui éclaire toutes les obscurités, qui enseigne et renseigne tout le monde, l'administration et les particuliers. Ce n'a pas été sans peine ; mais l'obstacle est généreux et nous trouvons l'auteur par trop modeste, lorsqu'il dit cette partie de son livre simplement enrichie de quelques données nouvelles. Elle contient plus que cela ; les découvertes qu'il y a insérées sont de celles qui, en élargissant la sphère des connaissances utiles, conduisent forcément au développement du bien-être général, et assurent à tous une vie plus facile. Combien, parmi ceux qui écrivent, ont la bonne fortune d'un pareil résultat ?

Le volume est complété par les documents officiels qui ont tout récemment proclamé la liberté de la boulangerie. C'était son couronnement naturel et légitime. Liberté ne signifie pas absence de difficultés ; il s'en présentera encore, cela est inévitable; mais ceux qui auront lu ce livre trouveront aisément les moyens d'éclairer l'opinion si, fidèle au passé, elle avait encore des tendances à s'égarer. « La liberté, dit M. Barral, ne peut pas faire que le pain soit bon marché lorsque le blé sera cher ; mais avec la liberté on pourra tirer du blé tous les principes alimentaires que la nature y a accumulés. On fera toutes les sortes de pain qui pourront correspondre aux besoins des populations; chacun achètera ce qui lui conviendra le mieux... Si par malheur il arrive des bouleversements, des désastres, il faudra apprendre aux hommes à ne pas chercher de remèdes dans des prohibitions ou des monopoles, mais à tirer parti de toutes les forces qu'ils ont en eux quand ils sont libres. »

Il est facile de prédire un grand succès au nouveau livre de M. Barral; mais si un livre de cet ordre paraissait en Allemagne ou en Angleterre, il aurait vingt éditions en deux ou trois années. Il s'adresse à tous avec une utilité incontestable pour tous ; tel il est.

IX.

LES HAIES.

État de la question. — La haie vive. — Faut des haies, pas trop n'en faut. — Un peu d'exagération. — Avantages et inconvénients. — Variétés dans la forme. — Choix des essences. — Modes de plantation. — Une défense efficace. — Les haies dans le département du Cher. — Les haies limitatives des chemins de fer. — Le *plessage*. — Un concours à ouvrir ; — un programme à étudier ; — des primes à distribuer par annuités. — Une amélioration facile ; — améliorer n'est pas détruire.

Le *Journal de la Société d'agriculture* du département des Ardennes contient, dans son numéro du 25 juin 1863, une note fort bonne à lire de M. Morigny, vice-président du comice agricole de Rocroi. Cette note appelle l'attention de la compagnie sur la nécessité d'instituer « des primes pour la bonne tenue des jardins potagers et des vergers, et pour les soins à donner aux haies et aux arbres fruitiers. »

Ces divers objets sont effectivement très-négligés ; ils

mériteraient, au contraire, des soins particuliers. A ce titre ils nous attirent. Voyons les haies.

On a remarqué, dit M. Morigny, qu'elles « sont mal entretenues et qu'elles ont quelquefois de deux à trois mètres de hauteur et autant de largeur, ce qui empêche l'air de circuler et fait perdre beaucoup de terrain. »

Étant démontrée l'utilité d'une clôture rurale, on s'accorde généralement sur ce fait, que la meilleure et la moins coûteuse est la haie vive. Facile à établir, celle-ci forme une barrière solide, d'une longue durée, d'un entretien peu dispendieux : celle que l'on a composée d'arbustes épineux présente une nature d'obstacle à peu près insurmontable et remplit d'autant mieux sa destination naturelle.

Il y aurait bien à dire sur le rôle que jouent les haies dans le système économique général d'une contrée; mais ce sujet rentre dans un ordre de faits que nous n'avons point à examiner ici, car nous parlons d'agriculture seulement. Elles sont nécessaires, ceci est bonnement l'évidence, mais nécessaires dans une certaine mesure, au delà de laquelle elles peuvent devenir nuisibles à l'exploitation bien entendue des terres. Plantez donc des haies partout où il en est besoin ; une fois établies, sachez les conserver et les contenir, mais ne les multipliez pas sans raison et arrachez-les sans hésiter lorsque, par une cause ou par une autre, elles n'ont plus leur pleine utilité; faites surtout que, par négligence, elles ne deviennent jamais un inconvénient, en s'élevant trop ou en envahissant plus de surface qu'elles ne doivent en occuper.

On a, pensons-nous, quelque peu exagéré dans le passé les avantages qu'on peut attribuer aux haies en général. Nous ne croyons pas, par exemple, « que par elles seulement on puisse fournir la France de tout le bois nécessaire au chauffage, et par conséquent réserver les forêts aux bois de haut service, ou à l'usage des grandes manufactures à feu. » Nous ne sommes pas bien certain non plus « qu'une haie de 33 centimètres d'épaisseur au pied et de 6 mètres de long puisse fournir plus de bois qu'un taillis de même essence qui aurait 6 mètres carrés, et en outre, tous les ans, du fourrage pour les bestiaux, plus qu'en donnerait la coupe de 75 mètres carrés de la meilleure prairie naturelle ou artificielle ; » mais, sans atteindre à une utilité si haute, elles ont une réelle importance quand on sait les établir dans de bonnes conditions, lorsqu'on les conduit ou les travaille de manière à prévenir les inconvénients qui peuvent naître de l'abandon. C'est alors qu'elles nuisent aux cultures, qu'elles doivent simplement défendre ou protéger, et par leur ombre et par leurs racines, ou par les trop grandes étendues de terrain qu'elles conquièrent peu à peu insensiblement, mais sûrement.

La pratique a singulièrement varié la position et, par suite, multiplié la forme des haies. Il en est qui bordent simplement des talus ; d'autres, plantées sur le bord d'un fossé, doublent en quelque sorte la protection cherchée dans l'établissement de ce dernier. J'en vois qu'on plante diversement au fond et sur les talus intérieurs d'un fossé ou d'un saut-de-loup, sur une levée de fossé, que sais-je encore ? Il en est qui sont accompagnées d'arbres de haut jet.

Chacun de ces modes a nécessairement sa raison d'être particulière, sa place privilégiée : un fossé d'écoulement trop rapide des eaux ou un desséchement trop complet nuirait essentiellement à la réussite des haies dans des terres naturellement sèches, tandis qu'il deviendrait une cause de prospérité dans les conditions opposées. La sécheresse est l'un des ennemis les plus redoutables des haies. Il faut savoir et ne point oublier que les arbrisseaux dont on les forme et qu'on soumet à des tontes fréquentes enfoncent peu profondément leurs racines dans le sol. Ils échappent donc d'autant moins à l'action de la sécheresse et en souffrent d'autant plus qu'ils ont été placés au sommet d'une pente plus abrupte et plus rapprochés du bord supérieur d'une tranchée. Aussi voit-on les haies nombreuses dans les terres humides à divers degrés et rares au contraire dans les terrains secs.

Cela tient sans doute aux limites un peu étroites dans lesquelles on se renferme pour le choix des espèces qu'on emploie à la formation des haies. On veut avec raison qu'elles soient appropriées au climat et à la nature du sol, mais on ajoute aussitôt cette recommandation : «Choisir de préférence les espèces qui croissent le mieux en lignes serrées, qui présentent constamment une tige bien garnie de rameaux, et dont les racines peu traçantes n'exercent aucune influence fâcheuse sur les terrains environnants. Ces espèces doivent, en outre, supporter des tontes fréquentes ; et, quoique constamment contrariées dans leur direction naturelle, se maintenir dans un bon état de végétation pendant un grand nombre d'années.»

De telles exigences ne sont pas aisées à remplir dans les conditions ordinaires. Toutefois, ces conditions peuvent changer ; dès lors toutes les espèces d'arbres ou d'arbrisseaux appropriées au climat et à la nature du sol peuvent utilement servir à l'établissement de haies solides et durables.

Il faut planter en lignes serrées les végétaux qu'on laisse se développer suivant leur direction naturelle, en hauteur. Peu favorable à l'extension des branches, ce mode presse les rameaux contre la tige et les force à croître comme elle dans le sens vertical. En rapprochant ainsi le plant, on laisse aux racines peu d'espace; elles se gênent réciproquement et s'affament. Les tiges n'en viennent pas mieux et la haie ne prend pas, au pied surtout, l'épaisseur qui lui est nécessaire pour former une clôture épaisse, impénétrable. Elle est plus fournie à une certaine élévation du sol que dans le bas. C'est précisément l'opposé qu'on recherche.

Supposons qu'il vienne à la pensée de vouloir établir une haie avec des essences diverses de haute tige, et par exemple avec des ormes, des charmes, des peupliers, des pommiers, des poiriers, etc.; on ne pourrait jamais les placer assez près les uns des autres pour obtenir une barrière pleine, une clôture suffisante, une défense efficace. On en formera un magnifique rideau d'arbres, on n'aura point une haie si on les laisse pousser en hauteur. Mais il est possible de les coucher horizontalement et d'en faire croître la tige principale dans cette direction, tandis que mille jets s'en échappent verticalement. De la sorte, on peut avoir, à partir du sol, trois étages d'arbres superposés, formant la clôture plus solide et plus impénétrable qu'aucun autre, et au-dessus de cette barrière vive une manière de taillis aussi serré qu'on le voudra, fourni par tous les rameaux qui partent du corps des arbres et s'élèvent aussi haut que la serpe le permettra.

Ce mode est usité dans quelques parties du département du Cher, où nous l'avons vu; il est malheureusement peu connu, et cependant il mériterait d'être partout adopté, car il réalise une somme d'avantages très-supérieure à aucun autre. Toutes les essences lui conviennent et il est d'un excellent rapport.

Le point de départ a nécessairement ses exigences. En employant à la plantation les arbres qui doivent le mieux réussir là où on les place, on les met à distance convenable, — 3 mètres par exemple, — et on les plante en échiquier sur deux lignes espacées de quelques centimètres seulement : le sol a été préalablement préparé comme pour une plantation ordinaire. Lorsque la reprise a été complète, quand la végétation promet d'être vigoureuse, on couche les tiges horizontalement au moyen d'un coup de serpe appliqué de haut en bas, qui entame la tige entière en biseau et laisse intacte néanmoins toute l'écorce du côté opposé à celui qui a reçu l'action de l'instrument. L'opération se fait sur les deux lignes d'arbres à une hauteur différente et en sens inverse, de façon que les uns soient couchés de gauche à droite, et les autres de droite à gauche, de façon encore que l'une des lignes forme l'étage inférieur et la seconde l'étage supérieur de la clôture. On soutient les tiges ainsi étendues en les appuyant en un ou en deux points de leur longueur sur de petites fourches dont le manche a été fiché en terre, et on protége le tout, s'il en est besoin, par l'établissement d'un fossé ou d'une barrière quelconque. L'arbre ainsi couché continue à se développer en longueur et en grosseur. Nous en avons vu de la plus forte dimension dont les jets verticaux étaient parvenus eux-mêmes à une grosseur très-respectable : plusieurs avaient été à leur tour couchés au-dessus du tronc principal, tantôt à gauche, tantôt à droite, et le tout formait une haie magnifique, réduite au pied à l'épaisseur du corps de deux arbres plantés à 20 centimètres l'un de l'autre, et régulièrement exploités. En les examinant de près à leur naissance, on était surpris de voir que ces gros troncs, surmontés de branches si nombreuses, si feuillues et si vertes, reçussent tous leurs moyens d'existence d'un morceau d'écorce si peu étendu et tenant si peu, en apparence, à la partie de l'arbre restée sur pied et d'où sont parties les racines qui puisent dans le sol tous les éléments de sa prospérité.

Ce mode de clôture convient à tous les sols et à toutes les positions. S'il a besoin d'être protégé dans ses premières années, au rebours des autres, qui se détériorent de plus en plus avec le temps, il va se fortifiant toujours d'année en année, ne réclamant aucun frais d'entretien et donnant un produit considérable. Il n'y avait pas de meilleure barrière à établir sur les bords des chemins de fer ; on peut regretter que ces grandes administrations ne l'aient pas partout adopté dès l'origine. Elles eussent été imitées en ceci comme elles l'ont été en beaucoup d'autres points, et la France serait couverte aujourd'hui de maintes plantations en haies qui, sans nuire à rien, accroîtraient d'une manière notable le rendement en bois de chauffage et autres dans les contrées sèches et arides, là précisément où il manque le plus et coûte le plus cher.

Il est des contrées où l'on se rapproche du mode horizontal, en inclinant toutes les tiges des arbrisseaux plantés en haies, à quarante-cinq degrés. C'est une modification déjà heureuse des conditions ordinaires, car elle tient la clôture en meilleur état, c'est-à-dire plus fermée, mieux garnie au pied et plus productive. Ce mode prend le nom particulier de *plessage*. Plesser les haies est une opération qu'on exécute avec beaucoup d'entente et de soin dans quelques parties du centre, une opération qui a ses avantages et qu'on se loue de renouveler opportunément chaque année sur les haies d'un domaine.

En résumé, il y a trois modes d'établissement et d'entretien des haies vives : des trois le plus usuel est le moins bon, le moins complet et le plus dispendieux. Ceci n'est pas normal et appelle une réforme désirable à tous les points de vue.

La note publiée par la Société d'agriculture des Ardennes soulève donc une question qui ne manque ni d'importance ni d'à-propos. Elle mérite d'être mise à l'étude, d'être examinée à loisir, puis expérimentalement résolue. Elle comporte la rédaction d'un programme raisonné, embrassant les trois modes en présence. Un concours de ce genre sortirait des habitudes contractées; il resterait forcément ouvert pendant six ou sept années, car ses effets devraient s'étendre aux diverses phases de la formation des haies. Ainsi la bonne préparation du terrain, sa plantation bien entendue, la pleine reprise des arbres ou arbrisseaux, l'exécution du couchage horizontal, ou la simple inclinaison à quarante-cinq degrés, les soins divers que demandent les haies ordinaires, enfin leur état d'achèvement et de complet fonctionnement, y compris le rendement des premières coupes, et, comme dernier mot, leur examen renouvelé, après cinq ou six autres années, afin d'être bien édifié quant à la durée par l'état de conservation actuelle.

Les haies en voie de formation seraient visitées chaque année. Chaque visite serait l'objet d'un rapport qu'on livrerait immédiatement à la publicité.

On devrait fixer un minimum d'étendue pour chaque mode, soit trente ou quarante mètres, et donner annuellement un cinquième ou un sixième des primes offertes à chacun des trois procédés.

Nous nous arrêtons ici. En lisant cette note rapide, les agriculteurs sauront suppléer à ce que nous n'avons pas dit et trouveront aisément à nous compléter par la simple réflexion. Le mode généralement adopté satisfait si peu à ses fins, il est si défectueux en somme, qu'il doit peu coûter de l'abandonner. Celui que nous proposons, au contraire, est si facile à appliquer, qu'il ne paraît devoir soulever aucune objection sérieuse dans la pratique. Au surplus, il ne s'agit point de faire arracher les haies existantes, mais seulement d'en faire planter avec toutes chances de réussite là où il en est besoin et où l'on n'a pu en établir par le mode ordinaire. Qu'on essaye donc d'en faire venir là où elles constitueraient une amélioration réelle, et de vastes plaines nues se couvriront bientôt de plantations utiles, riantes et productives.

Telle serait l'utilité du concours à ouvrir, sans préjudice des améliorations profitables qu'il introduirait certainement dans le mode habituel d'entretien des haies vives.

X.

SAULE ET PEUPLIER.

Influence de l'homme sur la végétation des arbres. — Les feuillards. — Le saule marceau. — Les peupliers. — Engrais et fourrages. — La salicine. — Un remède contre la cachexie. — Essais et mécomptes. — Les pelures ont leur prix. — *The Lancet*. — Expérience passe science. — Les francs-bords. — Récolte et fanage des pelures et des feuilles d'osier. — Une friandise. — Le remède à côté du mal. — Découverte et propriétés de la salicine.

Comme tous les grands arbres de nos forêts, le saule et le peuplier appartiennent à la belle famille des amentacées.

Les saules en forment l'un des genres les plus importants. Plusieurs d'entre eux s'élèveraient très-haut et prendraient un port élégant ; mais, toujours arrêtés dans leur croissance par les mutilations répétées que nous leur faisons subir, nous les voyons tout autres qu'ils seraient avec leurs tiges élancées et leurs rameaux fléchis. Nous ne parlons que de ceux qui se plaisent dans notre région, où restent tout à fait inconnus les petits saules herbacés qui se mélangent humblement à l'herbe des prairies et entrent dans la composition du foin.

Le saule commun ou osier blanc et le saule marceau, encore appelé *vordre*, sont communs dans notre climat. Le premier croît partout où le sol est humide et pousse avec rapidité. L'autre se mêle volontiers aux haies, on le voit surtout dans les clairières des bois ; il s'accommode de toute espèce de terrain et vient très-vite. Il se contente même des terres sèches et arides, et végète avec vigueur là où aucune autre variété du genre ne réussirait.

Tous les bestiaux montrent une certaine avidité pour leurs feuilles et leurs jeunes pousses. On en forme en certains endroits des *feuillards* destinés à accroître les ressources fourragères de l'arrière-saison ; en beaucoup de lieux on néglige de les récolter et on se prive d'un aliment très-sain et d'une utilité toute spéciale. Le saule marceau est sans contredit l'une des plantes les plus précieuses pour les terrains maigres et secs, où les fourrages viennent généralement si pauvres. On ne sait pas assez les avantages qu'on retirerait de sa culture dans des circonstances aussi peu favorables pour d'autres plantes alimentaires. Aucune sorte de prairie n'est aussi productive sur un même espace. « On se fait difficilement une idée, dit M. Henri Lecoq, de la vigueur des pousses de cette espèce quand le tronc a été coupé près du sol, et beaucoup de terrains qui ne peuvent être ensemencés de plantes fourragères rapporteraient beaucoup si on cultivait le saule marceau, soit pour le faire consommer en vert, ou, ce qui est préférable, pour en faire des fagots de feuillée pour l'hiver. Le seul inconvénient que je lui connaisse, c'est d'être souvent attaqué, et quelquefois complétement mangé par les insectes. Comme plante fourragère, on peut le tondre trois fois par an et obtenir une abondante récolte de fourrage [1]. »

Tout autant que le saule commun, les peupliers aiment les terrains humides, dans lesquels ils prospèrent. Leurs feuilles sont également recherchées par le bétail, auquel on les donne en guise de foin, pendant l'hiver, dans toute l'Italie et notamment en Lombardie et dans les provinces napolitains. Elles se dessèchent bien et forment d'excellentes feuillées. Entre toutes, les meilleures sont fournies par le peuplier tremble, particulièrement appétées par les vaches, les chèvres et les moutons.

Ce que nous disons là n'est certainement ignoré de personne, mais seulement inusité parmi nous. Il en est des fourrages comme de l'engrais, on n'en a jamais assez, et l'on néglige toutes sortes d'occasions d'en récolter abondamment ; on laisse perdre des masses de matières dont on tirerait aisément profit si la coutume portait sur elle un peu d'attention, quelques soins faciles et peu coûteux.

Cependant l'emploi alimentaire des feuillards du saule et du peuplier aurait, nous le disions tout à

[1] *Traité des plantes fourragères.*

l'heure, une utilité spéciale dans certaines circonstances. En effet, la feuille de ces arbres contient un principe particulier, la salicine, doué de propriétés toniques, *sui generis*, assez actives pour prévenir et combattre les maladies occasionnées par l'appauvrissement du sang, et notamment la cachexie aqueuse ou pourriture du mouton.

Comme une foule d'autres découvertes, celle-ci est due au hasard. Tous les journaux l'ont annoncée tour à tour. Un premier fait, bien observé, a été porté à la connaissance du public, mais autant en emporta le vent. Ce n'a été qu'une nouvelle. Nous y revenons pour essayer de la bien fixer dans la mémoire des propriétaires de troupeaux de bêtes à laine.

C'est un agriculteur de l'Ariége, M. L. Pons-Tende, qui a, croyons-nous, le premier appelé l'attention de ses confrères sur les propriétés curatives des feuilles du saule commun, dans les cas de cachexie aqueuse très-avancée. L'histoire qu'il a contée mérite d'être reproduite et conservée.

Dans l'Ariége vit une race ovine qu'on nomme *lauraguaise*. Bien qu'elle soit estimée, on a pourtant voulu l'améliorer encore. Il va sans dire qu'on s'est adressé pour cela à des races diverses et qu'on a eu recours à la pratique plus ou moins bien appliquée du croisement. C'est la mode en France. On y fait du mélange du sang étranger avec nos races indigènes une manière de panacée qui ne réussit guère, mais à laquelle on revient toujours et quand même. Séduit par la conformation symétrique, par la *construction irréprochable* de la race south-down, M. Pons-Tende résolut de la faire servir *au perfectionnement* de son troupeau lauraguais. Il obtint d'abord satisfaction, mais ses métis south-down-lauraguais avaient perdu en rusticité ce qu'ils « avaient gagné en perfection physique. »

Malgré l'excellence du régime soit au pâturage, soit à la bergerie, son troupeau croisé, composé de 100 têtes, était en très-médiocre état pendant l'automne de 1858. Sous l'influence de la même nourriture et de la même hygiène, les bêtes du pays seraient vite parvenues à un engraissement complet. Ce fait se maintint durant trois longues années qui suffirent à dégoûter le propriétaire. En effet, il ne voyait que des animaux languissants là où il avait fait toutes sortes de sacrifices pour les avoir vigoureux et vivaces. Il était donc décidé à se défaire de ses métis pour revenir au point de départ, « lorsque l'affreuse cachexie se manifesta dans sa bergerie » avec une très-grande intensité. La mort fit plusieurs victimes; « sous peu de jours, dit M. Pons-Tende, tout mon troupeau allait périr. » Tous les traitements indiqués en pareille occurrence furent impuissants. Les provendes les plus toniques, l'administration du fer sous diverses formes, tout fut sans effet, rien ne put ramener un peu de vigueur dans ce troupeau agonisant.

« Tout était donc désespéré, continue M. Pons-Tende. Ayant pris mon parti de ce pénible sacrifice et ne voulant pas augmenter mes pertes de la dernière nourriture à donner, je fis distribuer à mon troupeau des pelures d'osier qui, considérées alors comme de basses matières fourragères, traînaient dans un coin de ma grange. » En quelques jours, cette alimentation produisit, au grand étonnement du propriétaire, un changement considérable dans la situation du troupeau. Un certain air de gaieté succéda à l'abattement, et des signes non équivoques de santé s'établirent, tandis que s'amoindrissaient tous les symptômes extérieurs du mal. L'amélioration constatée ne pouvant être attribuée qu'à l'usage des pelures de saule (osier blanc), on tint les convalescents au même régime. En peu de semaines la guérison fut complète. Les brebis traversèrent gaillardement la mauvaise saison, l'agnelage se fit sans encombres et donna de beaux agneaux, parmi lesquels on put composer un lot de choix qui fut primé au concours régional de Foix.

Ce résultat, bien inattendu, eut quelque retentissement, mais il fut promptement oublié. Par reconnaissance pourtant et poussé par le désir d'être utile, M. Pons-Tende revient sur ce fait et s'appuie d'observations nouvelles. La première est empruntée à un journal anglais, *the Lancet*, dans lequel on a imprimé ce passage d'un rapport répété par plusieurs autres feuilles :

« ..... Lors de l'été pluvieux de 1860, dit l'auteur de ce travail, nous dirigions à Hayttard-Manoz (Hampshire) chez le révérend John Freeman, une bergerie de 1,400 têtes de race Dishley. Le troupeau presque en entier fut atteint de la cachexie. Tout était désespéré, lorsqu'il nous tomba sous la main une traduction de la communication de M. Pons-Tende. A tout hasard et sans grande confiance, nous l'avouons humblement, nous fîmes donner à nos bêtes tout ce que nous pûmes nous procurer d'écorce de saule marceau, d'osier, etc. Le phénomène signalé par M. Pons-Tende se reproduisit, et le troupeau fut sauvé. »

Ce fait est concluant, mais il n'est pas isolé. La pratique de l'agriculteur ariégeois lui en a fourni d'autres tout aussi intéressants.

Un an après sa guérison radicale, le troupeau métis fut vendu dans les conditions les plus favorables, et le propriétaire, abandonnant l'élevage, revint simplement à des opérations d'engraissement, plus lucratives et, paraît-il, plus appropriées à la nature du sol et des herbages qu'il possède.

« Depuis cette époque, dit-il, il m'est passé par les mains plus de 1,500 moutons, dont quelques-uns m'arrivaient de provenances fort insalubres, avec les germes bien caractérisés de la cachexie, j'en ai toujours obtenu la guérison radicale avec mes pelures d'osier. J'étais obligé de prendre auparavant toutes sortes de précautions pour garantir mon troupeau des atteintes de la pourriture ; aujourd'hui, je fais pâturer impunément mes moutons partout et à toute heure de la journée, par les brouillards, dans les herbages humides, marécageux, etc. Quelques rations de pelure d'osier, données de loin en loin, sont un préservatif, qui ne s'est pas démenti un seul instant depuis près de quatre ans.

« Une partie de ma propriété est longée par un cours d'eau torrentiel, le Lhers, qui m'oblige à lui laisser des francs-bords d'une très-grande largeur. Ces francs-bords sont plantés d'osiers; c'est un moyen de tirer un revenu de ce terrain ; c'est encore un moyen d'éviter les désastres du ravinement du torrent à l'époque des grandes crues. Le chevelu des osiers rend la couche de terre de la surface très-solide, très-ferme. Tous les ans je fais couper ras de terre une partie de mes osiers, qui, au printemps suivant, poussent des jets d'une grande finesse et de 1 à 2 mètres de hauteur. Au mois de juillet, ces jets sont arrivés à leur complet développement, et comme la séve est encore en circulation, ils peuvent être pelés très-aisément. Ce sont des ouvriers vanniers qui m'achètent les osiers sur pied, qui en font la cueillette et qui les pèlent sur place. Les pelures desséchées par le fanage ordinaire sont mises en tas tous les jours et enfin rentrées lorsque l'opération est terminée. Les feuilles d'osier qui s'y trouvent mêlées ajoutent à la qualité du fourrage; il est mangé par les moutons avec la plus grande voracité ; c'est une véritable friandise. J'en obtiens tous les ans de 2,000 à 3,000 kilogrammes. Cette quantité est plus que suffisante pour entretenir en très-grande vigueur un troupeau de 200 têtes.

« Quand on songe aux ravages que la pourriture fait parmi les troupeaux de moutons dans notre pays de plaines ; quand on voit cette industrie pastorale, si largement rémunératrice partout où ce fléau n'est point à craindre, ne donner que des mécomptes ou des pertes dans les riches herbages qui sont aussi les plus insalubres, on saisit de suite la portée des observations auxquelles le hasard m'a si heureusement conduit. Dans son admirable prévoyance, la nature avait mis le remède à côté du mal : les localités basses, humides, marécageuses, qui engendrent la cachexie, sont aussi celles où toutes les variétés du saule se plaisent le mieux. »

La salicine a été découverte en 1829 par M. Leroux, pharmacien à Vitry-le-François, et par M. Braconnot, professeur à Nancy, dans l'écorce de différentes espèces de saules, de peupliers et de trembles. C'est, ainsi que nous l'avons dit, le principe actif qui a déterminé la guérison du petit troupeau de M. Pons-Tende. Elle est d'une saveur très-amère et jouit de propriétés qui la rapprochent beaucoup du quinquina. On en a même fait une succédanée de cette substance, qui a été souvent conseillée et employée dans le traitement de la cachexie aqueuse. Son usage est donc très-indiqué et très-rationnel non-seulement pour guérir les atteintes de ce mal, mais aussi pour en prévenir l'invasion chez les animaux soumis aux circonstances favorables à son développement — l'humidité des habitations, du sol ou des pâturages, la pénurie ou la mauvaise qualité des aliments.

Toutefois, nous avons plus confiance dans son ingestion à l'état naturel, sous forme de pelures ou de feuillards, que dans sa condition isolée. Dans ce dernier cas, on ignore à quelle dose et comment il faut l'administrer; sous l'autre forme, si simple, l'expérience s'est prononcée. Enfin, cette observation a certainement quelque importance, les médications directes employées jusqu'ici contre la cachexie aqueuse n'ont guère eu de succès, bien qu'elles fussent énergiques et coûteuses, tandis que l'introduction des pelures de saules dans le régime ordinaire a été suivie des plus heureux résultats, sans aggravation dans les dépenses d'entretien, sans gêner en quoi que ce soit le régime habituel des troupeaux.

Nous ferons une dernière remarque : Les feuilles d'arbres ou d'arbustes quelconques, qu'en certaines contrées on est dans l'usage de recueillir pour la nourriture du bétail, sont partout considérées comme douées de propriétés toniques très-développées et comme propres à combattre en tous temps les effets débilitants d'une nourriture insuffisante ou de mauvaise nature, comme propres aussi à relever les constitutions affaiblies. Ce serait à la science à étudier de plus près la composition des feuillards comparativement à celle des autres fourrages et à faire connaître à quoi tiennent les différences physiologiques que l'observation a saisies dans l'usage alimentaire des uns et des autres.

XI.

L'ARRONDISSEMENT DE VALENCIENNES.

Un arrondissement modèle. — Une provocation intelligente. — Une loi providentielle. — Les excursions agricoles. — Topographie et statistique. — Première introduction de la machine à vapeur en France. — La houille à bon marché. — Ensemencement et rendement du blé à soixante ans d'intervalle. — L'équilibre entre la production agricole et la production industrielle. — Blé et jachère. — Culture ancienne et nouvelle. — La betterave et le sucre. — La chicorée. — Lin et colza. — Les prairies naturelles. — Les marais communaux. — — Le drainage. — Les instruments perfectionnés. — Le bétail. — Les engrais. — Le feu sacré de l'intelligence et du travail.

Entre tous, l'arrondissement de Valenciennes est le mieux fait pour servir de modèle à la France par la beauté de ses cultures, par l'esprit laborieux de ses habitants, par la vive intelligence qui, chaque jour, ajoute aux améliorations réalisées une amélioration nouvelle.

Ce fait, révélé par la connaissance des lieux, des hommes et des choses à un ancien ministre de l'agriculture, M. Dumas, lui suggéra la pensée féconde d'ouvrir un concours sur cette importante question : « Faire connaître les progrès de l'agriculture et de l'industrie dans l'arrondissement de Valenciennes depuis le commencement du siècle et en rechercher les causes. »

L'appel de l'illustre savant a été entendu : la Société d'agriculture, sciences et arts de Valenciennes a pu remettre, en 1861, le prix Dumas à l'auteur d'un mémoire très-complet et très-remarquable à tous égards sur la statistique agricole et industrielle de ce riche arrondissement.

La publication de ce travail devait être d'un grand intérêt. En effet, a dit avec raison M. Dumas, il renferme un enseignement dont toutes les parties de la France pourraient tirer profit. C'était un nouveau service à rendre à tous et notamment à celles de nos contrées où l'industrie et l'agriculture sont disposées à se réunir. La Société de Valenciennes s'est empressée de répondre à ce désir, à ce besoin, et nous voici en possession d'une œuvre très-précise, d'un travail consciencieux qui se produit sans prétention avec les meilleures attaches, et qui déroule, pour un public éclairé, le tableau des richesses acquises en un petit coin de la France par l'intelligent labeur de ceux qui l'exploitent.

Nous serions heureux de faire naître chez le lecteur la pensée de prendre une connaissance approfondie de l'excellent mémoire de M. Bonnier, président du comice agricole de Condé (Nord), le lauréat du concours, car les recherches qu'il contient seraient également utiles au statisticien, à l'administrateur et à l'homme du monde qu'il importe d'éclairer, surtout dans un sujet qui touche de si près aux intérêts de tous.

Il existe, a dit le rapporteur du concours, une loi providentielle qui ouvre à l'humanité la voie de progrès indéfinis. Or, cette loi semble devoir se formuler en ces termes : « Toute contrée peut nourrir par ses récoltes plus d'habitants qu'il n'en faut pour cultiver, et la quantité de produits qui reste ainsi disponible tend elle-même à augmenter lorsque augmentent les habitants et les capitaux voués aux travaux agricoles. »

A son insu, bien certainement, l'arrondissement de Valenciennes paraît avoir eu pour mission spéciale de mettre cette loi en lumière par les brillants résultats d'une pratique intelligente et soutenue. Cette assertion sera largement étayée par les documents sommaires que nous allons relever dans la mémoire de M. Bonnier, deux fois couronné, car à la médaille d'or offerte par M. Dumas et remise par la Société académique de Valenciennes est venue s'ajouter une autre médaille d'or, décernée par la Société centrale d'agriculture de France.

Nombre d'agriculteurs français ont eu, dans ces dernières années, la curiosité de visiter les exploitations ou les fermes les mieux dirigées, les plus avancées, en Angleterre, en Belgique ou en Allemagne ; bien peu ont eu la pensée de porter leurs pas dans l'arrondissement de Valenciennes, qu'il y a justice à élever au premier rang, sinon à mettre au-dessus de tous. Il devrait être, dans la saison favorable aux excursions agricoles, le rendez-vous général de tous ceux qui aiment à s'inspirer des travaux d'une agriculture vraiment progressive. Cet honneur lui est certainement réservé.

L'arrondissement de Valenciennes, on le sait, est formé d'une portion du Hainaut français et d'une partie du comté d'Ostrevant. Son domaine agricole se compose de 51,369 hectares, pris sur une surface totale de 630 kilomètres carrés. La différence (11,609 hectares environ) appartient aux propriétés boisées ou bâties, aux routes, aux rivières, aux mines, etc., etc. Il est marécageux en beaucoup de points, presque partout humide et traversé dans toutes les directions par de nombreux cours d'eau ou canaux. On suppose avec quelque raison que ses plaines, aujourd'hui si productives, ont été successivement et péniblement conquises sur les eaux, et qu'elles tirent le principe de leur fertilité de la décomposition des plantes aquatiques dont on retrouve les empreintes dans les fosses de charbon de terre, ou des débris d'arbres pétrifiés que l'on découvre presque partout dans des couches de sable plus ou moins profondes.

Il y a cependant aussi quelques rares coteaux.

Les voies de communication y sont très-multipliées et d'un parcours étendu : les routes de terre, pavées ou empierrées, les chemins de fer et les communications par eau mesurent ensemble plus de 522,730 kilomètres, non compris une longueur d'environ 595,875 kilomètres de chemins vicinaux ordinaires en sol naturel.

Les routes de terre sont assurément très-fréquentées, mais aucun chiffre n'est hasardé à ce sujet. On est mieux renseigné sur la navigation et sur les voies ferrées. Ainsi le mouvement sur les canaux et sur les rivières s'est résumé, en 1857, par un ensemble de tonnages kilométriques dépassant 57 millions 1/2, soit, rapporté au parcours total, 2,434,609.

Dans la même année, la station du chemin de fer de Valenciennes a fait une recette de 1,670,540 francs.

A ces données, qui ont une haute signification, nous en ajouterons d'autres qui n'ont pas moins d'importance.

En 1805, le produit des contributions directes se totalisait à la somme de 738,641 francs ; en 1857, le chiffre, successivement accru, s'est élevé à 1,145,907 francs : c'est une augmentation de 407,266 francs. Aussi la contribution foncière, qui ne donnait que 7 fr. 42 c. par cote moyenne, à l'hectare, en 1805, a-t-elle donné, à l'époque plus rapprochée, une cote moyenne de 10 fr. 52 c. à l'hectare.

Nous laissons de côté le mouvement d'importation et d'exportation des marchandises par les bureaux de la douane à la direction de Valenciennes ; disons pourtant qu'il est en progrès croissant, ainsi que les opérations de la succursale de la Banque, établie en 1847 dans la même ville, et dont la moyenne quinquennale, de 1853 à 1857, atteint 131 millions 1/2 d'affaires contre 52 millions 1/2 seulement pour la période précédente.

L'accroissement de la population n'est pas moins accentué, et déjà nous aurions dû l'indiquer puisqu'il est la source toujours vive de tous les autres progrès. En 1801, l'arrondissement ne possédait que 96,164 habitants : le recensement de 1856 en a compté 163,082. Ce chiffre donne une moyenne de 259 habitants par kilomètre carré, tandis que la même moyenne n'est que de 68 pour la France entière.

La première machine à vapeur introduite en France a été montée à Fresnes, près de Condé, par la compagnie des mines d'Anzin, en 1832. L'arrondissement est resté fidèle à son passé en conservant toujours le premier rang parmi ceux qui, à son imitation, ont successivement appliqué ce puissant moteur au service de l'industrie. En 1833, il possédait déjà 78 machines à vapeur, de la force de 1,373 chevaux, mais en 1852 cette force s'est considérablement accrue et se chiffre par 10,130 chevaux-vapeur.

Il faut donner à ce nombre toute sa signification. Il n'y a, dans toute la France, qu'une force de 75,518 chevaux-vapeur.

Dans l'arrondissement de Valenciennes, comme ailleurs, comme partout, la vapeur n'enlève rien au travail manuel. Ces 10,130 chevaux représentaient, en 1857, le travail de 30,390 chevaux de trait ou celui de 212,730 ouvriers. Que si la vapeur venait à manquer à l'industrie, cette dernière ne parviendrait jamais à la remplacer, car elle ne trouverait les moyens d'entretenir ni les hommes ni les chevaux vivants nécessaires pour la suppléer. Elle ne laisse d'ailleurs aucun bras disponible, car l'agriculture, comme l'industrie, est obligée de recourir aux ouvriers étrangers, malgré le chiffre élevé de la puissance motrice.

Nulle part l'application de la vapeur ne diminue la

somme du travail; elle l'augmente au contraire, et le multiplie sans cesse, tout en l'expédiant plus rapidement et à plus bas prix.

Sur le point où nous sommes, c'est l'exploitation toujours grandissante des houillères qui a créé l'extension du travail et produit l'accroissement considérable des richesses. En 1830, elle ne donnait encore que 3 millions de quintaux métriques, portés à 16 millions dès 1855. Or cet accroissement a cela de remarquable qu'il concorde avec le développement de la sucrerie indigène, c'est-à-dire avec l'extension productive de la culture de la betterave à sucre. Et comme tout se tient et s'enchaîne dans cet ordre de faits, on voit, parallèlement à celui qui vient d'être constaté, la valeur des terres s'élever de 2,350 francs l'hectare, moyenne de 1789, à 7,500 francs, ou trois fois et plus, moyenne de 1855; dans le même temps, la valeur locative a passé de 50 francs à 200 francs ou environ l'hectare.

La houille à bon marché, telle a été la cause première de ce prodigieux accroissement de la fortune publique. On lui doit ici la naissance des établissements métallurgiques de Denain et d'Anzin, qui ont, en 1857, produit 369,000 quintaux de fer. La grosse chaudronnerie n'a pas de centres de production plus importants que les beaux établissements de Denain et de Valenciennes; la verrerie n'a pas progressé d'une manière moins marquée; ses produits, qui dépassaient à peine 200,000 francs au commencement du siècle, donnent aujourd'hui un chiffre d'affaires de plus de 4 millions.

Mais voyons de plus près les résultats dus à l'amélioration de l'agriculture.

L'ensemencement du blé, qui occupait vers 1800 un hectare sur six, s'étend à présent au quart du territoire, et rend en moyenne près de 25 pour un, quand le rendement moyen, pour toute la France, n'est que de 12 hectolitres 41 à l'hectare. Si grande que soit la différence, elle ne marque point l'extrême limite du progrès, car sur certaines exploitations très-avancées on récolte 30, 36, 40 et 42 hectolitres, du poids de 78 à 80 kilogrammes, et de 64 à 66 quintaux métriques de paille, à l'hectare, non sur un hectare isolé ou particulièrement soigné, mais sur la totalité des terres ensemencées. Et, pour citer un exemple précis, le produit de 54 hectares cultivés en 1854 à Denain, en froment de diverses variétés, par l'un de nos agriculteurs les plus éminents, M. Gouvion, a été de 2,280 hectolitres, du poids de 78 kilogrammes, non compris le menu grain, c'est-à-dire plus de 42 hectolitres par hectare.

Ce résultat, dit très-judicieusement M. Bonnier, est le *criterium* du véritable progrès, et il ajoute : « On comprend que si, comme en Angleterre, l'équilibre entre la production agricole et la production industrielle était rompu, si, les forces du pays se concentrant pour celle-ci, nous devenions, comme nos voisins, tributaires pour les céréales, et toujours fatalement de plus en plus, de la Russie, de l'Amérique et des autres contrées frugifères, l'avenir serait compromis, même celui de l'industrie, puisque, outre que nous tomberions à la merci de l'étranger, la population industrielle croissant et la production agricole diminuant, le prix des denrées augmenterait proportionnellement et surélèverait nécessairement le taux des salaires, qui est un des éléments du prix de revient. Or, comme il est démontré que l'abaissement du prix de revient et de vente est, surtout pour l'exportation, la condition du succès en industrie, ce succès deviendrait impossible. »

L'extension donnée à la culture du froment concorde, cela va de soi, avec la suppression presque absolue de la jachère morte, réduite aujourd'hui à une proportion insignifiante, et avec une notable diminution des petites céréales. Mais d'autres cultures se sont aussi notablement accrues, les prairies artificielles, par exemple, et la betterave, qui a conquis une surface de 9,000 hectares et plus. L'amodiation des communaux et le défrichement des bois ont fourni le complément des terres utiles à la nouvelle agriculture. Le pivot de celle-ci a été la betterave, qui « produit à volonté du sucre ou de l'alcool, et de la nourriture pour le bétail toujours ; qui fournit au sol les engrais tout en le purifiant, l'aérant, l'amendant et lui communiquant ainsi cette vigueur inespérée et inconnue ailleurs... La betterave, en pénétrant par sa racine principale à des profondeurs inusitées, nous a montré que ce n'est pas à la surface du sol seule qu'il faut songer, et nous a préparés à estimer le drainage. » — (DUMAS.)

La statistique fait aussitôt la preuve de l'assertion et montre à quel point la culture de la précieuse racine a été productive sous l'influence du progrès qui lui était dû, devenant ainsi tout à la fois cause et effet : en 1840 une étendue de 4,503 hectares produisait 1,892,400 quintaux métriques de racines, donnant à l'hectare une valeur de 672 fr. 36 c. ; en 1857, la culture envahit 9,046 hectares, qui donnent 4,640,598 quintaux métriques, offrant une valeur brute de 1,243 fr. 15 par hectare. Tous les chiffres ont haussé, l'étendue cultivée, le rendement moyen, le prix du quintal et conséquemment la valeur obtenue.

En 1857, la production du sucre s'est élevée à 21 millions de kilogrammes, et celle de l'alcool à 65,700 hectolitres.

La culture de la chicorée, importée en 1798, a été très-améliorante aussi, mais dans une proportion très-contenue, car elle n'occupe encore que 700 hectares. En l'absence de la betterave, elle se recommande tout particulièrement par la nature des avantages qui l'accompagnent.

Les plantes industrielles, comme lin et colza, coûteuses par les façons qu'elles nécessitent, chanceuses dans leurs produits, ont été réduites au profit des prairies temporaires ou des cultures fourragères qui, avec les pulpes de betteraves, en nourrissant abondamment le bétail, fournissent abondamment aussi à l'alimentation humaine.

Le produit des prairies naturelles, dont l'étendue est à peu près aujourd'hui ce qu'elle était dans le passé, a été porté de 30 quintaux métriques de foin à 43 quintaux à l'hectare.

Voici pourtant un point qui laisse à désirer, mais on peut espérer que les recherches exactes et vraies de la statistique lui seront bientôt profitables. Sur 1,162 hectares de marais communaux, 327 sont encore abandonnés au parcours ; les 835 autres sont amodiés, moins 37 dont les herbes sont vendues publiquement chaque année : deux chiffres diront aux communes où est leur plus grand intérêt : l'amodiation ou la vente annuelle donnent un produit moyen de 147 francs à l'hectare, contre 47 francs que rapporte l'hectare soumis au régime du parcours. L'augmentation de revenu résultant d'une administration judicieuse du bien commun permet, partout où elle se fait, de doter plus largement tous les services ou de fonder des institutions utiles d'enseignement et de bienfaisance, qui concourent à l'éclairer, à moraliser, à soulager les populations.

Sur des terres humides, comme la plupart de celles du territoire de l'arrondissement de Valenciennes, le drainage a d'importants services à rendre. La théorie le disait, la pratique l'a démontré. Il n'a encore été drainé ici que 676 hectares ; mais on est encouragé à poursuivre par les résultats constatés, soit un rendement plus élevé de 6 hectolitres de blé et de 120 quintaux métriques au moins de betteraves à l'hectare.

L'outillage agricole a été l'objet d'attentions très-suivies, et partout il a été renouvelé en très-grande partie. La pratique a démontré sur tous les points la supériorité des instruments perfectionnés sur les outils un peu grossiers et par trop insuffisants de l'époque antérieure ; elle a démontré aussi que les gros rendements ne sortaient ni des mauvais labours ni des façons imparfaites. C'est ainsi que, pour arriver à des augmentations de récoltes considérables, les travaux des champs se sont de proche en proche exécutés par tous avec plus de soin et à l'aide d'instruments mieux choisis. La charrue primitive du pays, appelée *harna*, a été répudiée pour son impuissance, et avantageusement remplacée par l'excellente charrue Hamoir ; le *brabant*, qui a une autre spécialité, a été heureusement modifié sans remplir toutes les conditions voulues. Aussi a-t-on cherché un instrument meilleur et plus complet : on l'a trouvé dans le type d'une charrue américaine importée de New-York, et améliorée dans sa construction. Il fallait plus encore, car la nécessité de remuer le sous-sol était désormais bien démontrée. Pour remplir ce *desideratum*, on a d'abord adopté le *sous-sol américain*, puis modifié la *fouilleuse* Bazin, et ces deux engins accomplissent leur œuvre. Ce dernier, très-puissant, ameublit très-profondément le sol; l'autre pourra, si les ouvriers manquent un jour, opérer très-convenablement l'arrachage de la betterave.

L'extirpateur, à peu près inconnu en beaucoup d'endroits, s'est fort répandu ici et, par la manière dont il remplit son office, a désormais sa place marquée dans toutes les fermes de l'arrondissement.

La herse en bois disparaît pour la herse en fer. C'est une question jugée. Il en est de même du rouleau qui a eu comme transition une construction en pierre, maintenant abandonnée pour le rouleau en fer articulé ou pour le rouleau Croskill modifié. Ceci est un trait commun à tous les engins nouveaux. On les a réellement améliorés en les appropriant tous aux besoins particuliers de la culture locale ou à la nature du sol sur lequel ils sont appelés à opérer.

L'emploi du semoir mécanique appartient surtout à la culture avancée, à celle qui ne ménage rien pour placer la semence dans les meilleures conditions de réussite, et qui donne aux plantes, aux divers âges de leur développement, les soins les plus propres à en favoriser la complète évolution. Les semis en lignes, absolument inappliqués au commencement de ce siècle, ont envahi depuis une trentaine d'années la pratique générale. Après quelques tâtonnements, dont l'ère est loin d'être fermée presque partout ailleurs, les cultivateurs se sont arrêtés ici à un instrument d'une grande simplicité et qui satisfait complétement à sa destination. Comme tous les autres, il a été heureusement modifié dans le pays. En une journés de travail, avec le concours d'un homme, d'un enfant et d'un cheval, on ensemence facilement cinq hectares. La culture y trouve de tels avantages, que la Société d'agriculture de Valenciennes a cru devoir, par des primes spéciales, pousser à l'adoption immédiate du système des semis en lignes. L'arrondissement possède bien deux cents semoirs aujourd'hui ; aucun autre, très-vraisemblablement, n'approche de ce nombre.

Le prix élevé de la main-d'œuvre a forcé de recourir sérieusement à l'usage de la houe à cheval. Plusieurs ont été essayées avec l'intelligence que, dans ce pays, les agriculteurs appliquent à toutes choses : deux seulement sont restées dans le domaine de la pratique et se sont rapidement propagées.

C'est presque un hors-d'œuvre de dire que la machine à battre est d'un emploi très-généralisé ; la pratique a reconnu la supériorité de celle de Duvoir, mais elle s'est bientôt aperçu aussi qu'il y avait grand profit à la mettre en mouvement au moyen de la vapeur ; et voilà que ce moteur va se substituant à la force du cheval ou du bœuf. En effet, le batteur Duvoir, commandé par un manége à trois chevaux, ne fournit en moyenne que 20 hectolitres; mû par la vapeur, il peut produire jusqu'à 40 et 45 hectolitres par jour. Le travail est augmenté du double, et la diminution du prix de revient, déterminée surtout par l'infériorité de la dépense de trois hectolitres de charbon, nécessaires pour la production de la vapeur, comparativement à la nourriture de six à huit bœufs, est de plus de moitié.

Les faucheuses et les moissonneuses sont encore à l'essai ; mais avant peu ces grandes machines, très-améliorées peut-être, passeront dans la pratique usuelle.

Beaucoup d'autres améliorations ont été introduites et, dans l'ensemble, forment une masse importante. En aucun autre lieu, les détails les plus minces en apparence n'ont attiré un degré égal d'attention et ne sont plus judicieusement menés de front.

Un mot à présent sur le bétail, dont nous n'avons encore rien dit.

De 1800 à 1857, la situation a notablement changé.

La population chevaline a passé du chiffre 8,706 à 11,476, soit une augmentation de 2,776 têtes.

Le poids brut des bêtes bovines entretenues, qui était en 1,800 de 7.049,400 kilogrammes, s'élève en 1857 à 11,306,610 kilogrammes, et donne un accroissement de 4,257,210 kilogrammes.

Le nombre des bêtes ovines, qui s'arrêtait en 1800 à 19,071 têtes, est à l'autre époque de 31,955, soit 2,884 animaux en plus.

Enfin l'espèce porcine, qui n'avait dans le passé que 5,143 têtes, en compte 7,159 en 1857 ; différence au profit de l'époque actuelle : 2,016 têtes.

Ces augmentations correspondent en tous points aux améliorations précédemment constatées. Toutefois plusieurs faits se révèlent qui doivent être signalés. Ainsi la nécessité de fournir à l'alimentation d'une population humaine plus dense, et plus de lait et plus de viande, a fait réduire le nombre des élèves dans les espèces bovine et ovine, dont le chiffre des adultes s'est pourtant très-notablement élevé.

Les chevaux de trait partagent avec le bœuf les divers travaux de la culture, mais depuis quelque temps la vapeur vient à leur aide pour le battage des céréales, en attendant mieux, selon toute apparence.

Les races ovine et porcine ont été profondément remaniées ; elles sont moins hautes, moins grossières, d'une ossature moins développée, plus aptes, par conséquent, à l'engraissement qui est leur unique destination.

On le voit, en tout et partout, c'est toujours le progrès ; oui vraiment, ceci est bien un arrondissement modèle.

Mentionnons pour mémoire la question vitale des engrais : nulle part elle n'a été étudiée avec plus de soin et d'utilité pratique ; nulle part non plus on ne l'a appliquée avec un succès plus complet. Ceci au moins remonte déjà loin dans l'histoire agricole du pays et se trouve être de notoriété publique.

Il y avait, on le comprend, un très-vif intérêt à rechercher et à expliquer les causes de tous ces progrès. C'était une tâche délicate, mais féconde. Elle a été remplie avec conscience, avec talent, avec un rare bonheur, de façon à mériter tous les suffrages... La France deviendrait bien riche et bien puissante si les diverses régions qui la composent se mettaient résolûment en marche pour atteindre, chacune en sa forme propre et suivant ses aptitudes spéciales, au degré d'élévation et de force auquel est parvenu l'arrondissement de Valenciennes.

Et pourtant il n'est pas encore arrivé au sommet. On lui rappelle d'ailleurs avec sagesse que Dieu défend à l'homme de s'endormir dans la torpeur ou le quiétisme, soit au sein de la richesse, soit au milieu de la pauvreté. Donc « que les populations qui ont accompli de si merveilleux progrès contemplent leur ouvrage ; qu'elles voient toute la prospérité créée par leur persévérance ; qu'elles se rendent compte de l'enchaînement des causes et des effets ; mais surtout qu'en mesurant le chemin déjà parcouru, elles comprennent bien qu'on ne peut jamais s'arrêter dans cette voie, sous peine de rétrograder rapidement. Pour se montrer digne de l'héritage qui lui est transmis, chaque génération doit à son tour apporter à l'œuvre commune sa part de perfectionnement et entretenir constamment le feu sacré de l'intelligence et du travail. »

XII.

LES CAISSES D'ÉPARGNE DE L'AGRICULTURE.

Nous posons la question. — Ennemi public et bienfaiteur de la société. — Que chacun trouve le moyen de voir fructifier son épargne. — Les obstacles et l'administration. — Innovations et défiance. — La première caisse d'épargne. — Terre et capitaux. — Le cultivateur va à la terre comme l'eau au moulin. — Les valeurs stériles. — Pierre et le voisin Jacques. — Le grain de blé oublié dans un coin. — Les 50 francs du tiroir. — *L'épargne attire l'épargne.* — Le meilleur placement des économies du fermier. — L'épargne de l'ouvrier des villes et celle des populations rurales. — La rente et le capital d'exploitation. — Cultivateurs et banquiers. — Achat des terres et améliorations des cultures. — Capital d'exploitation en France et en Angleterre. — Que le cultivateur place ses économies sur lui-même.

Dans ces derniers temps, la presse s'est occupée avec une sollicitude bien légitime des moyens d'étendre plus spécialement aux populations agricoles le bienfait de l'institution des caisses d'épargne.

Le sujet n'a pas été épuisé : qu'on nous permette d'y revenir pour en parler au point de vue des intérêts de l'agriculture, qu'il ne faut jamais séparer de ceux de la société tout entière.

Telles qu'elles fonctionnent aujourd'hui, assure-t-on, les caisses d'épargne ne présentent pas les mêmes facilités aux habitants des campagnes qu'à ceux des villes, et l'on réclame comme un droit l'égalité pour tous.

Sur ce terrain, il est aisé d'avoir raison. Nul n'a jamais eu la pensée de constituer ici un monopole, de priver qui que ce soit des avantages de l'institution. Le premier de tous, sans contredit, est de transformer un prodigue en un homme d'ordre, un indifférent ou un paresseux en un créateur de richesses.

Tout prodigue est un ennemi public, disait Adam Smith, le père de l'économie politique, et tout homme économe doit être regardé comme un bienfaiteur de la société. Par contre, le fainéant est comme la mauvaise herbe, qui dévore la terre et tient la place d'une bonne.

Il ne faut refuser à personne les moyens faciles de voir fructifier son épargne, si petite qu'elle puisse être. Les ouvriers du sol concourent tout aussi efficacement que ceux des autres industries à la formation des capitaux, sans lesquels il n'y a pas de production possible.

On tient donc essentiellement à ce que l'épargne profite aux cultivateurs, aux petits propriétaires, aux ouvriers qui vivent loin des villes. Il y a bien, en France, sept cents caisses d'épargne ou succursales de ces caisses. Ce n'est point assez, paraît-il, et l'on songe à ouvrir, au fond des campagnes les plus reculées, de nouveaux bureaux à la perception des économies les plus modiques.

Toutefois, de premières études ont mis en évidence des obstacles divers. Rien ne va tout à fait de soi en ce monde ; il faut aider à tout, au bien plus qu'au reste, et surmonter ou tourner une foule d'empêchements avant d'arriver à un bon résultat, avant de trouver une solution satisfaisante aux problèmes les plus simples en apparence.

Il y a ici des difficultés administratives, mais elles nous touchent peu. Le rôle de l'administration est précisément de les vaincre : on peut bien croire qu'elle saura, et de reste, remplir une tâche qui lui est familière. Il y en a d'une autre nature encore ; et celles-ci ont certainement plus de gravité.

« La caisse d'épargne, a-t-on dit, inspire de la défiance aux cultivateurs, » et l'on s'est attaché à combattre ceci comme une objection sérieuse. La défiance est un peu le lot de toutes les innovations, mais elle tombe peu à peu devant les faits, devant l'usage, devant l'expérience. C'est l'affaire du temps. Or le temps a pleinement ici rempli son office. La première caisse établie en France compte aujourd'hui quarante-cinq ans d'existence. Ses opérations lui ont successivement gagné de très-nombreux prosélytes ; elles ont servi aussi à une utile et large propagande, dont le pays, dont la société, recueillent les fruits. Les caisses d'épargne, nous le constatons avec plaisir, n'inspirent plus de défiance à personne ; on a certainement beaucoup exagéré la chose en disant le contraire, et quelque peu calomnié aussi l'esprit de discernement des cultivateurs.

Les ouvriers industriels, la remarque est fondée, fournissent aux caisses d'épargne un contingent plus considérable que les ouvriers agricoles, mais cela tient uniquement à ce que ceux qui vivent du travail des champs ne connaissent guère qu'une espèce de placement pour leurs économies, — l'acquisition de quelque lopin de terre qui sera le noyau d'un petit domaine, ou qui arrondira celui qu'on possède déjà. Pour le cultivateur français, la terre est une véritable caisse d'épargne, c'est sa compagne aimée et l'objet de toutes ses prédilections ; elle lui représente à toute heure ses économies sous une forme matérielle, et lui rend avec usure les intérêts des capitaux qu'il lui a confiés.

Cependant, pour acheter une parcelle de terre, si exiguë qu'elle soit, il faut une somme relativement assez considérable, qu'on ne réalise que par l'accumulation successive de minces économies. Quand on a l'argent sous la main, on ne résiste pas toujours facilement à l'appât de certaines occasions, et le dépôt grossit péniblement. S'il échappe à ces tentations plus ou moins répétées, on n'est pas bien sûr qu'il n'excitera pas la convoitise de quelque larron. Il faut maintes précautions pour le soustraire aux regards des envieux, et les soucis s'accroissent à mesure qu'il augmente. D'ailleurs ces petites sommes, patiemment accumulées, le plus souvent acquises à force de privations, sont complétement improductives tant qu'elles ne sortent pas des mains de celui qui possède : ce sont des valeurs stériles. Il n'en est pas de même si elles entrent dans une caisse d'épargne.

Voilà ce qu'il faut dire aux agents de l'agriculture qui ne le savent point encore, mais c'est le petit nombre. Il faut le leur dire, parce que la caisse d'épargne offre son concours gratuit à tout projet d'avenir reposant sur l'économie.

Si faible qu'il soit, puisqu'il peut descendre jusqu'à 1 franc, un dépôt grandit sous sa tutelle, alors même que le déposant l'y abandonnerait. Supposez, en effet, que deux personnes soient parvenues à amasser 50 francs chacune. Pierre a enfoui la somme dans un coin profond de son armoire; Jacques, mieux avisé, l'a portée à la caisse d'épargne. Tous deux oublient leur dépôt. Quinze années passent; une circonstance toute fortuite réveille alors le souvenir du petit trésor. Pierre le retrouve intact; voilà bien les 50 francs qu'il a mis de côté; la précieuse cachette les lui rend exactement; il les compte et recompte jusqu'à dix fois, il n'y a toujours que 50 francs, ni plus ni moins. Le voisin Jacques porte à la caisse d'épargne le livret qu'elle lui a délivré en retour de son dépôt, il fait régler son compte, et on lui remet 100 francs.

Lequel a donc été le mieux inspiré, de Jacques ou de Pierre, dans le placement de ses économies?

La caisse d'épargne, répétons-le après beaucoup d'autres, est le premier degré de l'échelle économique; toute somme qui lui est confiée s'élève par ses propres forces, grossit avec le temps et prend les proportions d'un vrai capital. Un grain de blé oublié dans un coin de grenier restera toujours un grain de blé, pourvu qu'il échappe à la voracité de ses ennemis; mais, confié à un sol fertile, protégé par la sollicitude d'un cultivateur habile, il s'enfle, il germe, il pousse de petites racines qui grossissent à leur tour en même temps que s'élèvent au-dehors de nombreux épis qui mûriront et dont la récolte manifestera la puissance d'un seul grain bien placé.

Il en est ainsi des économies isolées dans le tiroir le plus secret : elles sont condamnées à la stérilité, tandis que, déposées à la caisse d'épargne, elles trouvent un sol fécond où elles germent sans danger, où leurs racines s'étendent de jour en jour, d'année en année, produisant des rejetons généreux qui, à un moment donné, se convertissent en instruments de travail, en bétail, en berceau pour le premier-né, en terres, en améliorations de toute sorte, car *l'épargne attire l'épargne*, dit un vieux proverbe dont l'expérience confirme la justesse.

Jusqu'ici nous partageons le sentiment de tous et nous mêlons notre humble voix aux voix puissantes qui se sont énergiquement élevées en faveur de l'épargne et des caisses d'épargne. Mais nous avons à faire quelques réserves au sujet de celles-ci lorsqu'il ne s'agit plus de l'ouvrier agricole seulement, dès qu'on veut en étendre l'usage aux petits propriétaires terriens, à ceux qui cultivent eux-mêmes leur petit domaine. A ceux-là nous ne voulons pas qu'on dise : Portez vos économies à la caisse d'épargne, car tous sont besoigneux et ne parviennent pas à donner le nécessaire à la complète exploitation de leurs champs ; ils manquent d'engrais, ils sont mal outillés et mal attelés, leur bétail de rente est insuffisant et pauvrement nourri. En pareille occurence, le meilleur placement qu'ils puissent trouver à l'argent, quand il leur en vient un peu, est sans contredit de l'appliquer eux-mêmes aux améliorations diverses que réclament partout le sol arable et les branches nombreuses de ce grand tout qu'on nomme l'agriculture. Il y a beaucoup à faire en France pour élever chacune d'elles à son maximum de développement ou de rapport. Nos petits cultivateurs le savent bien. Ce n'est pas la défiance qui les empêche de venir à la caisse d'épargne, mais l'insuffisance. Bien malavisés donc seraient ceux qui feraient autrement, qui cesseraient de porter leurs économies sur le sol pour courir à la caisse d'épargne. Il n'y en a pas de plus utile à la société, de plus profitable aux laboureurs que la terre intelligemment traitée et richement pourvue.

Il a fallu apprendre l'épargne aux ouvriers des villes et à quelques autres, et leur offrir le moyen de capitaliser leurs petites économies, tout en les rendant productives ; mais le cultivateur attaché à la glèbe, le paysan voué de père en fils à tous les genres de privations a de tout temps pratiqué l'épargne au profit de l'accroissement de la fortune publique. Il a, en ceci, accompli des prodiges. Et ceux-là qui pourront se reporter par la pensée à cinquante ans en arrière, au commencement de ce siècle, sauront bien d'un coup d'œil mesurer la distance parcourue. Quelles n'étaient pas alors la pauvreté, la misère dans nos campagnes, comparativement à l'aisance relative qui y règne aujourd'hui ! Chèrement achetée, toute la différence est venue du travail patient, du labeur incessant, de l'ordre, de l'épargne, non de l'épargne facile qui se forme du superflu, mais de celle qui prend successivement sur le plus strict nécessaire.

On totalise à la fin de chaque exercice le montant des petites économies déposées pendant l'année dans les caisses de l'institution, et l'on se félicite avec raison d'avoir à constater des progrès toujours croissants. Nul n'a jamais songé à peser l'importance des petites sommes accumulées par une épargne autrement significative et productive, celle des populations rurales qui se donnent la pénible tâche d'élever successivement la fécondité du sol au niveau des besoins de la société. Si considérables pourtant que soient en réalité ces dernières, elles restent fort au-dessous des exigences. Aussi trouvons-nous bien intempestifs les conseils de ceux qui poussent l'agriculteur à porter ses économies à la bourse. On veut démocratiser la rente; on ne se rend pas compte des pertes qu'aurait à subir le pays le jour où le capital d'exploitation, déjà si insuffisant, viendrait encore à diminuer chez nous. La centralisation appliquée aux capitaux, faisant affluer de toutes parts la totalité de l'épargne des campagnes dans les nombreuses caisses de Paris, est une cause certaine d'affaiblissement et pour l'agriculture et pour la société qu'elle nourrit. C'est au résultat contraire qu'il faut exciter le pays. Loin de détourner l'agriculture des voies fécondes qu'elle s'est péniblement ouvertes, il y a lieu de montrer aux capitalistes les avantages qu'il y aurait pour eux à reporter vers le sol, encore trop pauvre pour assurer leurs propres richesses, une partie de ces valeurs mobilières qu'on voudrait voir passer aux mains du cultivateur.

A ce dernier, nous répéterons volontiers ce que d'autres lui ont dit avant nous : c'est un tort que d'acquérir du bien au delà de ses moyens, car alors on dépense en payement d'intérêts le plus clair de ses profits. Mais, ajouterons-nous bien vite, ce serait une plus grande faute encore que de transformer en rentes sur l'Etat ou en valeurs de bourse quelconques le produit de ses économies, tant que les terres que l'on cultive n'ont pas reçu toutes les améliorations utiles au développement plein et entier de leur fécondité. Plus un champ a été acheté cher, et plus il réclame d'avances sous toutes les formes pour payer une rente élevée et rémunérer comme il convient tous les travaux qui l'ont mis en valeur. On s'est habitué, en France, à ne tirer que 2 ou 3 pour 100 au plus du capital placé en terre, mais l'exploitant ne doit se tenir pour satisfait que lorsqu'il retire de 8 à 10 pour 100 du capital placé dans la culture. C'est ce dernier qui fait défaut. Or, le rendement des terres se montrant toujours et partout proportionnel à l'importance du capital d'exploitation, quand celui-ci est judicieusement employé, l'infériorité des récoltes tient par-dessus tout à l'insuffisance des avances qu'on leur a consacrées.

La moyenne du capital d'exploitation a été évaluée chez nous à 100 francs l'hectare ; elle est de 500 francs en Angleterre. Entre ces deux chiffres l'écart est considérable ; il n'explique que trop la supériorité des résultats de l'agriculture anglaise sur la nôtre. Si l'on veut bien se rappeler que nous avons 42 millions d'hectares en culture régulière, on verra que le capital d'exploitation moyen à leur appliquer devrait former le gros chiffre de 21 milliards, tandis qu'il n'est, en réalité, que de 4 milliards 200 millions.

Il n'y a pas à solliciter l'agriculture de prendre part au

mouvement industriel et financier du pays tant qu'elle n'aura pas élevé des quatre cinquièmes le chiffre actuel de son capital d'exploitation, par trop insuffisant. Qu'elle devienne moins avide d'acquisitions et qu'une partie des fonds sottement prodigués aujourd'hui en vue de satisfaire la soif ardente, la manie de s'agrandir quand même, soit rationnellement appliquée à la culture ; voilà un excellent résultat à poursuivre, un but considérable et utile entre tous à atteindre. De la sorte, en effet, le prix des terres moins disputées à la vente cesserait de hausser hors de toutes proportions raisonnables ; leur fécondité s'accroîtrait au contraire ; le taux de la rente du capital foncier pourrait s'élever, mais la rente du capital de culture atteindrait rapidement son taux normal, tandis que la richesse publique s'augmenterait de tout l'accroissement des fortunes privées.

Avant d'aller à la bourse, avant de prendre un livret à la caisse d'épargne, le cultivateur a bien des exigences à remplir, bien des économies à placer sur lui-même. Son industrie, sous ce rapport, ne diffère aucunement des autres. Or le métier de tout entrepreneur, d'un industriel quelconque, est de faire travailler des capitaux. La moindre de ses épargnes peut être aussitôt employée à accroître ses moyens de production et conséquemment ses produits.

FIN.

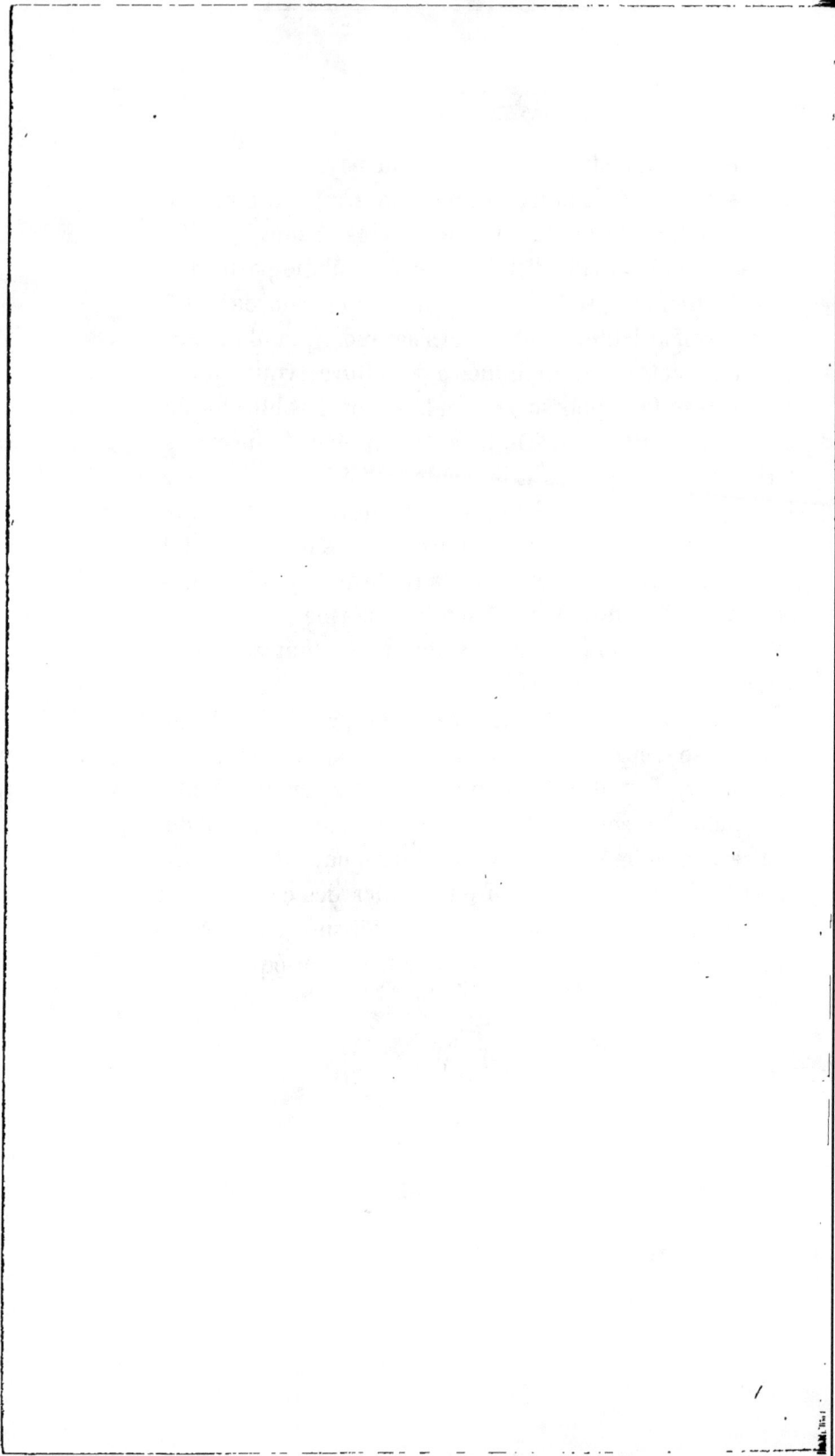

TABLE DES MATIÈRES.

EXPOSITIONS ET CONCOURS.

Pages.

La première exposition nationale. — Les petits et les grands. — Que nul ne mente à son enseigne. — Gloire et profit. — Les écarts du génie. — Les exhibitions de parade. — Le tour de main. — Les monstruosités végétales. — Les échassiers de la basse-cour. — Les produits d'apparat et de serre chaude. — Le côté défectueux. — Enthousiasme et sang-froid. — Plus d'utilité que de plaisir. — Les leçons de l'expérience. — Un nouveau palais. — Un essai de classification des produits agricoles. — Un avenir prochain.. 1

I. — EXPOSITION INTERNATIONALE AGRICOLE DE HAMBOURG.

Un œuf qui devient un bœuf. — Initiative privée. — Un lieu bien choisi. — Mesures judicieuses et réussies. — Statistique. — Les primes offertes. — Une grande foire. — L'espèce chevaline. — Les bêtes bovines. — Le bouquet de l'exposition — Perplexité des éducateurs de moutons. — Les porcs. — Les volailles. — Les machines et les instruments de l'agriculture. — Les produits.. 8

II. — LES CONCOURS D'ANIMAUX DE BOUCHERIE.

Les sollicitations stériles. — Le résultat cherché. — Concours locaux. — Les exhibitions officielles. — La vache enragée. — Les veaux. — Les moutons. — Les porcs. — Les jeunes. — La précocité. — Les métis — Une objection — Un proverbe. — Utilité et résultats des concours. — Toujours les programmes. — Centre-Bretagne. — Les concours de Dunkerque. — Les réunions de la Société d'agriculture des Deux-Sèvres. — Création du comice de Bourg. — Concours fondé par l'édilité de Périgueux. — Une excursion dans la ville des papes. — Une fondation du comité agricole de Bellac. — Dernière observation.. 20

III. — LES CONCOURS RÉGIONAUX.

Pages.

Un signe du temps. — L'agriculture est une puissance. — Une tâche complexe. — Il faut avancer. — Organisation à remanier. — Les concours spécialisés. — La foire aux instruments. — Indifférence ou lassitude. — La confusion. — Les instruments du labourage profond. — Une question bien posée et un résultat manqué. — Une idée lancée. — Les essais défectueux. — Concours spéciaux de moissonneuses et de semoirs. — Programmes de la pratique. — Les solutions avérées................ 40

§ A. — LA PRIME D'HONNEUR.

Siége des concours. — Le *Journal d'Agriculture pratique.* — Le drapeau de la paix. — La Société royale d'agriculture d'Angleterre. — Les lauréats de la prime d'honneur. — Les médailles d'or et d'argent. — La liste d'honneur. — Un livre qui ne peut encore être fait.............. 50

§ B. — LES ANIMAUX REPRODUCTEURS.

Aurions-nous tort? — Examen de conscience. — Les catégories discutées. — Les valeurs détournées. — La race durham. — La forme et le fond. — Paris et les départements. — Un tact d'éleveur. — Animaux de boucherie et de reproduction. — Les croisements. — Non-sens et impossibilité. — Agenais-limousin et limousin. — Les races pures...................... 58

1. — L'espèce bovine.

La race femeline à Vesoul, — à Dijon. — Usurpation et découverte. — Les races ferrandaise et marchoise. — Les réhabilitations successives. — Le durham du midi. — Limousins et bazadais. — La race parthenaise. — La race flamande. — Accusation et défense. — La race tarine. — Les charollais chez eux. — Anciens et nouveaux. — Population bovine de la Bretagne. — La vache de Rennes. — La race gasconne. — Un nouvel astre à l'horizon. — Race durham. — Les croisements-durham. — Les races étrangères dans le midi de la France. — Durham-manceaux; — durham-normands; — durham-charollais.......................... 64

2. — L'espèce ovine.

Vices d'organisation. — Les concours spécialisés. — Un but manqué. — Deux chiffres. — Principal et accessoire. — Trois catégories. — Plusieurs manières de faire mieux. — Les prix impossibles. — La race charmoise

Pages.

et la race de Lahayevaux. — Mérinos et métis mérinos. — La race de Mauchamp. — Bourguignons et champenois. — Les laines étrangères. — Croisements divers. — Les mérinos français à Hambourg. — Dishley-mérinos et dishley-artésiens.. 81

3. — L'espèce porcine.

Une discussion épuisée. — Une question fort simple qui se complique. — Graisse et viande. — Anglais et Français. — Une formule invariable. — Les catégories aux concours. — Position prise et gardée. — La routine. — Trop d'os et trop de graisse ; — Mieux vaut la viande. — Problème à résoudre. — Croisement et métissage. — Les prix à fonder. — Un résultat facile. — En avant!.. 105

4. — Les animaux de basse-cour.

Les excentriques. — Les programmes mal faits. — Les nouveautés encouragées. — Une grosse recette. — La poule commune. — Une révélation.— Les résultats négatifs. — Les cochinchinois. — Race d'Ille-et-Vilaine. — Une étude nécessaire. — Poules et œufs. — Les volatiles d'*élite*. — Exportations et importations.. 109

§ C. — INSTRUMENTS ET MACHINES.

Vieil outillage ; — instruments nouveaux. — Le génie rural. — Inventions et perfectionnements. — La petite fabrication et les grandes maisons. — Matériel mort et matériel vivant. — Un grand marché. — Les essais. — Une particularité. — Egreneuse Pialoux. — Egrenoir à maïs. — Charrue fouilleuse et houe-semoir. — Cribleur de M. Josse. — La piocheuse Kienzy et Jarry. — Appareil à vapeur de Howard. — Les machines à battre. — La faux et la faucille. — Moralité. — La charrue à vapeur de M. Lotz. — Un vœu à exaucer. — Nouvelle locomotive. — Bonne année!........ 112

§ D. — LES PRODUITS AGRICOLES.

Utilité mal comprise. — Un but mieux défini. — Obstination pour et obstination contre. — L'indigence au milieu des richesses. — Les sollicitations inefficaces. — Réflexions pénibles. — Concours spécial. — Quelqu'un se propose-t-il quelque chose ? — Les cotons indigènes à Nîmes. — Malencontreuses annexions. — Les conférences agricoles. — Le plus libéral des ministres. — *E sempre bene.* — Les gros prix et les petites primes. — Une dernière observation.. 130

A TRAVERS CHAMPS.

I. — LES HARAS. — LES CHEVAUX.

§ A. — PROLOGUE.

Pages.

Les haras en 1790 ; — en 1848. — Les temps sont proches. — Frère, il faut mourir ! — La sourde oreille. — La victoire est à nous.— La peau de l'ours. — Le pour et le contre. — Jugement de Salomon.— En attendant. — Une lettre.. 139

§ B. — 1852-1860.

Une question vitale. — 1806 et 1861. — Le dragon à sept têtes. — Habile à détruire, impuissant à édifier. — La faux et la hache. — Un singulier monopole. — Trois catégories. — La doctrine du pur sang. — Les types supérieurs. — L'étalon de demi-sang. — Normandie et Pyrénées. — Une bonne situation. — Un parallèle. — Chiffres intéressants. — Bons et mauvais. — Comte et baron. — Très-curieux à lire. — Les vieilleries. — *Vox Dei.* — Une administration forte et indépendante..................... 142

§ C. — 1861-1863.

Assez de paroles. — Un premier manifeste. — Justice tardive. — Une condamnation équitable. — On revient au passé. — La direction générale. — Splendides promesses. — L'heure n'est pas venue. — Un décret. — Les demi-mesures. — La Tour prends garde... — Le luxe. — Une arme de guerre. — Volte-face. — Enthousiasme des premiers jours. — Vérité hier et aujourd'hui. — Le Jockey-club toujours.............................. 155

II. — LES CONCOURS HIPPIQUES EN 1863.

Une exclusion systématique. — Les protestations. — Concours de Nîmes, — de Nevers, — de Rennes, — de Chartres, — de Dijon. — Système d'amélioration de la Côte-d'Or. — La population chevaline ancienne et nouvelle. — Les améliorations agricoles. — Un manteau commode. — Un portrait. — Le gros et le grossier. — Une déception. — Le percheron. — Les prix retenus. — Un nom de fantaisie. — Un échec. — Concours international de Lille. — La grosse espèce. — Les exagérations. — Précocité du boulonnais. — Français et Anglais. — Récentes améliorations. — Variété che-

Pages.

valine du Hainaut. — La graisse. — Pleins comme un œuf. — Les lauréats. — Montebello. — Prétendus carrossiers. — Les croisés. — Etalon de sang et juments de trait. — Une leçon qu'il ne faut pas oublier............. 160

III. — LE CHEVAL HONGRE.

Les circulaires préfectorales. — Les encouragements de la remonte. — Une campagne infructueuse. — Un cercle vicieux. — Production et débouchés. — Une opération hardie. — « La plus noble conquête que l'homme ait jamais faite. » — Problème proposé à l'élevage du cheval. — Considérations physiologiques. — Observations pratiques. — Une excellente manière pour faire des rosses. — Les premiers venus et les pires. — Tournure marchande. — Entier et hongre. — Une question d'âge. — Les objections. — Les éléments de reproduction. — Hors la loi. — Opinion isolée et pratique usuelle... 192

IV. — CHARRETIER ET COCHER.

Définitions. — Trois chefs d'emploi. — Une pensée de Montesquieu. — *Primus inter pares*. — Trois professions qui se valent. — Maître ou valet. — Sujet d'élite ou rossard. — Les qualités du cheval français. — Anglais et normands. — Les mérites du bon charretier. — L'état brut et la condition civilisée. — Le cocher. — Les éleveurs capables. — Les vingt règles du cocher. — *Four in hand*. — Les écoles de dressage. — Le cocher campagnard. — La tenue de l'écurie.................................... 209

V. — LES CONCOURS DE MARÉCHALERIE.

L'ignorance se dissipe. — Pratique du ferrage. — L'habileté manuelle. — Un apprentissage forcé. — *Fit fabricando faber*. — Charrons et forgerons. — Importance d'une bonne ferrure. — Petite cause et grands effets. — *No foot, no horse*. — Le cheval ferré et le cheval sans fers. — La ferrure devant l'histoire. — Les clous à glace. — La retraite de Moscou. — Influence de l'état des routes sur le cheval. — Influence de la ferrure sur l'emploi des chevaux. — But des concours de maréchalerie. — Premiers résultats. — Le savoir manque. — Ecoles de maréchalerie. — Les livres spéciaux. — *Petit traité de la ferrure du cheval*. — M. William Miles et M. le docteur Guyton.. 218

VI —. LA VIGNE.

§ A. — DE CECI ET DE CELA.

Pages.

Une révélation. — Mieux vaut tard que jamais. — Une place au soleil. — Les concours viticoles. — Le comité d'agriculture de la Côte-d'Or. — Qui veut la fin veut les moyens. — Les liquides dans la division des produits aux expositions régionales. — École de viticulture. — Le ban des vendanges.. 229

§ B. — PLUS SPÉCIALEMENT EN 1863.

Une mission spéciale. — Un travail de géants. — Ce que nous ne savions guère, mais ce que nous savons tous aujourd'hui. — Un aliment précieux. — Les progrès dans la plantation. — Assolement et taille. — La branche à fruit et la branche à bois. — Le véritable enseignement viticole. — Une grande œuvre troublée. — Ignorance et charlatanisme. — Un singulier brevet. — Un abaissement géométrique pour faire suite à un abaissement moral. — Ici la sottise, là le bon sens. — Mensonge et vérité. — Commissions et commissionnaires. — Le flagrant délit — Les preuves indéniables. — Un homme qui n'a rien fait et qui ne sait rien. — La science de tous. — La folle du logis. — Attendons 1864.............................. 235

§ C. — L'OIDIUM.

Persistance de l'oïdium. — Les parasites. — Un infiniment petit. — Une organisation complète. — Mode de reproduction. — Conditions favorables ou nuisibles. — Un ennemi à combattre. — Les cantons de Beaulieu et de Mercœur. — Un enseignement qui porte ses fruits. — Délicatesse de cœur. — Un long itinéraire. — Une mission noblement remplie. — Les conférences. — Nouveau mode d'exploitation d'un brevet. — Les recettes et leur destination. — Les propagateurs du soufrage de la vigne........ 241

VII. — LE MÉTAYAGE.

La presse agricole. — Une mauvaise réputation. — Un bon principe faussé dans son application. — Le capital et le travail. — La lumière se fait. — Un intérêt considérable. — Un sombre tableau. — La dîme. — Barbe de fer. — Les abus. — L'autre côté de la médaille. — *Country-gentleman*. — Le pour et le contre. — Une intéressante étude. — L'agriculteur de Théneuille. — Haute visée et noble tâche. — Plus de servage.............. 251

VIII. — LE BLÉ ET LE PAIN. — LIBERTÉ DE LA BOULANGERIE.

Pages.

Importance de la culture du froment. — *Panem quotidianum*... — Un grave intérêt. — Ignorance et confusion. — La bonne chose qu'un préjugé! — Production, législation, boulangerie. — Le progrès est la loi du monde. — Saint Louis et les marchands de blé. — Les achats par-devant notaire — Le commerce des grains sous Louis XVI. — L'échelle mobile. — La loi de 1861. — Comment les fausses lumières se dissipent. — Sottise et suffisance. — La machine aux règlements. — Grandeur et simplicité de la question. — Etude analytique sur le blé, — sur la farine, — sur le son. — La science et la pratique. — Le vrai. — L'art de faire le pain. — Les erreurs économiques ; — les mauvaises mesures. — La science a repris ses droits. — La liberté de la boulangerie. — Les documents officiels. — Un succès facile à prévoir.. 260

IX. — LES HAIES.

État de la question. — La haie vive. — Faut des haies, pas trop n'en faut. — Un peu d'exagération. — Avantages et inconvénients. — Variétés dans la forme. — Choix des essences. — Modes de plantation. — Une défense efficace. — Les haies dans le département du Cher. — Les haies limitatives des chemins de fer. — Le plessage. — Un concours à ouvrir ; — un programme à étudier ; — des primes à distribuer par annuités. — Une amélioration facile ; — améliorer n'est pas détruire..................... 268

X. — SAULE ET PEUPLIER.

Influence de l'homme sur la végétation des arbres. — Les feuillards. — Le saule marceau. — Les peupliers. — Engrais et fourrages. — La salicine. — Un remède contre la cachexie. — Essais et mécomptes. — Les pelures ont leur prix. — *The Lancet*. — Expérience passe science. — Les francs-bords. — Récolte et fanage des pelures et des feuilles d'osier. — Une friandise. — Le remède à côté du mal. — Découverte et propriétés de la salicine. 27

XI. — L'ARRONDISSEMENT DE VALENCIENNES.

Un arrondissement modèle. — Une provocation intelligente. — Une loi providentielle. — Les excursions agricoles. — Topographie et statistique. — Première introduction de la machine à vapeur en France. — La houille à bon marché. — Ensemencement et rendement du blé à soixante ans d'in-

Pages.

tervalle. — L'équilibre entre la production agricole et la production industrielle. — Blé et jachère. — Culture ancienne et nouvelle. — La betterave et le sucre. — La chicorée. — Lin et colza. — Les prairies naturelles. — Les marais communaux. — Le drainage. — Les instruments perfectionnés. — Le bétail. — Les engrais. — Le feu sacré de l'intelligence et du travail 285

XII. — LES CAISSES D'ÉPARGNE DE L'AGRICULTURE.

Nous posons la question. — Ennemi public et bienfaiteur de la société. — Que chacun trouve le moyen de voir fructifier son épargne. — Les obstacles et l'administration. — Innovations et défiance. — La première caisse d'épargne. — Terre et capitaux. — Le cultivateur va à la terre comme l'eau au moulin. — Les valeurs stériles. — Pierre et le voisin Jacques. — Le grain de blé oublié dans un coin. — Les 50 francs du tiroir. — *L'épargne attire l'épargne.* — Le meilleur placement des économies du fermier. — L'épargne de l'ouvrier des villes et celle des populations rurales. — La rente et le capital d'exploitation. — Cultivateurs et banquiers. — Achat des terres et amélioration des cultures. — Capital d'exploitation en France et en Angleterre. — Que le cultivateur place ses économies sur lui-même.......... 290

FIN DE LA TABLE.

Paris. — Typographie HENNUYER et FILS, rue du Boulevard, 7.

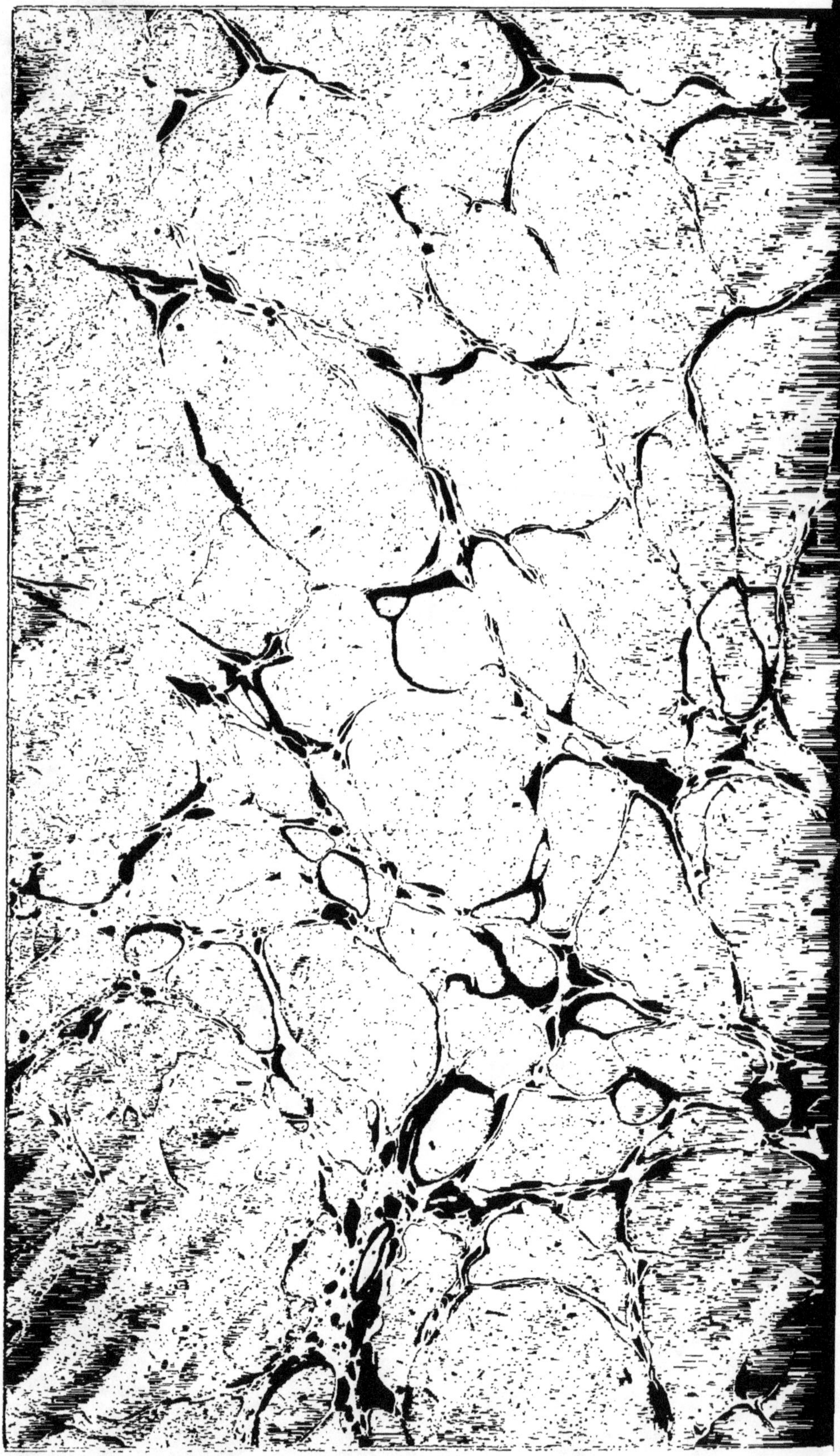

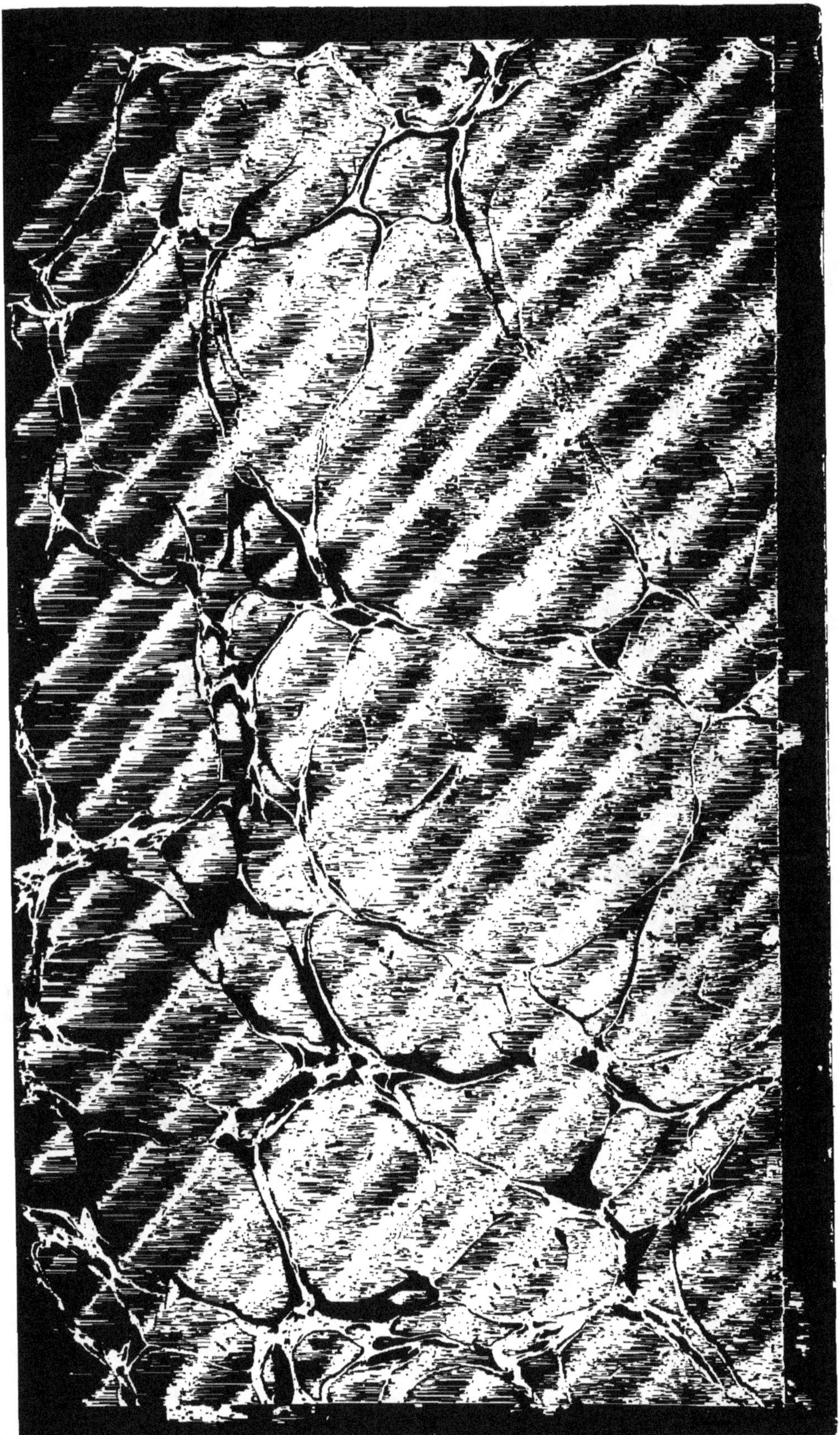

www.ingramcontent.com/pod-product-compliance
Lightning Source LLC
Chambersburg PA
CBHW060358200326
41518CB00009B/1187
9782019598877